高等教育新工科电子信息类系列教材

Altium Designer
印制电路板设计

主　编　王　婷　鲁海波　范　静

副主编　魏　明　郭占苗　王　强　陆　平

主　审　宋　巍

西安电子科技大学出版社

‖ 内 容 简 介 ‖

本书以 Altium Designer 22 电子设计工具为基础，以培养工程应用能力为目的，以实际的产品为例，以图文并茂的形式逐层递进地介绍电路设计的基本方法和印制电路板 (PCB) 的绘制技巧，突出 Altium Designer 的实用性、综合性和高阶性，以期帮助读者快速提高软件应用和设计能力。

本书共 6 章，主要包括 Altium Designer 的介绍，晶体管放大电路、稳压电源电路、数字摄像头电路这三个基础电路设计，以及双向彩灯流动电路、最小系统板这两个综合电路设计。本书实例丰富，内容翔实，条理清晰，通俗易懂，理论与实践相结合，适用性强。

本书可作为普通高等院校电子信息类、电气类、通信类、自动化类等专业的教材，也可用于技术培训，或作为电子产品设计与开发的工程技术人员学习 PCB 设计的参考书。

图书在版编目（CIP）数据

Altium Designer 印制电路板设计 / 王婷，鲁海波，范静主编 .
西安：西安电子科技大学出版社 , 2024. 8. -- ISBN 978-7-5606-7316-5

Ⅰ. TN410.2

中国国家版本馆 CIP 数据核字第 2024L4W869 号

策　　划　吴祯娥
责任编辑　吴祯娥
出版发行　西安电子科技大学出版社（西安市太白南路 2 号）
电　　话　（029）88202421 88201467　　　邮　　编　710071
网　　址　www.xduph.com　　　　　　　　电子邮箱　xdupfxb001@163.com
经　　销　新华书店
印刷单位　陕西日报印务有限公司
版　　次　2024 年 8 月第 1 版　2024 年 8 月第 1 次印刷
开　　本　787 毫米 × 1092 毫米　1/16　印 张 17
字　　数　399 千字
定　　价　69.00 元

ISBN 978-7-5606-7316-5

XDUP 7617001-1

*** 如有印装问题可调换 ***

前　言

本书以培养读者的实际工程应用能力为根本目的，以"实用、新用、适用"为基本原则，以"工程应用"为核心思想，意在培养学生的实践意识、创新思维和设计能力。

本书利用 Altium Designer 22 软件设计平台，以实际的产品为例，逐层递进地介绍了电路设计的基本方法和印制电路板 (PCB) 的绘制技巧，突出了 Altium Designer 22 软件的实用性、综合性和高阶性，以帮助读者迅速掌握软件的应用和设计能力。本书的建议学时为 48 学时，适合采用一体化教学模式授课。

本书主要包括 Altium Designer 的介绍，晶体管放大电路、稳压电源电路、数字摄像头电路这三个基础电路设计，以及双向彩灯流动电路、最小系统板这两个综合电路设计。此外，本书增加了贴片 PCB 设计的内容，旨在提高读者的贴片 PCB 设计能力。

本书具有以下特点：

(1) 本书采用练习—产品仿制—自主设计的模式编写，融"教、学、做"于一体，可逐步提高读者的设计能力。

(2) 通过解析实际产品，本书介绍了 PCB 的布局、布线原则和设计方法，重点突出了布局、布线的原则，旨在指导读者设计出合格的 PCB。

(3) 本书采用低频矩形 PCB、双面 PCB 以及元器件双面贴放 PCB 等实际案例，全面介绍了常用 PCB 的设计方法。

(4) 全书案例丰富，图例清晰，内容由浅入深，难度逐渐提高，以便提高读者的设计能力。

(5) 本书配套资源丰富，有可观看的微课、动画等视频类数字资源。

(6) 本书配备了详细的实训内容，便于读者操作练习。

本书将正确的价值观融入知识传授中，巧妙地设计了思想政治教育在专业课教育中的融入点，明确了在课程教学中是能将思想政治教育内容与专业知识有机融合的。本书的各章循序渐进，具有较强的操作性和实用性，多角度、全方位地将 Altium Designer 22 的强大功能呈现在广大读者面前。本书配套的教学资源丰富，有大量的教学视频和教学 PPT，读者可以扫描书中二维码进行下载和学习。

本书由王婷、鲁海波、范静编写；魏明、郭占苗、王强、陆平进行了资料整理、测试、验证等工作；宋巍进行书稿的全面审查。

由于科技发展日新月异，作者水平有限，书中难免有欠妥之处，敬请广大读者批评指正。

编　者

2024 年 3 月

目 录

第 1 章　Altium Designer 的介绍

1.1　Altium Designer 简介

　　20 世纪 80 年代,计算机被广泛运用于各行各业。在此背景下,美国 ACCEL 科技公司于 1987 年发布了世界上最早用于电路设计的 TANGO 软件，开启了 EDA(Electric Design Automatic，电子设计自动化) 的时代。这个软件现在看起来很简单，但是在那个时候，它给电子电路设计开启了一场设计方法和方式的变革，人们开始用计算机进行电子电路设计。

Altium Designer 简介

　　随着电子技术和芯片制造工艺的进步，印制电路板 (PCB) 的结构日趋复杂，由最初的单面板发展到双面板，再发展到现在的多层板，其布线密度也在不断增加。随着 DSP、ARM、FPGA 等高速控制器件的广泛使用，整个行业对电路设计中 PCB 的信号完整性和抗干扰能力提出了更高的要求。仅靠软件进行自动布局和布线并不能满足对板卡设计的所有需求，这就对电子设计工程师的专业能力提出了更高的要求。此外，由于电子产品的更新速度很快，因此电子设计工程师需要挖掘软件中的各种功能，从而提高设计的效率。

　　Altium Designer 是 Altium 公司推出的一套针对电子电路绘图设计的软件，其具有强大的交互式设计功能。该软件运用创新技术来帮助电子设计工程师脱离琐碎的工作，能更多地去关注设计本身。本书将以 Altium Designer 22.11.1 版本为背景介绍该印制电路板设计软件的功能和使用方法，通过各种实例操作逐层递进地介绍电路设计的基本方法和 PCB 的绘制技巧，突出实用性、综合性和高阶性，帮助读者迅速掌握软件应用方法，提高电路设计能力。

1.1.1　Altium Designer 软件的产生及发展

　　Altium(前身为 Protel Technology 公司) 由 Nick Martin 于 1985 年始创于澳大利亚，它致力于开发基于 PC 的专为印制电路板提供辅助设计的软件。Protel Technology 公司 (Protel) 以其强大的研发能力推出了 Protel for DOS，将其作为 TANGO 的升级版本，从此 Protel 这个名字在业内日益响亮。

　　20 世纪 80 年代末期，Windows 系统开始盛行，Protel 相继推出 Protel for Windows 1.0、Protel for Windows 1.5 等版本来支持 Windows 操作系统。这些版本的可视化功能给用户设

计电子线路带来了很大的方便，设计者不用再记一些烦琐的操作命令了，大大提高了设计效率，并且可以体会到资源共享的优势。

20 世纪 90 年代中期，Windows 95 系统开始普及，Protel 也紧跟潮流，推出了基于 Windows 95 的 3.X 版本。Protel 3.X 版本加入了新颖的主从式结构，但在自动布线方面没有出众的表现。另外，由于 Protel 3.X 版本是 16 位和 32 位的混合型软件，因此其稳定性比较差。

1998 年，Protel 公司推出了给人全新感觉的 Protel 98。Protel 98 这个 32 位产品是第一个包含了 5 个核心模块的 EDA 工具，其以出众的自动布线功能获得了业内人士的一致好评。

1999 年，Protel 公司又推出了新一代电子线路设计系统——Protel 99。它既有对原理图逻辑功能验证的混合信号仿真，又有对 PCB 信号完整性分析的板级仿真，具有从电路设计到真实电路板分析的完整体系。

2005 年底，Protel 公司改名为 Altium 公司并推出了 Protel 系列的高端版本 Altium Designer。它是一体化的电子产品开发系统。Altium Designer 是业界首例将集成化 PCB 设计、可编程器件 (如 FPGA) 设计和基于处理器设计的嵌入式软件开发等功能整合在一起的产品。

2006 年，Altium Designer 6.0 成功推出。其集成了更多工具，使用更方便，功能更强大，特别在印制电路板 (PCB) 设计上性能大大提高。

2008 年，Altium Designer Summer 8.0 推出。它将 ECAD 和 MCAD 这两种文件格式结合在一起。Altium 公司在其最新版的一体化设计解决方案中为电子工程师带来了全面验证机械设计 (如外壳与电子组件) 与电气特性关系的能力。另外，还加入了对 OrCAD 和 PowerPCB 的支持能力。

2009 年，Altium Designer Winter 8.2 推出。它再次增强了软件功能，提高了运行速度，成为最强大的电路一体化设计工具。

2011 年，Altium Designer 10 推出。它提供了一个强大的高集成度的板级设计发布过程，可以验证也可以打包设计和制造数据。这些操作只需一键完成，从而避免了人为交互中可能出现的错误。

2013 年，Altium Designer 14 推出。它着重关注 PCB 核心设计技术，进一步夯实了 Altium 在原生 3D PCB 设计系统领域的领先地位。此时的 Altium Designer 已支持软性和软硬复合设计，将原理图捕获、3D PCB 布线、分析及可编程设计等功能集成到统一的一体化解决方案中。

2014 年，Altium Designer 15 推出。它强化了软件的核心理念，持续关注生产力和效率的提升，优化了一些参数，也新增了一些额外的功能，主要包括高速信号引脚对设置 (大幅提升了高速 PCB 设计功能)、支持最新的 IPC-2581 和 Gerber X2 格式标准、分别为顶层和底层阻焊层设置参数值、支持矩形焊孔等。

2015 年 11 月，Altium Designer 16.1.12 推出。此版本在以前版本的基础上又增加了一些新功能，主要包括精准的 3D 测量和支持 XSIGNALS WIZARD USB3.1。同时，设计环境得到进一步增强，主要表现为原理图设计得到增强，PCB 设计得到增强，同步链接组件得到增强，从而为使用者提供了更可靠、更智能、更高效的电路设计环境。

2018 年 1 月，Altium 公司正式推出 Altium Designer 18。它显著地提升了用户的体验和效率，利用时尚界面使设计流程流线化，同时实现了前所未有的性能优化。其使用的 64 位体系结构和多线程的结合实现了在 PCB 设计中更大的稳定性、更快的速度和更强的功能。

应市场需求，Altium Designer 软件不断推陈出新，以满足不断更新电子产品设计提出的挑战，最早从 Protel 开始，到 DXP，到 Altium Designer 16，再到目前的 Altium Designer 22，总体来说，Altium Designer 软件成长很快，其功能越来越强大。Altium Designer 22 相对于其他旧版本而增加的新功能将在后面介绍。

1.1.2　Altium Designer 软件的优势及特点

Altium Designer 软件具有以下几点优势。

1. 具有优秀的布线工具

Altium Designer 软件具有信号完整性分析、阻抗控制交互式布线功能，通过灵活的总线拖动、引脚和元件互换以及 BGA 逃逸布线等操作，可以轻松地完成布线工作。此外，Altium Designer 软件针对差分信号的发送和交互长度具有比较强的调节功能，能确保差分信号的同步到达，提高信号的传送精度。

2. 具有良好的板间设计环境

Altium Designer 具有 Shader Model 3.0 的 DirectX 图形功能，可以使 PCB 编辑效率大大提高。它通过优化的板层数组支持，可以完全控制设计中的多边形管理器、PCB 插槽、PCB 层集和动态视图管理选项的协同工作，提供了更高效率的板间设计环境。

3. 提供了高级库管理

Altium Designer 软件的元器件库可以为用户提供丰富的原理图库和 PCB 封装库，并且该软件还为新元件的设计提供了向导程序，简化了设计过程。软件自带的新元器件识别系统可以有效地管理元器件到库的关系，覆盖区管理工具可提供项目范围的覆盖区控制，为用户提供了更好的元器件管理解决方案。

4. 具有增强的电路分析功能

为了提高设计板的成功率，Altium Designer 加入了 PSPICE 模型、变量支持等灵活的新配置选项，并增强了混合信号模拟功能。在完成电路设计后，使用者可以对其进行必要的电路仿真，观察观测点的信号是否符合设计要求，这样提高了设计的成功率，并大大降低了开发周期。

5. 具有统一的光标捕获系统

Altium Designer 的编辑器提供了很好的栅格定义系统，通过可视栅格、捕获栅格、电气栅格等可以高效地将设计对象放置到文档中，Altium Designer 统一的光标捕获系统已达到一个新的水平。

6. 具有增强的铺铜管理器

Altium Designer 的铺铜管理器提供了包含关于管理 PCB 中所有多边形铺铜、创建新的多边形铺铜、访问对话框的相关属性和多边形铺铜删除等很多强大的功能，并且全面地丰富了多边形铺铜管理器对话框中的内容,将多边形铺铜管理整体功能提升到了新的高度。

1.1.3　Altium Designer 22 软件的新特性

Altium Designer 22 进行了功能升级,显著地提高了用户体验和效率,利用时尚界面使设计流程流线化,同时实现了前所未有的性能优化。Altium Designer 22 使用 64 位体系结构和多线程的结合实现了在 PCB 设计中更好的稳定性、更快的速度和更强的功能。Altium Designer 22 的升级主要体现在以下几个方面。

(1) 图纸入口的交叉引用。

(2) 全新的"Gloss And Retrace"(平滑与重布)面板和选项卡。

(3) IPC-4761 支持增强。

(4) "ODB++ 设置"对话框。

(5) 设计规则中元件标识符的自动更新。

(6) 焊盘进出增强。

(7) 支持沉孔。

(8) 虚拟 BOM 条目。

(9) 独立注释。

1.2　Altium Designer 22 的安装与运行

Altium Designer 将原理图设计、电路仿真、PCB 绘制编辑、拓扑逻辑自动布线、信号完整性分析和设计输出等技术完美地融合在一起,得到了越来越多用户的认可。要想学好 Altium Designer,首先就要安装好工具软件。本节包含了 Altium Designer 22 的系统配置要求、安装、启动、系统界面管理等内容,并对电子设计流程做了一个概览,让读者在了解软件本身的基础上,可以更好地进行学习。

1.2.1　Altium Designer 22 的系统配置要求

Altium 公司推荐的系统配置要求如下:

(1) Windows 10(仅限 64 位) 英特尔 R 酷睿 TMi7 处理器或同等产品。

(2) 16 GB 随机存储内存。

(3) 10 GB 硬盘空间 (安装 + 用户文件)。

(4) 固态硬盘。

(5) 高性能显卡 (支持 DirectX 10 或以上版本)。

(6) 分辨率为 2560 像素 × 1440 像素 (或更高) 的双显示器。

(7) 用于 3D PCB 设计的 3D 鼠标,如 Space Navigator。

最低系统配置要求如下:

(1) Windows 8(仅限 64 位) 或 Windows 10(仅限 64 位) 英特尔 R 酷睿 TMi5 处理器或同等产品，尽管不推荐使用但是仍支持 Windows 7 SP1(仅限 64 位)。

(2) 4 GB 随机存储内存。

(3) 10 GB 硬盘空间 (安装 + 用户文件)。

(4) 显卡 (支持 DirectX 10 或以上版本)，如 GeForce 200 系列、Radeon HD 5000 系列、Intel HD Graphics 4600。

(5) 最低分辨率为 1680 像素 × 1050 像素 (宽屏) 或 1600 像素 × 1200 像素的显示器。

1.2.2　Altium Designer 22 的安装

1. Altium Designer 22 的安装

Altium Designer 22 的安装步骤与之前版本的安装步骤基本一致。不同的是，Altium Designer 22 的安装程序包在安装的时候提供了更丰富的安装选项，读者可根据自己的需求选择性地安装。

(1) 下载 Altium Designer 22 的安装包，打开安装包目录，双击 "Altium Designer 22 Setup" 程序图标，安装程序启动，稍后出现图 1-1 所示的 Altium Designer 22 安装向导对话框。

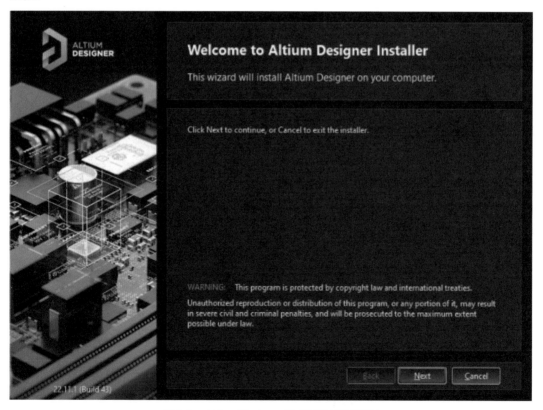

图 1-1　Altium Designer 22 安装向导对话框

(2) 单击安装向导对话框中的 "Next" 按钮，显示如图 1-2 所示的 "License Agreement" 注册协议对话框，勾选 "I accept the agreement"，安装语言可以选择英文、中文等语言。

图 1-2 "License Agreement"注册协议对话框

(3) 单击注册协议对话框中的"Next"按钮，显示如图 1-3 所示的安装功能选择对话框，选择需要安装的功能。一般选择安装"PCB Design""Platform Extensions""Importers\Exporters"三项即可，不安装其他可选项会节省一定的空间。

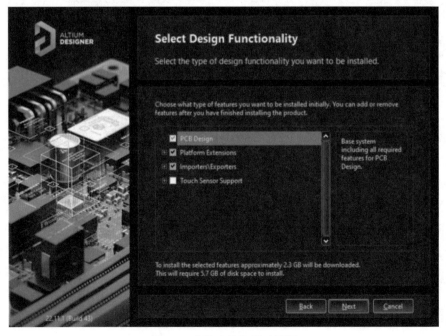

图 1-3 安装功能选择对话框

(4) 单击安装功能选择对话框中的"Next"按钮，显示如图 1-4 所示的选择安装路径对话框，选择安装路径和共享文件路径。推荐使用默认设置的路径。

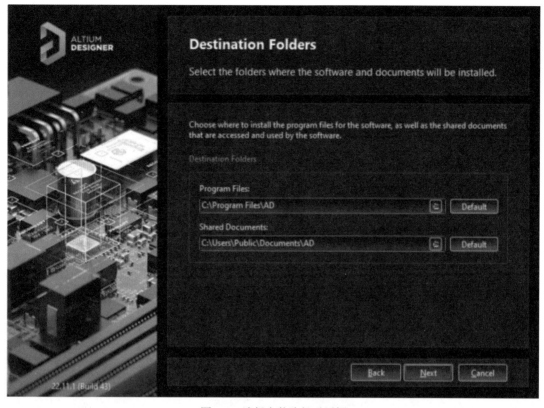

图 1-4　选择安装路径对话框

(5) 确认安装信息无误后，继续单击选择安装路径对话框中的 "Next" 按钮，安装开始，等待 5～10 min，安装即可完成。有些计算机会显示配置要求，并会自动安装 "Microsoft NET4.6.1" 插件。安装完成之后重启电脑会出现安装完成界面，表示安装成功。

2. Altium Designer 22 的激活

(1) 启动 Altium Designer 22 软件，只有添加 Altium 官方授权的 License 文件之后，其功能才会被激活。这时在右上角执行图标命令 "Not Signed In"，出现账户窗口界面。

(2) 选择 "Licenses" 中的 "Add standalone license file" 命令，添加 Altium 官方授权的 License 文件 (文件目录下的任何一个 .alf 文件都可以)，完成激活。

1.2.3　Altium Designer 22 的启动及系统界面管理

启动 Altium Designer 22 有两种常用方法，具体如下：

(1) 执行 "开始" → "所有程序" → "Altium Designer 22" 命令，启动该软件。

软件启动及
系统界面管理

(2) 如果在系统桌面建立了 Altium Designer 的快捷方式，可以双击快捷方式图标启动该软件；如果桌面上没有出现快捷方式，可以找到安装路径下的 X2.EXE 文件，创建快捷方式在桌面上。

启动软件后，屏幕出现 Altium Designer 22 的启动配置动画，如图 1-5 所示。系统自动加载完相关模块后，进入设计主窗口，如图 1-6 所示。

图 1-5　Altium Designer 22 的启动配置动画

图 1-6　软件设计主窗口

　　相对于之前的版本，Altium Designer 22 版本给用户提供了一个更加人性化、更加集成化的操作界面，如图 1-7 所示，它主要包含菜单栏、工具栏、面板控制区、用户工作区等，其中工具栏、菜单栏的显示项目会跟随用户操作环境的变化而变化，这极大地方便了设计者。

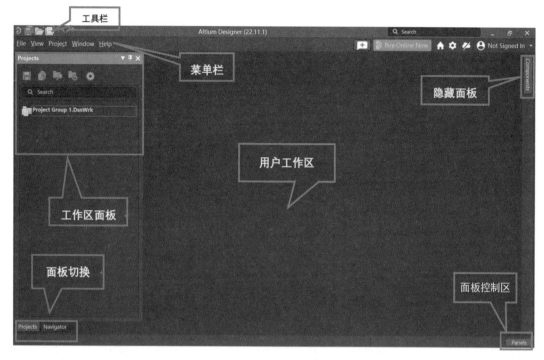

图 1-7 软件操作界面

当用户打开 Altium Designer 22 时，一般会默认显示两个或三个常用的面板，其他面板都处于隐藏状态，可以通过面板控制区的"Panels"菜单进行面板调用，需要用到哪个面板，直接勾选哪个即可。常用面板如图 1-8 所示。

图 1-8 "Panels"菜单面板

　　面板是可以移动的，可以自定义位置。如果需要移动某个面板，在面板的名称上拖住鼠标左键，拖曳到屏幕的中央位置，这时会出现如图 1-9 所示的吸附引导，在拖动状态下将鼠标指针放置在吸附引导上面，即可快速完成放置。

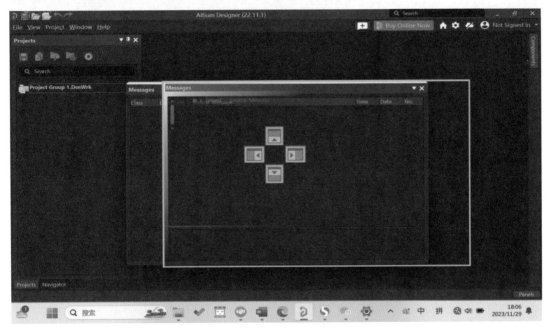

图 1-9　吸附引导画面

　　有时候为了固定面板的位置以方便进行点选操作，一般可以把面板进行锁定，如图 1-10 所示。可以通过单击面板右上角的锁定按钮进行锁定。

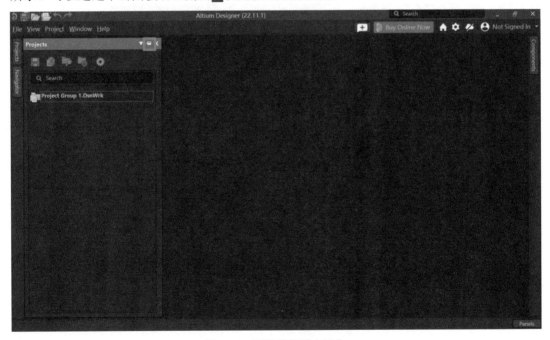

图 1-10　面板进行锁定操作

1.3　Altium Designer 22 的文档结构与管理

1.3.1　文档的组织结构

Altium Designer 22 采用工程管理的概念，在工程设计中，通常将同一个项目中的所有文件都保存在一个工程文件中，以便于文件管理。通过一个工程文件 (*.PrjPcb) 能够有效地对一系列设计文件进行分类和层次管理，建立其与单个文件之间的关系，方便用户进行组织和管理。在电子电路绘图中，一个 PCB 工程文件常包括原理图文件 (*.SchDoc)、PCB 设计文件 (*.PcbDoc)、原理图库文件 (*.SchLib)、PCB 元件封装库文件 (*.PcbLib)、网络报表文件 (*.Net)、CAM 报表文件 (*.Cam) 等。

文档的创建
与结构管理

1.3.2　文档的创建、打开与保存

1. 新建 PCB 工程

执行菜单 "File" → "New" → "Project" 命令，弹出图 1-11 所示的 "Create Project" 创建项目对话框，单击 "Create" 按钮创建 PCB 工程，默认创建一个名为 "PCB_Project. PrjPCB" 的空白工程文件。此时也可直接在右侧的 Project Name 和 Folder 中修改工程所需要的名字和文件夹路径，这样就避免了后期修改工程名字的操作。

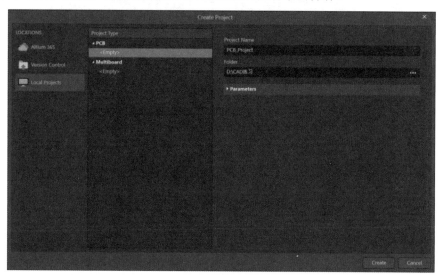

图 1-11　创建项目对话框

创建工程之后，当点击工作区面板中的 "Projects" 选项卡时，出现新建的工程文件 "PCB_Project.PrjPcb"，并显示空文件夹 "No Documents Added"，如图 1-12 所示。

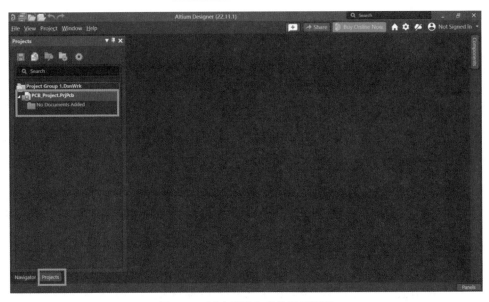

图 1-12　创建项目完成并显示界面

2. 新建原理图、PCB 图、原理图库文件、封装库文件

在 Altium Designer 22 主窗口下，执行菜单"File"→"New"→"Schematic"命令，创建原理图文件，系统会自动在当前项目文件下新建一个名为"Source Documents"的文件夹，并在该文件夹下建立原理图文件"[1] Sheet1.SchDoc"，同时进入原理图编辑器，如图 1-13 所示。

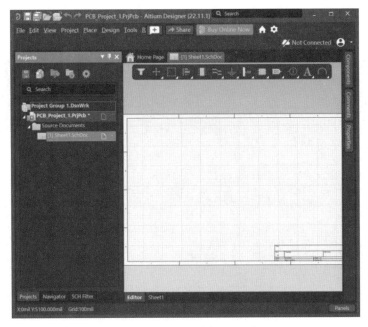

图 1-13　原理图编辑器界面

同理，在 Altium Designer 22 主窗口下，执行菜单"File"→"New"→"PCB"命令，创建 PCB 绘图文件"PCB1.PcbDoc"，并进入 PCB 编辑器，如图 1-14 所示。

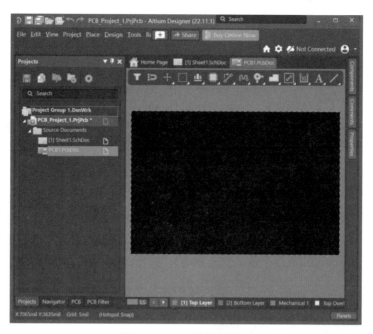

图 1-14　PCB 编辑器界面

执行菜单"File"→"New"→"Library"，会出现创建库文件的选择界面，如图 1-15 所示，根据需要选择创建集成库 (Integrated Library)、原理图库 (Schematic Library)、PCB 封装库 (PCB Library) 等，本节只要学会创建、保存文件即可，具体的相应文件操作将在后面章节中详细介绍。

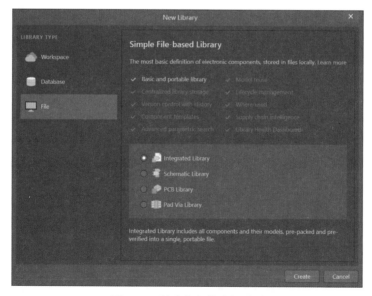

图 1-15　新建库文件选择界面

3. 保存文件

1) 工程文件 (*.PrjPcb) 的保存

创建 PCB 工程后，通常需要将工程存为自己需要的文件名，并保存到指定的文件夹中。如在创建工程时没有修改工程名字和文件保存路径，则可以执行菜单"File"→"Save Project As…"命令，在弹出的保存工程对话框中，更改保存的路径和文件名，并单击"保存"按钮，完成工程保存。在界面左侧工程导航栏中，用鼠标右键单击该工程文件，然后在弹出的菜单栏中选择"Save"，亦可进入保存对话框，按上述操作修改路径和文件名即可，如图 1-16 所示。

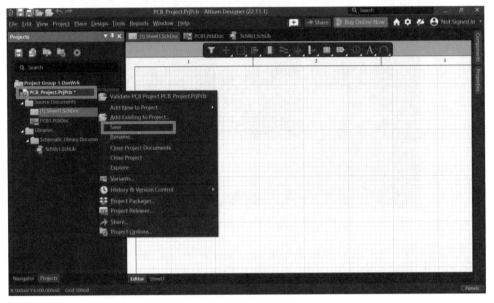

图 1-16　文件保存的方法

2) 原理图文件 (*.SchDoc) 的保存

原理图文件 (*.SchDoc) 的保存方法是：将操作界面切换至原理图界面或者用鼠标左键单击左侧工程导航栏中的原理图，再执行菜单"File"→"Save As…"命令，按照需要修改文件名字和路径。同理，参照上面工程文件的保存操作，右击工程导航栏中的原理图亦能实现。其余的文件类型，如 PCB 设计文件 (*.PcbDoc)、原理图库文件 (*.SchLib)、PCB 元件封装库文件 (*.PcbLib)，都可以参照上面的方法修改名字及指定路径保存。

本软件与 Office 软件在文件创建、保存、打开、关闭等方面极为类似。如执行菜单"File"→"Save"命令，系统自动按原文件名将文件保存，同时覆盖原先的文件。如果不希望覆盖原文件，可以采用"Save As"的方法，执行菜单"File"→"Save As"命令，在弹出的对话框中输入新的存盘文件名后单击"Save"。这里请读者根据自己的需要及个人操作习惯探索并掌握软件工程创建的方法。创建、保存的途径不局限于一种，能正确实现即可。

4. 为工程添加与移除文件

在创建各类设计文件时，如果已经创建好工程文件，那么软件会自动默认新创建的文件属于该打开的工程，并形成相应的所属层次关系。但如果是先创建各类操作文件，后创建管理的工程文件，则软件会默认之前的设计文件并未放置在当前工程中，而是一起放在"Free Documents"中进行管理。若此时需要添加该文件，则可以通过以下方案处理：第一，右击工程文件名，在弹出的菜单中选择"Add to Project…"，如图 1-17 所示，弹出选择添加文件的对话框，选择要添加的文件后单击"打开"按钮；第二，用鼠标左键拖曳要放入工程的设计文件到工程文件上，松开鼠标，文件即被加入工程中。

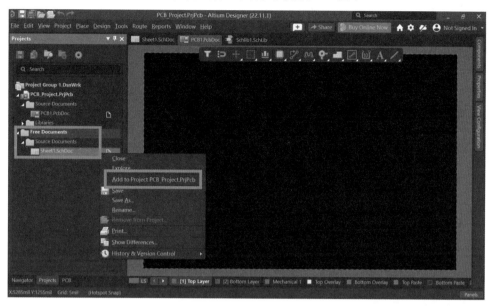

图 1-17　为工程添加文件的操作

　　为工程移除文件的方法与上面添加文件的方法类似。将鼠标右击选择要移除的设计文件，从弹出的菜单中选择"Remove From Project…"，即可从工程中移除相应的文件。直接拖曳该文件从工程中移出也可以。当看到移动的设计文件也进入"Free Documents"中时，说明文件移除成功。

　　当一个工程按照需求创建完成后，可以生成如图 1-18 所示的工程导航关系。由图可见，原理图和 PCB 图相较工程文件回缩了一段距离，并且在工程文件的前面出现了▲图标，单击它可以观察到下面的设计文件被隐藏进工程中了，这样就完成了基本的工程创建。

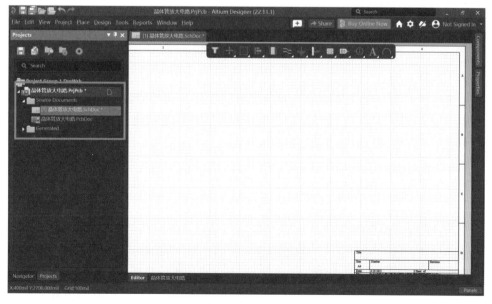

图 1-18　成功的工程创建示例

小提示

工程导航中的文件图标显示快捷箭头是什么原因，怎么处理？

如图 1-19 所示，名为晶体管放大电路的原理图文件图标左下角有一个快捷箭头。出现这种情况的原因是该文件保存的位置与工程文件保存的位置不在同一个路径下，这种图标提示操作者要及时修改，因为虽然在当时绘制的计算机上操作不会有很大的影响，但未来提交工程文件到其他设备终端时，该文件就会被漏掉，新的终端打开工程时就会提示缺失文件。刚开始学习的操作者常常会出现类似这样的问题，请读者在练习中注意这些小细节。将晶体管放大电路的原理图文件与其工程文件保存在同一文件夹中，在工程导航中重新添加该文件，就不会再出现这种快捷箭头了。

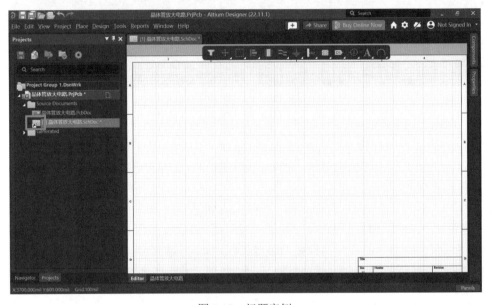

图 1-19　问题案例

5. 关闭工程文件

如果要关闭工程，可以在菜单栏中选择"Project"。当选择"Close Project Documents"菜单时，将该工程中的子文件关闭，而工程文件保留；当选择"Close Project"时关闭整个工程。若该工程中的文件未保存过，则会弹出保存文件对话框，按需要进行保存即可。"Close Project"也可不通过菜单栏选择，在左侧工程导航栏的工程上右击也会出现，具体操作同上。

文档图标快捷键
出现的原因
及解决方法

6. 打开工程或设计文件

当绘图完成、软件关闭以后，想要再次打开该工程，有两种方案。第一，找到工程中所有文件所在的路径，双击其中的工程文件，即可打开软件并打开该工程的所有文件；第二，直接打开软件，一般软件设有自动打开上次工作任务的历史配置，能够直接看到上次关闭软件时的工程 (如果没有出现，可以执行"File"→"Open Project"或者"File"→"Open"

命令)，通过路径找到所需文件后单击"Open"按钮，打开相应文件。

7. 快速查询文件的保存路径

在工程文件上右击，在弹出的快捷菜单中选择"Explore"命令，即可浏览工程文件所在的路径，快速找到文件的存放位置，如图 1-20 所示。

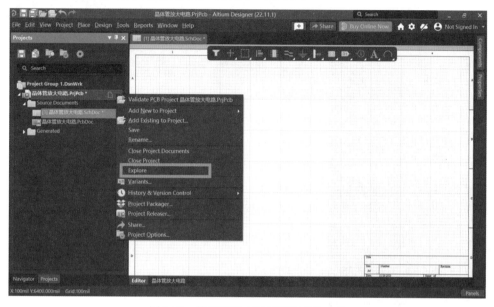

图 1-20　快速查询文件保存路径的方法

1.3.3　文档切换及工作区界面管理

当工程创建好之后，需要打开每个设计文本进行操作，文本之间的切换可以通过单击左侧工程导航栏的对应文本打开，也可以通过单击用户工作区上的标签栏切换，如图 1-21 所示。

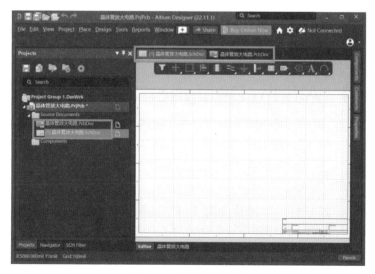

图 1-21　文档切换操作

　　软件的各个操作面板基本都是通过右下角的面板控制区中"Panels"按钮选择的，如果在设计过程中发现面板控制栏因误操作被隐藏，如图1-22所示，在菜单栏中选择"View"→"Status Bar"复选框即可解决。

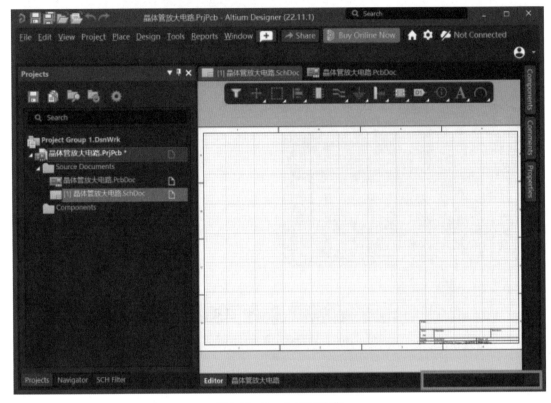

图 1-22　Panels 面板隐藏

　　当工作区打开的文件不同时，菜单栏会发生相应的变化，"View"中的操作内容也会发生相应的变化。关于界面调整的操作都在"View"中，界面如果因为误操作丢失了某个状态栏、工作栏，查询菜单栏的"View"都能调整回来。

1.4　Altium Designer 22 的系统设置

1.4.1　软件语言切换

　　Altium Designer 22 软件的本地化功能支持中文简体、中文繁体、日文、德文、法语、韩语、俄语和英文等语言体系的操作系统。

　　打开 Altium Designer 22 软件，单击工作区右上角的 ⚙（设置系统参数）按钮，如图1-23所示，打开"Preferences"对话框。

软件的系统
常用设置

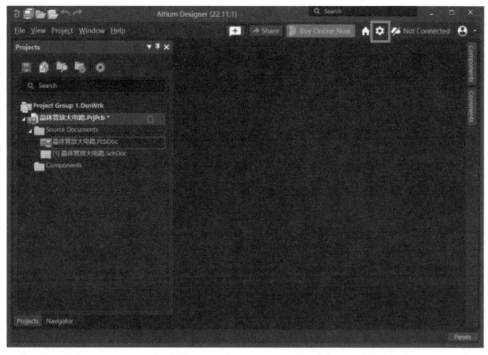

图 1-23　设置系统参数按钮

展开"System"选项，单击"General"选项，勾选"Use localized resources"复选框，屏幕将弹出"Warning"对话框，提示需要重启软件完成当前设置，单击"OK"按钮，如图 1-24 所示。

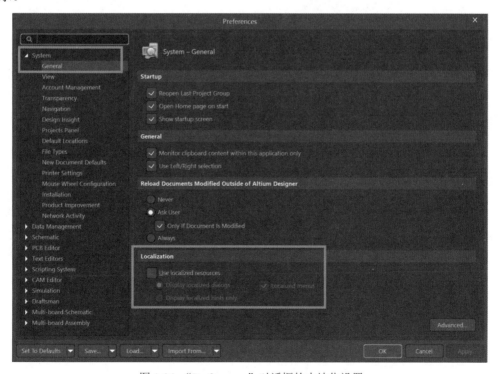

图 1-24　"Preferences"对话框的本地化设置

设置完毕，关闭软件并重新启动，系统的界面就切换为中文界面了。为帮助同学们习惯各类英文软件的基本使用方法及语言表述习惯，本书仍采用英文菜单介绍 Altium Designer 22 软件，在这里也推荐大家熟悉软件的英文形式，为使用其他不能汉化的专业软件做准备。

1.4.2　软件自动备份设置

Altium Designer 22 提供了用户自定义保存选项，该选项能防止在设计时软件崩溃造成的设计文件损坏或丢失，可以设置系统每隔一段时间自动备份，一般设置为 30 min。具体的操作方法如下：点击"Data Management"→"Backup"→"Auto Save"，如图 1-25 所示。不建议设置时间过短，也不建议设置时间过长。时间过短，在设计的时候系统频繁自动保存，容易造成卡顿而打乱设计者的思路；时间过长，万一文件损坏，则会导致设计者重复工作量大。所以，在此建议读者养成常按快捷键"Ctrl + S"进行手工保存的习惯，同时配合系统的自动备份功能，才能有效顺畅地完成设计工作。

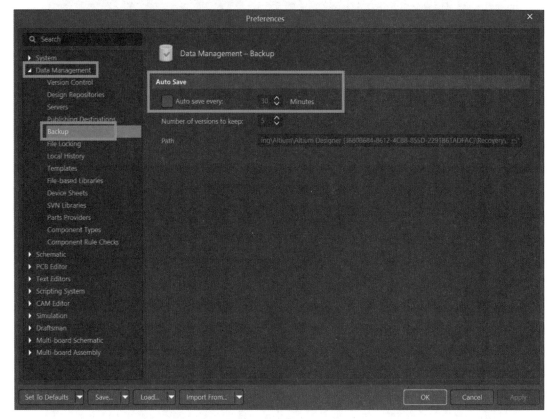

图 1-25　软件自动备份

1.4.3　其他常用的基本设置介绍

1. Altium Designer 22 主题颜色的设置

Altium Designer 22 提供了黑、白两种主题颜色，系统默认的主题颜色是黑色。在使用软件的过程中,如果不太习惯深色科技感的主题颜色,可以在图 1-26 所示的"Preferences"对话框中选择"System"下的"View"选项,在右侧的"UI Theme"区的"Current"下拉列表框中选择"Altium Light Gray"选项,选中后屏幕将弹出"Warning"对话框,提示需要重启软件完成当前设置,单击"OK"按钮确认。重启软件后系统的主题颜色修改为白色,更改已生效。本书后续设计内容仍采用系统默认的黑色。

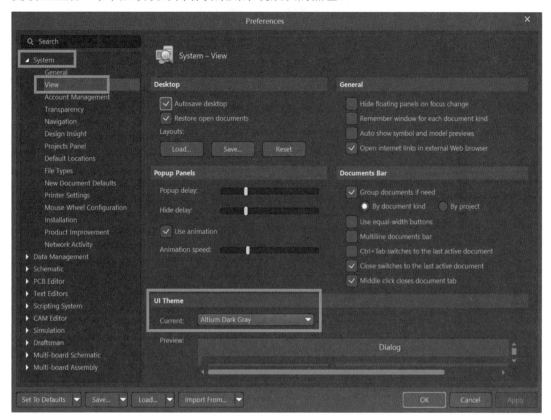

图 1-26 软件主题颜色设置

2. 软件联网功能的关闭

Altium 设计者可以使用互联网和第三方服务器连接到 Altium 云、供应商或进行在线更新。但在某些情况下,用户可能需要离线工作,此时打开"Preferences"对话框,单击"System"选项下的"Network Activity"选项,取消勾选"Allowed Network Activities"复选框,单击"OK"按钮即可。

3. 恢复软件默认设置的方法

在使用 Altium 软件的过程中如果不小心把软件的一些参数设置改变了,想要恢复软件刚安装时的设置,则可以执行如下的恢复方法:单击工作区右上角的 ⚙ (设置系统参数)按钮,打开"Preferences"对话框。单击对话框左下角的"Set To Defaults"按钮,单击"Default(All)"选项,如图 1-27 所示。在弹出的"Confirm"对话框中单击"Yes"按钮,在弹出的"Warning"对话框中单击"OK"按钮并重启软件使更改生效,即可恢复软件的默认设置。

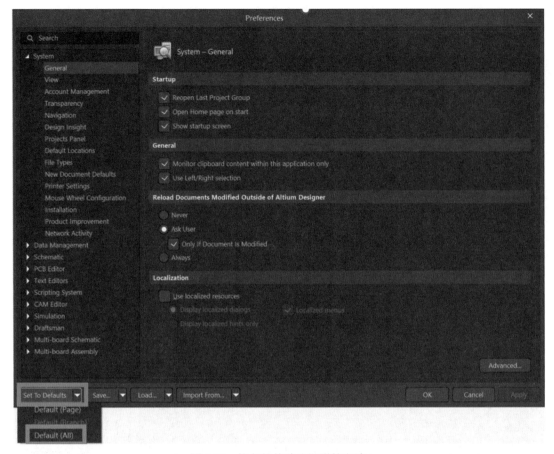

图 1-27　恢复软件默认设置的方法

4. 菜单栏中添加命令的方法

Altium Designer 的新版本更新以后，有些低版本的部分菜单栏命令没有了。例如，原理图编辑界面 "Place" 菜单栏下的 "Manual Junction" 选项等命令，在 Altium Designer 22 软件的菜单栏中默认是没有相应的命令图标的，但是软件并没有取消这些功能，用户可以手动将其添加到菜单栏中。当出现类似问题时，具体添加命令的方法如下：在工作区打开要加入命令的文件，如现在要加入 "Manual Junction" 命令，则先打开一个原理图文件，然后在菜单栏的空白位置双击，在弹出的 "Customizing Sch Editor" 命令编辑对话框中选择 "Design" 选项，单击下面的 "New" 按钮，新建一个命令，如图 1-28 所示。此时将弹出 "Edit Command" 对话框，在其中可输入相应的命令。如不清楚参数选项对应的命令，可到低版本 Altium Designer 软件中找到这一命令，单击 "Edit" 按钮，查看相应的命令 (处理 (Process)、标题 (Caption)、描述 (Description) 等)，如图 1-29 所示。"Manual Junction" 命令对应的参数命令有 "Process:Sch:PlaceJunction" "Caption: Manual & Junction" "Description: Place Manual Junction"，将对应的命令粘贴到 Altium Designer 22 的 "Edit Command" 对话框中，单击 "OK" 按钮。在 "Customizing Sch

Editor"命令编辑对话框的"Custom"中就能找到用户刚刚添加的命令,在命令上按下鼠标左键,拖动命令放置在任意一个菜单下,如图 1-30 所示。利用该方法可以添加其他菜单栏命令到相应的菜单栏中,并确定命令在相应的 Altium Designer 版本中是否有效。

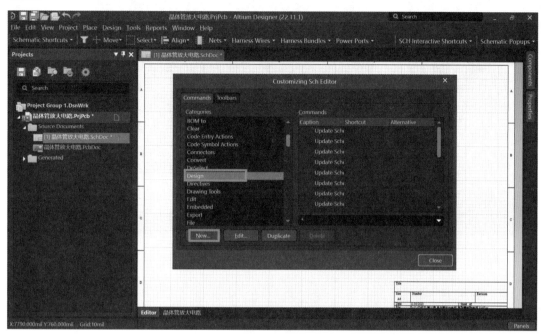

图 1-28　菜单栏中添加命令的方法

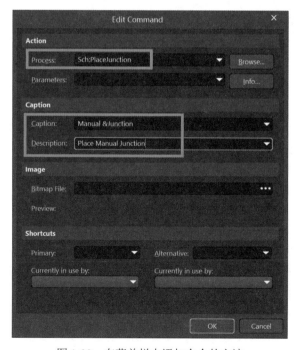

图 1-29　在菜单栏中添加命令的方法

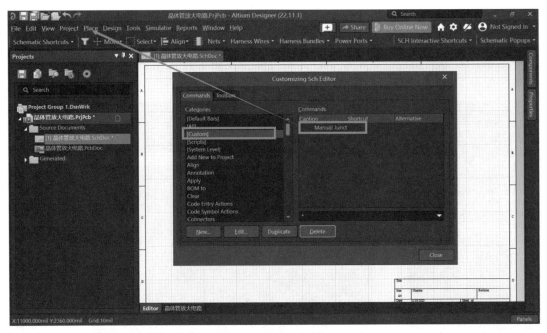

图 1-30　在菜单栏中添加命令的方法

1.案例材料

国之重器——"神威·太湖之光"超级计算机

在江苏无锡蠡湖北侧一幢十分低调的大楼里，可以看到曾4次登上世界超级计算机TOP500榜单第一的国之重器——国家超级计算无锡中心的"神威·太湖之光"超级计算机(见图1-31)。自2016年6月发布以来，"神威·太湖之光"已稳定运行了7个年头，支撑了1000多项应用课题的运算需求。如今，国家超级计算无锡中心(简称"无锡超算")希望向更多行业、更多用户赋能，持续发挥"神威·太湖之光"超算资源的光和热。

"神威·太湖之光"机房里只有轻微的空调发出的环境声音，之所以能做到如此安静，是因为"神威·太湖之光"采用了水冷的方式降温，超算本身基本不产生运算噪声。整个机房有三列大的黑色机柜组，共包括40个运算机柜和8个网络机柜，每个运算机柜都由4组32块运算插件组成，共安装了40 960个中国自主研发的"申威26010"众核处理器。2016年对外发布时，凭借每秒12.5亿亿次峰值计算速度，"神威·太湖之光"成为世界上第一台运算速度超过十亿亿次的超级计算机。2016年发布以来，连续4次荣获世界超级计算机TOP500榜单第一，多次斩获高性能计算应用领域最高奖项"戈登·贝尔"奖。

无锡超算"神威·太湖之光"已应用于航空航天、地球科学、海洋环境、气象气候、生物医药、工业制造等20多个领域，服务用户超300家，已经完成1000余项应用课题的计算任务，平均每天完成超7000项作业任务。

国家超级计算无锡中心主任助理、研发中心主任甘霖每天都要和超级计算机"神威·太湖之光"打交道。2015 年 12 月，还在读博的甘霖与一群平均年龄只有 25 岁的年轻人投入"神威·太湖之光"的试算与调试工作中，肩负起为这款国产超级计算机打造系统的重要使命。

图 1-31　神威·太湖之光

2016 年 11 月，被誉为世界高性能计算应用领域最高奖项的"戈登·贝尔"奖揭晓，甘霖所在团队凭借"千万核可扩展全球大气动力学全隐式模拟"的项目成果，实现了该奖设立 29 年来中国团队的首次获奖。这项成果是世界上第一次在有效时间尺度内完成的 500 米以上分辨率的大气模拟。此后，甘霖所在团队在国产超算系统方面不断取得新突破，将新成果应用到国家急需的重要领域中。

如今，在以创新创意为关键竞争力的行业中，青年人才的占比均超过了 50%。参加"嫦娥五号"任务的青年人才其平均年龄为 32.5 岁，其中最年轻的系统指挥员是 1996 年出生的；长征三号甲系列运载火箭是发射北斗导航卫星的"专列"，火箭的总体设计团队的平均年龄不到 30 岁；量子科学团队的平均年龄为 35 岁；中国天眼 FAST 研发团队的平均年龄为 30 岁……越来越多的青年人才在科技创新的一线领域茁壮成长，汇聚成建设科技强国的澎湃浪潮。

2. 话题讨论

(1) 在实现中国式现代化的新征程上，新时代的中国青年应该怎么做？

(2) 新时代的中国青年应牢记习近平总书记的嘱托，以永不懈怠的精神状态、永不停滞的前进姿态，在接续奋斗中谱写强国建设、民族复兴的壮丽篇章，那么你对未来有哪些计划和打算？

(3) 请搜索并探讨本课程的内容在计算机技术上的应用，找出与计算机技术相关的典型电路。

实训拓展题

1. 安装软件，将软件切换为中文模式，并将系统的主题颜色设置为白色。

2. 创建一个名字为"练习"的工程文件，再创建名字为"原理图练习"的原理图文件、名字为"PCB 练习"的 PCB 文件、名字为"原理图库练习"的原理图库文件、名字为"封装库练习"的封装库文件，并让上面的 4 个文件同属于"练习"工程文件的管理。

3. 完成上面 2 题的练习后，再创建一个名字为"练习 1"的工程文件。将"练习"工程中的"原理图练习"原理图文件从当前工程中移出，并将该原理图文件移入"练习 1"的工程中进行管理。

第 2 章 基础操作（一）——晶体管放大电路

2.1 电路的基础分析

由晶体三极管组成的放大电路其主要作用是将微弱的电信号（电压、电流）放大成所需要的较强电信号。根据放大电路的输入回路、输出回路中信号公共端的晶体管电极不同，可以把晶体管放大电路分为共射、共基、共集三类。本章通过绘制单管共发射极放大电路让读者掌握 Altium Designer 软件绘图的基本操作与设计流程。

单管共发射极电路如图 2-1 所示。图中，需要放大的电压信号 U_i 接在放大电路输入端 P1 接插件上；放大后的电压 U_o 从放大电路的集电极与发射极经接插件 P2 输出；发射极 E 是输入信号和输出信号的公共端。三极管 V1 用于实现电流放大；集电极直流电源 VCC(由接插件 P3 提供) 用于确保三极管工作在放大状态；集电极的负载电阻 R3 用于将三极管的集电极电流的变化转变为电压变化，以实现电压放大；基极偏置电阻 R1、R2 为放大电路提供静态工作点；耦合电容 C1 和 C2 用于隔直流、通交流。

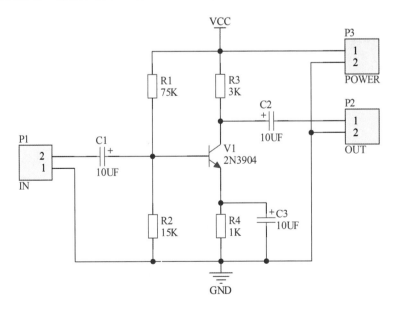

图 2-1　单管共发射极电路

U_i 直接加在三极管 V1 的基极和发射极之间，引起基极电流 I_b 作相应的变化；通过三极管 V1 的电流放大作用，V1 的集电极电流 I_c 也将变化；I_c 的变化引起 V1 的集电极和发射极之间电压 U_{CE} 变化；U_{CE} 中的交流分量经过电容 C2 畅通地传送给负载，成为输出交流电压 U_o，最终实现了电压放大作用。

2.2 原理图的常用操作

2.2.1 原理图设计的基本步骤

原理图设计大致可以按照以下步骤进行：

(1) 创建工程和原理图文件。

(2) 配置工作环境，设置图纸大小、方向和标题栏。

(3) 放置元器件、电源符号、接口等。元器件可以从原理图库中获取，对于库中没有的元器件，需要自行设计。

(4) 元器件布局与布线。

(5) 元器件封装设置。

(6) 放置网络标号、说明文字等进行电路连接和标注说明。

(7) 电气检查与调整。

(8) 保存文件。

(9) 报表输出和电路输出。

原理图编辑器
介绍

2.2.2 原理图编辑器介绍

按本书第 1 章的介绍，新建一个工程及一个原理图文件，将工程名和原理图文件名都更改为"晶体管放大电路"并保存，同时确保原理图文件属于该工程。双击原理图文件，此时界面会出现原理图编辑器，它是由主菜单、布线工具栏、工作区、工作区面板、元器件库选项卡、标题栏等组成的，如图 2-2 所示。

1. 工作区面板

工作区面板默认位于主窗口的左边，可以显示或隐藏，也可以被任意移动到窗口的其他位置，具体操作可根据下面的介绍并结合本书第 1 章的第 1.2.3 节来实现。

1) 移动工作区面板

用鼠标左键按住工作区面板状态栏不放，拖动光标在窗口中移动，可以将工作区面板移动到所需的位置。

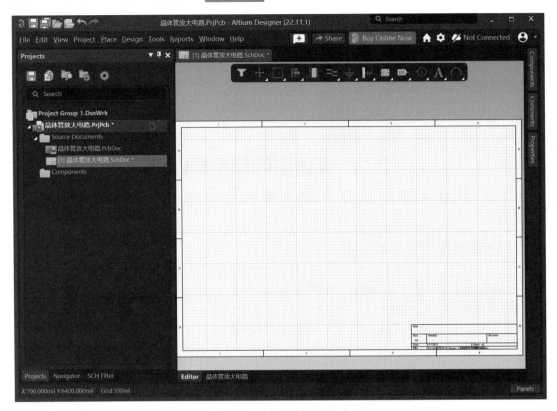

图 2-2　原理图编辑器界面

2) 切换工作区面板选项卡

此时工作区面板默认有"Projects""Navigator""SCH Filter"选项卡，均位于面板的左下方，单击所需要的选项卡就可以查看相应的内容。绘图时一般选中的是"Projects"选项卡，因为它能方便地从左侧看到工程导航，掌握工程组成，查看显示文件。工作区面板中的选项卡如果不需要，可以在该选项卡上点右键单击"Close '***'"，该选项卡就会被关闭。如果再需要显示该选项卡则可以在"View"或者"Panels"中找到。

3) 显示与隐藏工作区面板

单击工作区面板右上角的■锁定按钮，当按钮的形状变为■时把光标移出工作区面板，工作区面板将自动隐藏在窗口的最左边。并在主窗口左侧显示工作区面板的标签。单击窗口左边的工作区面板标签，则对应的面板将自动打开。如果不再隐藏工作区面板，则在面板显示时，再次单击右上角的锁定按钮，此时工作区面板将不再自动隐藏。

2. 原理图工具栏

Altium Designer 22 在绘制原理图时要用到很多常用的工具栏及其中的工具，执行菜单"View"→"Toolbars"可以看到几种常见的工具栏，如"Schematic Standard"（原理图标准工具栏）、"Utilities"（实用工具）、"Wiring"（接线工具）等。其中每项对应的按钮功能具体如表 2-1、2-2、2-3 所示。

表 2-1　原理图标准工具栏按钮功能表

按钮	功　能	按钮	功　能	按钮	功　能	按钮	功　能
	打开文件		剪切		移动选中对象		上一步
	保存文件		复制		取消选取状态		下一步
	显示所有对象		粘贴		清除过滤器		
	缩放区域		橡皮图章		层次图切换		
	缩放选中对象		选取区域内对象		设置测试点		

表 2-2　实用工具栏按钮功能表

按　钮	主 要 功 能
	绘制线、图形、文本(框)、图片、智能粘贴
	上对齐、下对齐、左对齐、右对齐、等间距、中心对齐等
	电源和接地网络
	栅格设置

表 2-3　接线工具栏按钮功能表

按钮	功　能	按钮	功　能	按钮	功　能
	放置导线		放置电源端口		放置线束入口
	放置总线		放置元器件		放置端口
	放置信号线束		放置层次图标		放置 NO ERC 标号
	放置总线分支		放置层次图端口		放置重复块
	放置网络标号		放置器件页面符		网络颜色
	放置接地端口		放置线束连接器		

当在“View”→“Toolbars”里单击了上面相应的工具栏，在软件界面中的菜单栏下面就会出现带有上面图片的工具栏。工具栏是否要出现在界面中以及工具栏放置的位置可以根据操作者的习惯进行调整。移动工具栏的方法就是用鼠标左键拖住工具栏前面的图标，将工具栏移动到目的位置后松开按键即可实现。将上述的 3 个工具栏显示出来并调整位置，可以得到如图 2-3 的原理图编辑界面。

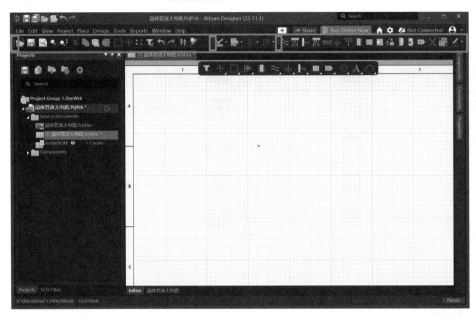

图 2-3　工具栏可视的原理图编辑界面

2.2.3　原理图图纸的设置

原理图图纸
的设置

进入原理图编辑器后，可以看到工作区是一张白底黑框并带有灰色网格的图纸，系统默认图纸的尺寸是 A4。如果想对图纸做调整可以单击界面最右侧的"Properties"(属性)选项卡，或者双击图纸边框，屏幕右侧弹出"Properties"面板，如图 2-4 所示，在这里可以对原理图图纸进行设置。

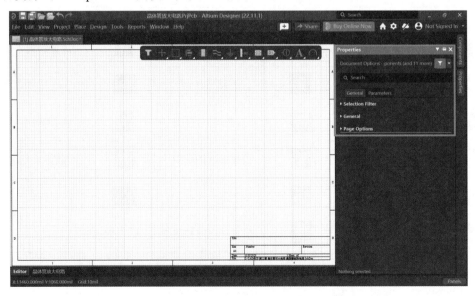

图 2-4　原理图"Properties"(属性)面板

"Properties"面板主要可以分为"General(通用)""Parameters(参数)"两个选项卡。在"Parameters"选项卡中可以为特殊字符设置参数值，具体使用方法将在第 2.3.6 节中介绍；

在 "General" 选项卡中可以进行 "Selection Filter" (选择过滤器)、"General" (通用设置) 和 "Page Options" (页面操作) 这 3 块操作，其中 "Selection Filter" 可以根据用户的需要选择原理图中的组成部分，"General" 和 "Page Options" 可以完成原理图图纸的大部分设置，具体设置方法介绍如下。

1. 设置单位制

Altium Designer 22 的原理图设计工具中提供有英制 (mil) 和公制 (mm) 两种单位，可在 "Properties" 面板的 "General" 区进行设置，"Units" 下方的 "mm" 选项卡为公制单位毫米，"mils" 选项卡为英制单位毫英寸 (密尔)，选中相应选项卡后该选项卡将变成蓝色，即设置成该单位制，系统默认使用英制单位。两种单位的关系换算式是 1 mil = 0.0254 mm。

2. 设置栅格尺寸

Altium Designer 22 的 "General" 区共有 3 种栅格，即 "Snap Grid" (捕获栅格)、"Visible Grid" (可视栅格) 和 "Electrical Grid" (电气栅格)。

捕获栅格指光标移动一次的步长；可视栅格指图纸上显示的小栅格之间的长度；电气栅格指自动寻找电气节点的半径范围。在图 2-5 中的 "Visible Grid" 可视栅格设定为 100 mil，即图纸上小栅格的长度为 100 mil，此项设置只影响视觉效果，不影响光标的位移量；"Snap Grid" 捕获栅格设定为 10 mil，即光标移动一次的距离为 10 mil。如果 "Visible Grid" 设定为 50 mil，"Snap Grid" 设定为 100 mil，则光标移动 1 次将走完 2 个小的可视栅格。选中 "Snap to Electrical Object" 复选框可以进行电气栅格设置，"Snap Distance" 栏用于设置栅格范围值，系统会以 "Snap Distance" 中设置的值为半径，以光标所在点为中心，向四周搜索电气节点，如果在搜索半径内有电气节点，系统会将光标自动移到该节点上，并在该节点上显示一个圆点，方便绘图。

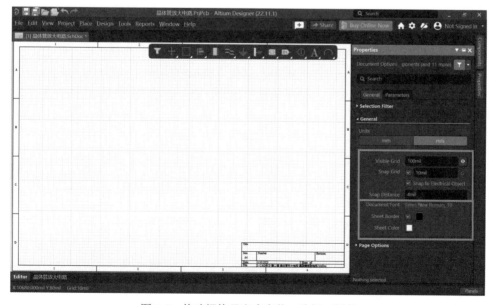

图 2-5　修改栅格及文本字体、边框、颜色

如果操作者想改变栅格颜色，可以打开 "Preferences" 对话框 (快捷键 O + P)，选择 "Schematic" → "Grids" 选项，修改栅格类型及栅格颜色，如图 2-6 所示。

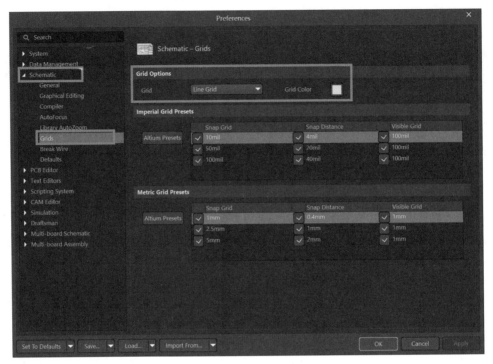

图 2-6　修改栅格类型及栅格颜色

3. 设置原理图文本字体、边框和颜色

绘制原理图时如果想要更改原理图显示字体,可以在"Properties"→"General"选项中,选择"Document Font",单击后面蓝色的字体样式就可以进行字体、字号、加粗、倾斜、下划线的操作。

在"Properties"→"General"选项中,选择"Sheet Border",后面的复选框如果不勾选,图纸的边框就会消失。单击复选框后面的颜色框就可以根据需要改变边框的颜色。

在"Properties"→"General"选项中,选择"Sheet Color"颜色框来改变原理图图纸的颜色。在这里要提示一下读者,软件设置的初始状态一般都是比较优化的设置,如无必要尽量不做修改,修改以后反而可能会打破操作的舒适性。如想恢复软件默认设置可参考本书第 1.4.3 节。

4. 原理图图纸大小的设置

在"Properties"→"Page Options"选项中,可以实现图纸模板、图纸尺寸、图纸方向、标题栏、图纸划分区域的设置。

"Page Options"选项下面的"Formatting and Size"选项里的"Template"选项卡是用于设置图纸模板的,可在其下方的"Template"下拉列表框中选择图纸模板。

"Page Options"选项下面的"Formatting and Size"选项里的"Standard"选项卡是用来设置标准图纸尺寸的,可在其下方的"Sheet Size"下拉列表框中选择标准的图纸尺寸。通常图纸参数是根据电路图的规模和复杂程度来确定的,如果需要设置非标准尺寸,可以切换到旁边的"Custom"选项卡,其中"Width"用于自定义宽度,"Height"用于自定义高度。"Orientation"下拉列表框是用于设置图纸方向的,有 Landscape(横向) 和

Portrait(纵向) 两种方向，"Title Block"复选框则是用于设置是否显示标题栏。

"Page Options"选项下面的"Margin and Zones"是用于设置整个图纸划分为几个区域的，选中"Show Zones"复选框后，边框会有排列序号，系统默认"Upper Left"开始编号，横向用数字编号，纵向用字母编号。

2.2.4　原理图图纸的放大、缩小操作

原理图图纸的
放大、缩小操作

在绘制原理图时，经常需要对原理图页面进行放大、缩小以及移动的操作。打开原理图文件后，单击鼠标右键就可以拖拽原理图页面。图纸的放大、缩小可以通过 3 种方法来实现，第 1 种：按住鼠标中键向前移动鼠标放大原理图工作区，按住鼠标中键向后移动缩小原理图工作区；第 2 种：单击"View"→"Zoom In(放大)"/"Zoom Out(缩小)"实现；第 3 种：左手按住键盘 Ctrl 键，右手滚动鼠标中键实现放大、缩小。

当图纸过于放大或缩小时，想让图纸一次性调整大小到适合工作区内，则可以单击"View"→"Fit Document"选项；如果绘制的电路集中在一块区域内，想要把电路图放大到适当的大小观察时，可以单击"View"→"Fit All Objects"选项；如果想要放大图纸上的一块区域，可以单击"View"→"Area"选项，当光标回到图纸上时会变成一个大的十字光标，拖住鼠标左键在想要放大的区域上拉一个长方形，松手后就能放大该长方形区域；如果想要放大图纸上的一块区域，也可以单击"View"→"Around Point"选项，当光标回到图纸上时也会变成一个大的十字光标，但拖拽的效果是以光标为中心的圆形。

在第 2.2.2 节中介绍了工具栏，其中原理图标准工具栏中也包含有放大、缩小的按钮，操作者可根据个人习惯去使用这些操作。

2.3　晶体管放大电路的原理图设计

2.3.1　元器件库简介

绘制电子电路图时常常会用到电阻、电容、三极管、集成芯片等电子元器件，为了方便操作者快速绘图，Altium Designer 22 软件在安装的时候就自带了很多不同的元器件库，要使用到哪个器件时可以直接去库中查找使用，这将能节省很多时间。元器件库根据提供的内容可以分为 *.IntLib(集成元器件库，集成了元器件的原理图和 PCB 封装)、*.SchLib(元器件原理图库)、*.PcbLib(元器件 PCB 封装库)、*.Pcb3DLib(元器件 PCB3D 库) 等。在原理图设计时，通常选择 *.IntLib 或 *.SchLib。

元器件的放置
及修改

2.3.2　元器件的放置及修改

本例中要用到 4 种元器件，即电阻 Res2、电解电容 Cap Pol2、

晶体管 2N3904 和 2 脚接插件，电阻、电容、晶体管等常用的分立电子元器件一般在"Miscellaneous Devices.IntLib"库中能找到，各种通用的接插件在"Miscellaneous Connectors.IntLib"库中能找到。前面提到的 2 个库是绘图中最常用到的库，请读者熟悉并能熟练使用这 2 个库，一般在软件安装时系统会默认安装该库。

1. 元器件放置

(1) 通过元器件库的控制面板来放置元器件。

单击原理图编辑器右上方的"Components"标签，屏幕右侧会弹出"Components"控制面板，如图 2-7 所示，单击蓝色"Components"标签的下拉栏就可以查看软件已安装的元器件库，一般初始模式下只安装了上面提到的 2 个 Miscellaneous 库。选择"Miscellaneous Devices.IntLib"库，该器件库中的元器件将出现在元器件列表中，找到晶体管 2N3904 并单击，控制面板下半部分将显示该元器件的原理图符号和封装图。双击 2N3904，将光标移到工作区中，此时元器件以虚框的形式粘在光标上，将其移动到合适位置后单击左键，元器件就被放置在图纸上了，并且此时仍处于放置状态，如果仍需放置该元器件则可继续移动并单击左键进行放置，但此时若单击右击则会退出放置状态。当元器件处在随光标悬浮的状态时，可以先按"Tab"键来修改元器件的标号，设置完一个标号后面再连续放置的器件标号将会在此基础上自动加 1，这极大地方便了用户。放置元器件 2N3904 时也可右击要放置的元器件名 2N3904，在弹出的菜单中选择"Place 2N3904"子菜单进行放置。

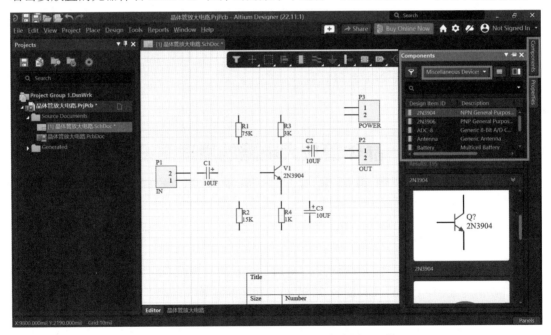

图 2-7　通过元器件库的控制面板来放置元器件

(2) 通过菜单放置元器件。

执行菜单"Place"→"Part…"命令或单击布线工具栏中的按钮，则屏幕右侧将会弹出"Components"控制面板，此时继续按上面 (1) 的方法操作即可。

初学者经常会碰到不知道所需元器件在库中的哪个位置，例如"Miscellaneous Devices.IntLib"这个库有 195 个元器件，从上到下依次查找会很浪费时间，这时可以在元器件库下拉栏下方的"Search"栏中搜索元器件，这时只需在搜索框里面输入所需元器件的全称或者部分名称即可筛选出相对应的元器件，例如电阻可以输入 R、RES 或者 RES2，下面的器件列表中会自动筛选出相应的结果，输入名称越完整找到的结果会越精确。放置完元器件的电路如图 2-7 所示。

2. 元器件属性设置

从元器件库的控制面板中放置到工作区的元器件都未定义标号、标称值等属性，在绘图时必须要注意依次修改。

修改元器件属性的方法有两种，一种是刚从元器件面板中取出的元器件还没有被固定状态时，按"Tab"键会在右侧弹出"元器件属性"对话框，在对话框中对元器件属性进行修改；另一种是元器件已经被单击固定在图纸上时可以双击该元器件，也会弹出"元器件属性"对话框并进行属性修改。图 2-8 所示为电阻 RES2 的属性设置对话框，主要参数设置如下：

(1)"Designator"可用于设置元器件的标号，同一个工程电路中的元器件标号是不能重复的，若标号重复了，元器件上将会出现红色波浪的提示线，这个问题必须及时修改，否则软件将无法完成后续的 PCB 设计。

(2)"Comment"栏用于设置元器件的型号或标称值。对于一些显而易见且有值的元器件，例如电阻、电容、电感等，可以不写型号，将标称值填入其中，但注意要加上单位。

(3)"Value"栏中，如果在"Comment"栏中写入了器件型号，而该元器件仍需输入标称值时，即可把标称值填入到"Value"中。

以上介绍的 3 种元器件属性参数如果需隐藏，可以单击旁边对应的白色小眼睛，小眼睛变暗并被叉掉了则该项属性就会被隐藏，如图 2-8 中"Comment"参数即被隐藏，这样可以使电路图更简洁。

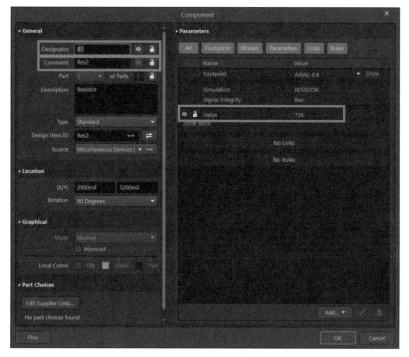

图 2-8　设置元器件属性

2.3.3　元器件布局的调整

放置元器件后必须先调整元器件布局，然后再进行连线。元器件布局调整实际上就是将元器件移动到合适的位置。

1. 选中元器件

在进行元器件布局操作时，首先要选中元器件，选择的方式有以下 3 种。

(1) 通过菜单命令选取。执行菜单"Edit"→"Select"→"Inside Area"命令，可以通过按住鼠标左键拉框选中对象后单击确定选择，被选中的对象将出现虚线框；执行菜单"Edit"→"Select"→"Outside Area"命令，可以通过拉框选中区域外对象；执行菜单"Edit"→"Select"→"All"命令，则图上所有对象全选中，此命令的快捷键为 Ctrl + A。

(2) 利用工具栏按钮选取对象。单击主工具栏上的▇按钮，用鼠标拉框选取框内对象。

(3) 直接用鼠标单击选取。对于单个对象的选取可以单击点选对象，被点选的对象周围出现虚线框，即处于选中状态，但用这种方法每次只能选取一个对象；若要同时选中多个对象，则可以在按住"Shift"键的同时，依次单击选取多个对象。

（小提示）

> 操作时如果将元器件意外地放置在原理图图纸外部了，并且元器件无法拖回图纸内时，可执行菜单栏中的"Edit"→"Select"→"Outside Area"命令，或按快捷键 S + O，光标将变成十字形，框选图纸内的所有内容，软件会选中所框选区域外部的所有对象。选中图纸外的元器件后，按快捷键 M + S，移动元器件到图纸内即可。

2. 解除元器件选中状态

元器件被选中后，所选元器件的外边有一个绿色的虚线框，一般执行完所需的操作后，必须解除元器件的选取状态，这时只需在工作区空白处单击即可以解除元器件的选中状态。

3. 移动元器件

(1) 单个元器件的移动。用鼠标左键按住要移动的元器件，将其拖到要放置的位置，松开鼠标左键即可。

(2) 一组元器件的移动。用鼠标拉框选中一组元器件或在按下"Shift"键的同时用鼠标左键依次点取选中一组元器件，然后用鼠标点住其中的一个元器件，将这组元器件拖到要放置的位置，松开鼠标左键即可；也可以选中一组元器件，执行"Edit"→"Move"→"Move Selection"命令，然后用鼠标点一下其中的一个元器件，所有的元器件就会跟着鼠标一起移动，找到合适的位置鼠标左键单击即可。

4. 旋转元器件

对于放置好的元器件，在重新布局时可能需要对元器件的方向进行调整，可以通过键盘上的按键来调整元器件的方向。

当元器件从元器件面板中通过双击取出来，随光标移动状态时或者元器件已经被固定在图纸上时，都可以通过按"Space"键对元器

元器件的布局
及调整

件进行逆时针 90°的旋转。此外随光标移动状态的元器件按"X"键可以进行水平方向翻转，按"Y"键可以实现垂直方向翻转，对于已固定在图纸上的元器件需用鼠标左键按住不放，再按"X/Y"键可以实现水平 / 垂直方向翻转。注意旋转操作必须在英文输入法状态下按"Space"键、"X"键、"Y"键才可以使元器件进行旋转和翻转。

5. 删除对象

要删除原理图中的某个对象时，可单击要删除的对象，或框选一组元器件，此时所选对象被虚线框住，按键盘上的"Delete"键即删除该对象。

6. 查找与替换操作

(1) 快速跳转到元器件。Altium Designer 22 在原理图中想要快速找到某一个元器件时，可以按快捷键 J，然后在弹出的快捷菜单中执行"Jump Component"命令，或者直接按快捷键 J + C，输入元器件标号即可快速跳转到该元器件。

(2) 查找文本。用于在电路图中查找指定的文本，通过此命令可以迅速找到包含某一文字标识的元器件。执行菜单栏中的"Edit"→"Find Text…"命令，或者按快捷键 Ctrl + F，将弹出如图 2-9 所示的"Find Text"对话框。输入想要查找的文本，如这里输入的"C1"，单击"OK"按钮开始查找，找到后将弹出"Find Text-Jump"对话框，并且图纸画面会跳转到该元器件上，在该对话框中可以查看与所查找文本对应的所有对象，如图 2-10 所示。

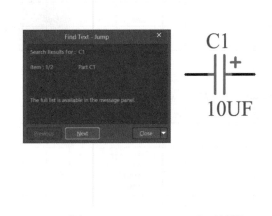

图 2-9　"Find Text"对话框　　　　　图 2-10　"Find Text-Jump"对话框

(3) 替换文本。用新的文本替换电路图中的指定文本，在需要将多处相同文本修改成另一文本时非常实用，例如大量修改标称值的时候就可以使用替换文本操作来快速实现。执行菜单栏中的"Edit"→"Replace Text…"命令，或按快捷键 Ctrl + H，将弹出的"Find and Replace Text"文本框中输入原文本，在"Text To Find"栏中输入要替换的元器件，在"Replace With"文本框中输入替换原文本的新文本，单击"OK"按钮即可完成文本的替换。

2.3.4　电源和接地符号的放置及修改

1. 通过菜单放置

执行菜单"Place"→"Power Port"命令进入放置电源符号状态，

电源和接地符号
的放置及修改

光标会带上一个悬浮的电源符号，按下"Tab"键，弹出图 2-11 所示的属性设置对话框，其中"Location"中的"Rotation"可以控制图标的旋转角度，可以根据需要修改后面的框值；"Name"栏可以设置电源端口的网络名，通常电源符号会设电源为 VCC，接地为 GND；单击"Style"栏后的下拉列表框，可以选择电源和接地符号的形状，常用有包括圆形、箭头形、条形、模拟地、数字地等 7 种类型。参数设置完毕单击工作区的 ⏸ 按钮，将光标移动到所需位置后单击放置电源符号。

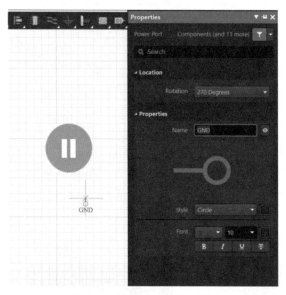

图 2-11　电源属性设置对话框

2. 通过工具栏按钮放置

在原理图设计时，还可以直接单击主工具栏的 ⏚ 按钮，像上一种通过菜单放置方法一样执行即可。此外还可以在布线工具栏的 ⏚ 按钮放置电源符号，布线工具栏的 ⏚ 按钮放置接地符号。如果要放置其他电源符号，可以执行菜单"View"→"Toolbars"→"Utilities"命令，打开实用工具栏，选中 ⏚ 按钮，弹出各类电源符号和接地符号，从中选择相应符号进行放置，如图 2-12 所示。

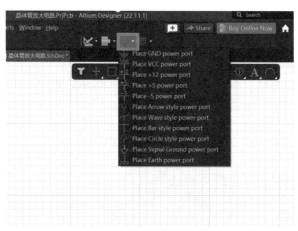

图 2-12　实用工具栏电源图标

2.3.5 电气连接

元器件的电气
连接

Altium Designer 22 提供有原理图设计布线工具栏，它主要在原理图设计中常用于电路元素的放置与电气连接。打开该工具栏（参照 2.2.2 节），当电路图完成元器件布局调整后即可开始对元器件进行布线，以实现电气连接。

1. 放置导线

执行菜单"Place"→"Wire"命令，或单击布线工具栏的■按钮，光标变为"×"形，此时系统处于连线状态，将光标移至所需位置，单击鼠标左键可定义导线起点，将光标移至下一位置，再次单击鼠标左键，即可完成两点间的连线，点击鼠标右键退出连线状态。在连线中，当光标接近元器件引脚时，会出现一个红色的"×"形连接标志，此标志代表电气连接的意义，此时单击这条导线就与引脚建立了电气连接。

2. 设置导线转弯形式

在放置导线时，系统默认的导线转弯方式为90°转角，若要改变连线转角、可在放置导线状态下按 Shift + Space 键，依次切换为90°转角、45°转角和任意转角，如图 2-13 所示。

图 2-13　导线转角方式

3. 放置元器件切断线导线设置

放置元器件时，如果希望在已经连接好的导线中间放置元器件，可以打开"Preferences"对话框，在"Schematic"选项下的"General"选项中勾选"Components Cut Wires"复选框即可，如图 2-14 所示。

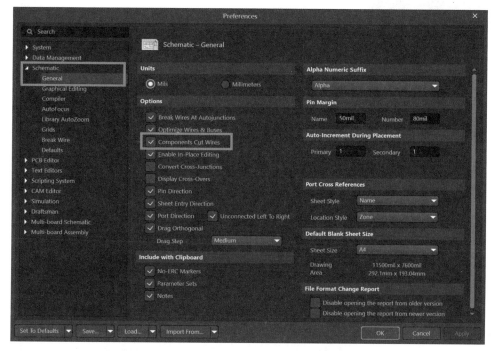

图 2-14　元器件切断线导线设置

4. 网络添加颜色设置

在原理图的使用过程中，往往需要能更清楚地查看原理图网络、修改网络等，Altium Designer 22 软件为此提供了一个添加网络颜色功能，添加网络颜色功能设置方法如下：

(1) 打开原理图编辑界面，在布线工具栏中单击 ✎ (网络颜色) 按钮，将弹出一个颜色列表，如图 2-15 所示。

(2) 单击鼠标左键选择需要添加的颜色，光标将变成十字形。将光标移动到需要添加颜色的网络线上并单击鼠标左键，即可完成网络颜色的添加。原理图中具有相同网络属性的导线会显示同一种颜色，即代表这些导线都连接在一起并有相同的电气特性，效果如图 2-15 所示。

(3) 如需清除网络颜色，执行 "Clear Net Color" 命令即可，如图 2-15 所示。

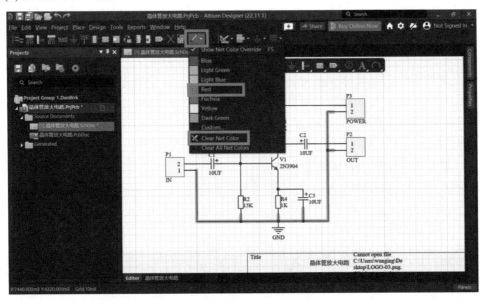

图 2-15　网络添加颜色设置

2.3.6　设置标题栏信息

Altium Designer 22 提供了两种预先设定好的标题栏，分别是 Standard(标准) 和 ANSI 形式，双击图纸边框，右侧弹出 "Properties" 面板，在 "Page Options" 区勾选 "Title Block" 复选框显示标题栏，在其后的下拉列表框中选择 "Standard" 选项则将采用标准标题栏。

添加标题栏信息
及文本的放置

标题栏位于工作区的右下角，标题栏中设置的参数有：Title(标题)、Size(图纸尺寸)、Number(编号)、Revision(版本号)、Date(日期)、Sheet of(原理图属于)、File(文件路径) 及 DrawnBy(绘图者)。

1. 放置文本

执行菜单 "Place" → "Text String" 命令，或在主工具栏中单击 A 按钮，则光标上将粘上一个文本字符串 (一般为前一次放置的字符)，按 "Tab" 键，右侧会弹出 "Properties" 对话框，其中 "Location" 中的 "Rotation" 可以控制文本的旋转角度；下面的 "Text" 框

中可以输入要写入的文本 (最大为 255 个字符),例如,在文本框中写入"晶体管放大电路";
下面的 "Font" 栏可以改变文本的字体、字形和大小。设置完毕,按回车键,单击工作区
的⏸按钮后就可以看到字符串跟着光标移动,单击鼠标左键把它放到标题栏的相应位置上,
右击则退出放置状态,如图 2-16、2-17 所示。

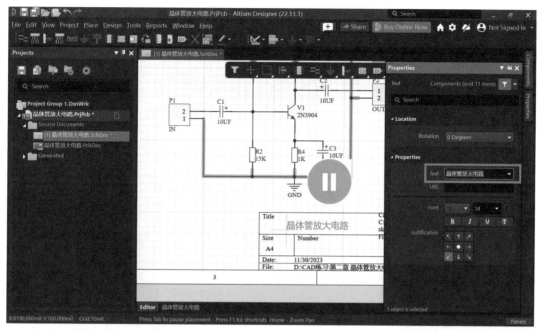

图 2-16　原理图文本放置

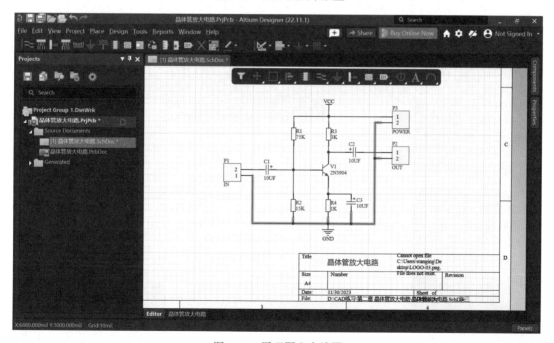

图 2-17　原理图文本放置

此外,"Text" 栏中有个下拉列表框,点开可以看到里面有 "=****" 参数,根据需要

选择其中一个参数并在原理图图纸的"Properties"对话框中的"Parameters(参数)"选项卡 (参考 2.2.3 节) 中找到插入的参数并为其输入相应的值,就能够以特殊字符串形式显示文本了。例如,在"Text"框的下拉栏中选择"=DrawnBy",如图 2-18 所示,回车放置文本,可以在图纸上看到一个"*"。然后进入原理图图纸的"Properties"对话框中的"Parameters(参数)"中找到"DrawnBy",输入姓名,单击回车键,可以看到之前的"*"就变成了输入的相应内容,如图 2-19 所示。

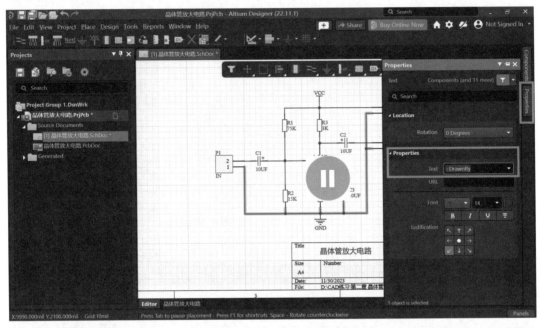

图 2-18　特殊字符串文本放置

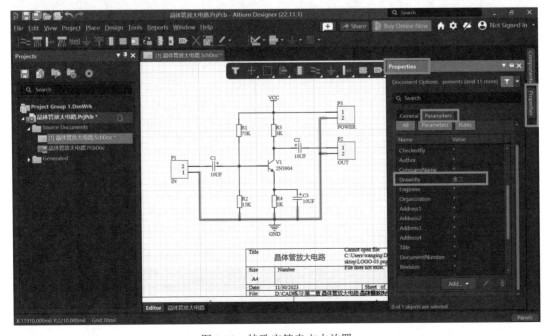

图 2-19　特殊字符串文本放置

如按上述内容设置完毕,则标题栏中显示的是当前定义的参数,但没有显示已设的参数内容。这时可以打开"Preferences"→"Schematic"→"Graphical Editing"选项,勾选"Display Names of Special Strings that have No Value Defined"复选框,单击"OK"按钮完成设置。

2. 放置文本框

由于文本字符串只能放置一行,当文字较多时,可以采用放置文本框的方式解决。

执行菜单"Place"→"Text Frame"命令,进入放置文本框状态,将光标移动到工作区,光标上黏附着一个文本框,按下"Tab"键,在"Properties"区的"Text"栏中输入文字(最多可输入 32 000 个字符),在"Font"栏中可以改变文本的字体、字形和大小。设置完毕,单击工作区的确认按钮完成相关操作,将光标移动到适当的位置,单击定义文本框的起点,移动光标到所需位置确定文本框大小后再次单击即可。

文本框放置完成后,双击该文本框也可调出属性设置对话框。一般原理图中电路说明文字就是通过放置文本框来实现的,若发现文本框中出现乱码,可微调文本框的大小来消除乱码。

3. 插入图片

执行菜单"Place"→"Drawing Tools"→"Graphic…"命令,将光标移动到需要放置的位置后单击鼠标,将会弹出一个对话框,选择所需的图片后单击打开按钮,调整大小后单击放置图片。全部设置完毕的标题栏参数如图 2-20 所示。

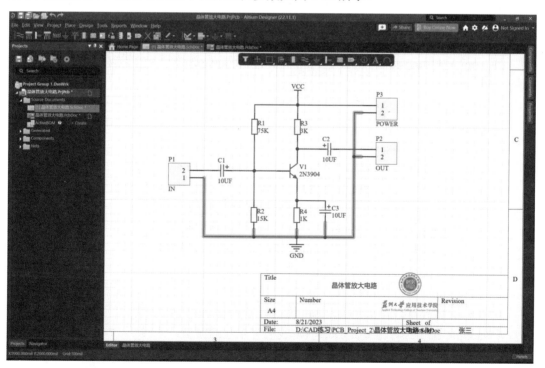

图 2-20　设置完毕的标题栏展示

2.3.7　原理图电气规则检查

原理图电气
规则检查

原理图设计的最终目的是为 PCB 设计服务，其正确性是 PCB 设计的前提，原理图设计完毕后，必须对原理图进行电气检查，找出错误并进行修改。

电气检查通过原理图编译实现，对于工程文件中的原理图编译可以设置电气检查规则，而对于独立的原理图编译则不能设置电气检查规则，只能直接进行编译。在进行工程文件的原理图电气检查之前，一般需要根据实际情况设置电气检查规则，以便生成方便用户阅读的检查报告。

1. 设置检查规则

执行菜单"Project"→"Project Options…"命令，打开"Options for PCB Project"对话框，单击"Error Reporting"（错误报告）选项卡设置相关选项，如图 2-21 所示，检查报告的错误项主要有以下几类（不同的软件版本出现的描述控制的表达可能会不同）。

(1) Violations Associated with Buses：与总线有关的规则。

① Bus indices out of range：总线分支索引超出范围。

② Bus range syntax errors：总线范围的语法错误。

③ Illegal bus range values：非法的总线范围值。

④ Mismatched bus label ordering：总线分支网络标签错误排序。

⑤ Mismatched Bus widths：总线宽度错误。

⑥ Mismatched bus/wire object on wire/bus：总线 / 导线错误的连接导线 / 总线。

⑦ Mixed generics and numeric bus labeling：总线命名规则错误。

(2) Violations Associated with Components：与元器件有关的规则。

① Component Implementations with invalid pin mappings：元器件引脚在应用中和 PCB 封装中的焊盘不符。

② Component containing duplicate sub-parts：元器件中出现了重复的子部分。

③ Component with duplicate pins：元器件中有重复的引脚。

④ Duplicate part designators：元器件中出现标示号重复的部分。

⑤ Component Implementations with missing pins in sequence：元器件引脚序号丢失。

⑥ Extra pin found in component display mode：在元器件上显示多余的引脚。

⑦ Sheet symbol with duplicate entries：原理图符号重复。

⑧ Unused sub-part in component：元器件中某个部分未使用。

⑨ Component with duplicate implementations：元器件被重复使用。

(3) Violations Associated with Harnesses：与线束有关的规则。

① Conflicting Harness Definition：线束定义冲突。

② Missing Harness Type on Harness：线束缺少类型。

③ Multiple Harness Types on Harness：线束有重复的类型。

④ Unknown Harness Type：线束没有类型。

(4) Violations Associated with Documents：与文档有关的规则。

① Missing child sheet for sheet symbol：图纸符号缺少子图纸。

② Multiple top-level document：多个顶层文件。

③ Sheet enter not linked to child sheet：原理图上的端口在对应子原理图中没有对应端口。

④ Port not linked to parent sheet symbol：子原理图中的端口没有对应总原理图上的端口。

(5) Violations Associated with Nets：与网络有关的规则。

① Adding hidden net to sheet：给图表添加隐藏网络。

② Adding Items from hidden net to net：从隐藏网络添加对象到已有网络。

③ Duplicate nets：原理图中出现重复网络。

④ Global power-objects scope changes：全局的电源符号错误。

⑤ Floating power objects：电源图标未接入。

⑥ Net parameters with no name：网络属性中缺少名称。

⑦ Nes with multiple names：同一个网络被附加多个网络名。

⑧ Signals with no drivers：信号无驱动。

⑨ Unconnected wires：原理图中未连接的导线。

⑩ Unconnected objects in net：网络中的元器件出现未连接对象。

(6) Violations Associated with Others：与其他有关的规则。

① No Error：无错误。

② Object not completely within sheet boundaries：原理图的对象超出了图纸边框。

③ Off-grid object：原理图中的对象不在格点位置。

(7) Violations Associated with Parameters：与参数有关的规则。

① Same parameter containing different types：相同的参数出现在不同的模型中。

② Same parameter containing different values：相同的参数出现了不同的取值。

每项都有多个条目，即具体的检查规则，在条目的右侧设置了违反该规则时的报告模式，有"No Report""Warning""Error"和"Fatal Error"这 4 种报告模式。电气检查规则中各选项卡一般情况下设为默认状态。

2. 电气规则检查

执行菜单"Project"→"Validate PCB Project 晶体管放大电路 .PrjPcb"命令，系统自动检查电路，并弹出"Messages"对话框，在对话框中显示当前检查中的违规信息、坐标和元器件标号，双击这些错误可以迅速找到违规元器件并进行修改，修改电路后再次进行编译，直到编译无误为止。如果工程中没有设置的规则错误或者提示的是 Warning 的时候，"Messages"对话框就不会弹出，如想看信息可以在"Panels"面板中打开。

举 2 个错误例子，在规则检查设置中"Violations Associated with Components"里的"Duplicate Part Designators"设置为"Error"，"Violations Associated with Nets"里的"Duplicate Nets""Floating power objects"设置为"Error"。执行菜单"Project"→"Validate PCB Project 晶体管放大电路 .PrjPcb"命令，可以看到如图 2-21 所示的错误提示。双击其中一个提示，页面会自动跳转到错误的地方，本例中按照系统提示的错误情况修改电路图，将图 2-21 中的左侧电容 C2 标号改为 C1，把电源线连接好，然后再次进行电气检查，错误消失。

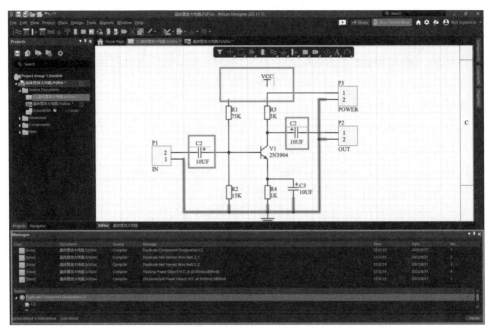

图 2-21   电气规则检测

进行原理图编译时，编译命令用不了，这是由于原理图文件是一个单独的 Free Document（空闲文档），即原理图文件不在工程文件中。将原理图文件添加到工程中即可正常编译。

小提示

(1) 原理图编译时，提示 "has no driving source"，这种情况经常会出现的，这是因为芯片引脚属性设置了电气属性，这种警告并不影响原理图正常的电气连接关系，如果不进行仿真可以忽略。或者在原理图库中将相对应报错的引脚电气属性修改为 Passive 即可。此外，也可以在规则设置中让这一项不检查。

(2) 原理图元器件附近出现波浪线的提示是由于原理图的元器件标号尚未命名或存在重复命名，将原理图器件标号重新标注即可。

2.4   印制电路板的相关知识

2.4.1   印制电路板及其种类

1. 印制电路板简介

图 2-22 所示为一块印制电路板实物图，从图上可以看到电阻、

印制电路板
及其种类

电容、电感、晶体管和集成电路等元器件及 PCB 走线、过孔 (如元器件孔、机械安装孔及金属化孔等)、焊盘等。印制电路板 (Printed Circuit Board，PCB) 也称为印制线路板，简称印制板，用以实现元器件之间的电气互连。

图 2-22   焊接完成的 PCB 板

在电子设备中，印制电路板通常起 3 个作用。一是为电路中的各种元器件提供必要的机械支撑；二是提供电路的电气连接；三是用标记符号将板上所安装的各个元器件标注出来，便于插装、检查及调试。

使用印制电路板的优点有：

(1) 印制板具有重复性。一旦印制电路板的布线经过验证，就不必再为制成的每一块板上的互连是否正确而进行逐个检验了，所有板的连线与样板一致，这种方法适合大规模工业化生产。

(2) 印制板具有可预测性。通常，设计师按照"最坏情况"的设计原则来设计印制导线的长、宽、间距以及选择印制板的材料，以保证最终产品能通过试验条件，这样可以保证最终产品测试的废品率很低。

(3) 所有信号都可以沿导线任一点直接进行测试，不会因导线接触引起短路。

(4) 可以在一次焊接过程中将印制板的大部分焊点焊完。

正因为印制板有以上优点，所以从它面世的那天起，就得到了广泛的应用和发展。现代印制板已经朝着多层、精细线条的方向发展，特别是 20 世纪 80 年代开始推广的 SMD 技术是高精度印制板技术与 VLSI(超大规模集成电路) 技术的紧密结合，大大提高了系统安装的密度与可靠性，元器件安装朝着自动化、高密度方向发展，对印制电路板上导电图形的布线密度、导线精度和可靠性要求越来越高。与此相适应，为了满足对印制电路板数量上和质量上的要求，印制电路板的生产也越来越专业化、标准化、机械化和自动化，如今已在电子工业领域中形成一门新兴的印制电路板制造工业。

设计者通过使用绘图软件把画好 PCB 图交付给制板商，由制板商根据图纸设计、按工艺流程制作出印制电路板再交付给设计者，最终设计者就可以将实际元器件安装并焊接在印制电路板上，这样就完成了整个 PCB 设计制作过程。原理图的设计解决了元器件之间的逻辑连接，而元器件之间的物理连接则是靠 PCB 上的铜箔实现的。

2. 印制电路板的种类

目前的印制电路板大多以铜箔铺在绝缘板 (基板) 上，故通常称为铺铜板，铺铜板可以根据需要加层。所以印制电路板的种类可以按导电板层数、绝缘基材两类来划分。

1) 根据 PCB 导电板层数划分

(1) 单面印制板 (Single Sided Print Board) 指仅一面有导电图形的印制板，板的厚度为 0.2～5.0 mm。单面印制板是在绝缘基板的一面上铺有铜箔，通过印制和腐蚀的方法在基板上形成印制电路，它适用于比较简单的电路，如图 2-23 所示。

图 2-23　单面印制板 3D 图

(2) 双面印制板 (Double Sided Print Board) 指两面都有导电图形的印制板，板的厚度为 0.2～5.0 mm。双面印制板是在两面铺有铜箔的绝缘基板上，通过印制和腐蚀的方法在基板上形成印制电路，通过金属化孔实现两面的电气互连，它适用于要求较高的电子产品，可以减小设备的体积。

(3) 多层印制板 (Multilayer Print Board) 是由交替的导电图形层及绝缘材料层层叠压黏合而成的一块印制板，它的导电图形层数在两层以上，通过过孔实现层间电气互连。多层印制板的连接线短而直，便于屏蔽，但多层印制板的工艺比较复杂，故只常用于计算机、网络设备中。图 2-24 所示为多层板示意图。

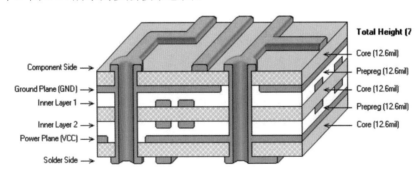

图 2-24　多层板示意图

对于印制电路板的制作而言，板的层数越多，制作过程就越复杂，成本也相应越高，所以只有在高级的电路中才会使用多层板。目前以两层板制作最容易，四层板就是顶层、底层，中间再加上两个电源板层 (Power 和 GND)，这个技术也已经很成熟；而六层板则是四层板再加上两层布线板层 (信号层)，它只有在高级的主机板或布线密度较高的场合才会用到，再往上更多层板的制作难度更大，成本也相对更高。

2) 根据 PCB 所用基板材料划分

(1) 刚性印制板 (Rigid Print Board) 是指以刚性基材制成的 PCB。常见的 PCB 一般都是刚性 PCB，如计算机中的板卡、家电中的印制板等，常见的有以下几类：

① 纸基板——价格低廉，性能较差，一般用于低频电路和要求不高的场合。

② 玻璃布基板——价格较低，性能较好，常用于计算机、手机等产品中。

③ 合成纤维板——价格较贵，性能较好，常用于高频电路和高档家电产品中。

④ 陶瓷基板——具有介电常数低、介质损耗小、热导率高、机械强度高的特点，常用于高频 PCB、汽车车灯、路灯及户外大型看板等。

⑤ 金属基板——具有优异的散热性能、机械加工性能、电磁屏蔽性能等。在汽车电路、大功率电气设备、电源设备、大电流设备等领域，金属基板得到了越来越多的应用。

(2) 挠性印制板 (Flexible Print Board) 也称柔性印制板或软印制板，是以聚四氟乙烯、聚酯等软性绝缘材料为基材的 PCB。由于它能进行折叠、弯曲和卷绕，所以在三维空间里可实现立体布线，又因为它的体积小、重量轻、装配方便，所以容易按照电路要求成形。综合以上特点，挠性印制板提高了印制板的装配密度和板面利用率，可以节约 60%～90% 的空间，为电子产品小型化、薄型化创造了条件，常在笔记本计算机、手机、打印机、自动化仪表及通信设备中得到广泛应用。

(3) 刚 - 挠性印制板 (Flex-rigid Print Board) 指利用软性基材，并在不同区域与刚性基材结合制成的 PCB。它主要应用于印制电路的接口部分。

2.4.2　印制电路板的生产制作

制造印制电路板最初的一道基本工序是将底图或照相底片上的图形转印到铺铜箔的层压板上，最简单的一种方法是印制 - 蚀刻法 (或称为铜箔腐蚀法)，即用防护性抗蚀材料在铺铜箔的层压板上形成正性的图形，那些没有被抗蚀材料防护起来的、不需要的铜箔经化学蚀刻而被去掉，蚀刻后将抗蚀层除去就留下了由铜箔构成的所需图形。

印制电路板的
生产制作

印制电路板的生产制作工艺流程：CAD 辅助设计→照相底版制作→图像转移→化学镀→电镀→蚀刻→机械加工等过程。单面印制板一般采用酚醛纸基铺铜箔板、环氧纸基或环氧玻璃布铺铜箔板，因其图形比较简单，所以一般采用丝印、漏印正性图形，然后蚀刻出印制板，也可以采用光化学法生产印制板。双面印制板通常采用环氧玻璃布铺铜箔板来制造，其制造一般分为工艺导线法、堵孔法、掩蔽法和图形电镀 - 蚀刻法。为了提高金属化孔的可靠性，应尽量选用耐高温、基板尺寸稳定性好、厚度方向热线膨胀系数较小并与铜镀层热线膨胀系数基本匹配的新型材料。制作多层印制板时，先用铜箔蚀刻法做出内层导线图形，然后根据设计要求把几张内层导线图形重叠放在专用的多层压机内，经过热压、黏合工序就制成了具有内层导电图形的铺铜箔的层压板。

2.4.3　印制电路板的组件

电子设备大都需要在印制电路板上安装有元器件，通过印制导线、焊盘及金属化孔等进行线路连接，为了便于读识，板上还采用丝印印刷元器件标识和 PCB 说明。

印制电路板
的组件

1. 认识 PCB 上的元器件

PCB 上的元器件主要有两大类，一类是通孔式 (THT) 元器件，通常这种元器件体积较大且印制板上必须钻孔才能插装，如图 2-25 所示；另一类是表面贴装元器件 (SMD)，这种元器件不必钻孔，利用钢网将半熔状锡膏倒入印制板上，再把 SMD 元器件贴放上去，通过回流焊将元器件焊接在板上，如图 2-26 所示。

图 2-25　通孔式元器件

图 2-26　贴片式元器件

2. 认识 PCB 上的印制导线、过孔和焊盘

1) 导线

PCB 上的印制导线也称为铜膜线是用于印制板上的线路连接的。印制导线是焊盘或过孔之间的连线，它的设计要根据电路中流过电流的大小来调整宽度，对于一些高速高密度板要走蛇形线，如图 2-27 所示。

2) 焊盘

焊盘 (Pad) 是用于固定元器件引脚或用于引出连线的，根据其对应的元器件可以分为通孔式及表面贴片式两大类，其中通孔式焊盘必须钻孔，而表面贴片式焊盘无须钻孔，如图 2-27 所示。焊盘按形状分有圆形、矩形、八角形、圆矩形和用户自定义等形状，如图 2-28 所示。焊盘的参数有焊盘编号、X 方向尺寸、Y 方向尺寸、钻孔孔径尺寸等。

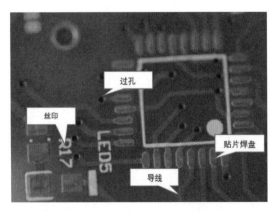

图 2-27　PCB 板上的导线、焊盘、过孔

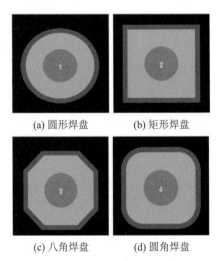

(a) 圆形焊盘　　(b) 矩形焊盘

(c) 八角焊盘　　(d) 圆角焊盘

图 2-28　焊盘形状

3) 过孔

过孔 (Via) 也称金属化孔，在双面板和多层板中，当平面布线无法顺利连接两个焊盘时，往往需要通过过孔实现焊盘之间连接。过孔为连通各层之间的印制导线，通常在各层需要连通的导线的交汇处钻上一个公共孔，即过孔。在工艺上，过孔内的孔壁圆柱面上用化学沉积的方法镀上一层金属，用以连通各层需要连接的铜箔，而过孔的上下两面做成圆形焊盘形状，过孔的参数主要有孔的外径和钻孔尺寸。

过孔不仅可以是通孔式，还可以是掩埋式，掩埋式包括盲孔 (Blind Vias) 和埋孔 (Buried Vias)。所谓通孔式过孔是指穿通所有铺铜层的过孔；掩埋式过孔则仅穿通中间几个铺铜层面，仿佛被其他铺铜层掩埋起来。盲孔是将 PCB 内层走线与 PCB 表层走线相连的过孔类型，它不穿透整个板子；埋孔是只在内层之间连接走线的过孔类型，它处于 PCB 内层，所以从 PCB 表面是无法看出的。图 2-29 为多层板的过孔剖面图。

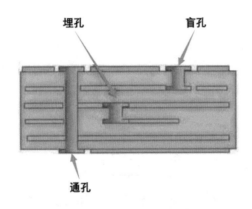

图 2-29　多层板的过孔剖面图

3. 阻焊与助焊

对于一个批量生产的印制电路板而言，通常在板上铺设一层阻焊剂，阻焊剂一般是绿色的或棕色的，所以成品 PCB 一般为绿色或棕色，实际上这是阻焊剂的颜色。在 PCB 上，除了要焊接的地方以外，其他地方会根据 PCB 设计软件所产生的阻焊图来覆盖一层阻焊剂，这样就可以进行快速焊接了，并可以防止焊锡溢出引起短路；而对于要焊接的地方，通常是焊盘，则要涂上助焊剂以便于焊接。

4. 丝印

为了让印制电路板更具有可读性，也便于安装与维修，一般在 PCB 上要印一些文字或图案，如图 2-27 中的 R17、LED5 等文字，它们是用于标识元器件的位置或进行电路说明的，通常将其称为丝印。丝印所在层称为丝印层，在顶层的称为顶层丝印层 (Top Overlay)，在底层的则称为底层丝印层 (Bottom Overlay)。双面以上的印制板中，丝印印刷一般在阻焊层上。

2.5 PCB 界面及基本操作

2.5.1 PCB 编辑器

PCB 编辑器
界面介绍

进入 Altium Designer 22 主窗口，执行菜单"File"→"New"→"PCB"命令，新建 PCB 文件并进入 PCB 编辑器，将文件名字保存为"晶体管放大电路.PcbDoc"，如图 2-30 所示。

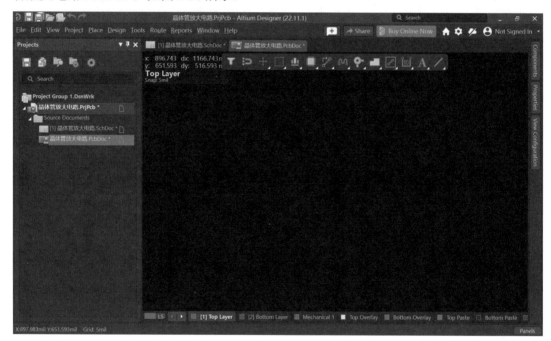

图 2-30   PCB 编辑器

1. 主菜单

PCB 编辑器的主菜单与原理图编辑器的主菜单基本相似，操作方法也类似。在原理图设计中主要是对元器件的操作，而在 PCB 设计中则主要是针对元器件封装、焊盘、过孔等的操作。

2. 工具栏

PCB 编辑器的工具栏在菜单栏"View"→"Toolbars"的弹出栏里，常用的工具栏主要有"PCB Standard""Utilities""Wiring"等，单击这些菜单项就可以打开或关闭相应的工具栏。"PCB Standard"中的选项与原理图中的基本一致，这里就不再做介绍了。"Utilities""Wiring"对应的按钮功能具体如表 2-4、2-5 所示。

表 2-4 实用工具栏按钮功能表

按钮	功能	按钮	功能	按钮	功能
	放置线		放置任意角度圆弧		上、下、左、右对齐
	放置两点距离标识		放置圆		放置 ROOM
	放置坐标点		放置线性尺		查找选择
	放置中心圆弧		放置角度尺		栅格设置

表 2-5 布线工具栏按钮功能表

按钮	功能	按钮	功能	按钮	功能
	选中区域自动布线		放置过孔		放置铺铜
	交互式布线连接		放置圆弧		放置字符串
	交互式多根线连接		放置填充		放置文本框
	放置差分走线		放置器件		
	设置焊盘		放置复用块		

3. 窗口管理

在 PCB 编辑器中，窗口的管理与原理图的操作比较类似，设计者可以根据自己的使用习惯调整面板及图纸的显示。菜单"View"常用的操作有：执行菜单"View"→"Fit Board"命令，可以实现 PCB 全板显示，该功能便于用户快捷地查找；执行菜单"View"→"Area"命令，用户可以用光标拉框选定放大的区域；执行菜单"View"→"3D Layout Mode"命令，可以显示整个印制板的 3D 模型，一般在 PCB 布局或布线完毕后，使用该功能观察元器件的布局或布线是否合理。

4. 坐标系

绘制 PCB 时要注意 PCB 板及元器件的实际尺寸，通过建立合适的坐标系能够方便观察、设计 PCB 板。当光标移动到黑色的工作区时，可以在工作区的左上角看到一个小的、显示光标坐标的面板，移动鼠标，面板上的坐标值也会同时发生改变，除此之外软件界面的左下角还有一个坐标可以查看光标的位置。由其可知 PCB 编辑器的工作区是一个二维坐标系，其默认绝对坐标原点位于电路板图的左下角。用户可以自定义新的坐标原点，通过执行菜单"Edit"→"Origin"→"Set"命令，将光标移到新的坐标原点位置处单击，即可设置新的坐标原点，设置好后如图 2-31 所示。如需恢复到原来的绝对坐标原点，可执行菜单"Edit"→"Origin"→"Reset"命令。

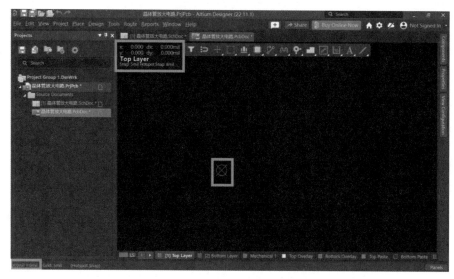

图 2-31 设置坐标原点

5. 浏览器的使用

单击编辑器右下角的"Panels"选项卡，在弹出的菜单中选择"PCB"，在 PCB 编辑器的工作面板中显示 PCB 浏览器面板。在浏览器上方的下拉列表框中可以选择浏览器的类型，常用的类型如下。

(1) Nets(网络浏览器)——显示电路中的所有网络名。图 2-32 所示即为网络浏览器，在"Nets class"区中双击"All Nets"，在下方"Nets"区中将显示所有网络，选中某个网络，在"Primitives"区中将显示与此网络有关的焊盘和连线的信息，同时工作区中与该网络有关的焊盘和连线将高亮显示。

图 2-32 网络浏览器显示

在 PCB 浏览器的下方，还有一个微型的监视器屏幕，在监视器屏幕中能显示全板的结构，并能以虚线框的形式显示当前工作区中的工作范围。拖动虚线框可在 PCB 浏览器中局部浏览当前区域的信息。

(2) Component(元器件浏览器)——能显示当前 PCB 中的所有元器件名称和所选元器件的所有焊盘。

(3) From-To Editor(飞线编辑器)——可以查看并编辑元器件的网络节点和飞线。

(4) Split Plane Editor(内电层分割编辑器)——可在多层板中对电源层进行分割。

(5) Polygons(铺铜浏览器)——可以查看并编辑当前 PCB 中的铺铜。

6. 关闭自动滚屏

有时在进行线路连接或移动元器件时，会出现窗口中的内容自动滚动的现象，其主要原因在于系统默认地设置为自动滚屏。这种现象不利于操作，要消除这种现象，可以关闭自动滚屏功能。执行"Preferences"→"PCB Editor"→"General"命令，在"Autopan Options"区取消"Enable Auto Pan"复选框的选中状态即可关闭自动滚屏功能，如图 2-33 所示。

图 2-33　关闭自动滚屏功能

2.5.2　单位及栅格的设置

1. 单位制设置

Altium Designer 22 中设有两种单位制，即 Imperial(英制，单位为 mil) 和 Metric(公制，单位为 mm)。执行菜单"View"→"Toggle Unit"命令或者快捷键 Q，可以实现英制和公制的切换，在页面的左

单位及栅格
的设置

下角和工作区的左上角可以查看当前位置的坐标数值及单位。

2. 栅格设置

(1) 尺寸设置：按下快捷键 Ctrl + G，弹出如图 2-34 所示的"Cartesian Grid Editor"对话框，在其中可以进行栅格尺寸和栅格类型设置。Altium Designer 22 系统默认捕获栅格、可视栅格和电气栅格是同数值、同步调整的，且 X 方向和 Y 方向的数值也是自动地以相同数值进行调整的，故只需设置好"Step X"的栅格即可完成 3 种栅格尺寸的设置。单击"Steps"区中"Step X"栏后的下拉列表框，可设置 X 方向的栅格尺寸，图中设置为10 mil。若用户想单独设置 Y 方向上的栅格，可单击"Steps"区的按钮，此时"Step Y"后的下拉列表框由灰色变为黑色，此时就可以单独设置 Y 方向的栅格尺寸。

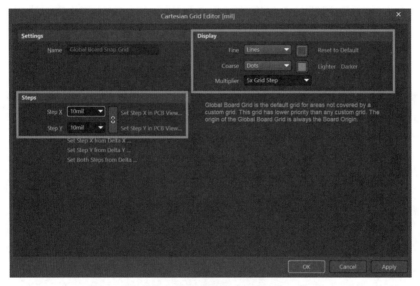

图 2-34　栅格设置对话框

在绘图时想快速设置栅格尺寸，也可以单击工具栏中的▓▓·按钮 (快捷键 G)，打开栅格设置对话框，如图 2-35 所示。连续按两次快捷键 G 可以自定义捕捉栅格大小，设置合适的捕捉栅格方便实现对象的移动或对齐等操作。

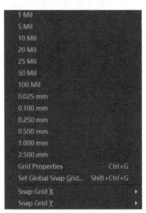

图 2-35　快速栅格设置

(2) 显示模式：设置栅格的显示模式及颜色，"Fine"代表图纸上的小可视栅格；"Coarse"代表大可视栅格；"Multiplier"代表倍增，选择"5x Grid Step"，表示大栅格尺寸是小栅格尺寸的 5 倍。"Fine"和"Coarse"后面的下拉菜单，有"Lines"（线）、"Dots"（点）及"Do Not Draw"（不画）3 种栅格显示模式，后面的色块可以设置颜色。可视栅格类型系统默认为线状栅格，但是长时间看网格会产生视疲劳，改成点状就可以有效缓解这种情况。

2.5.3　PCB 工作层及其设置

1. PCB 工作层

PCB 工作层
及其设置

Altium Designer 22 软件在 PCB 中提供了多种工作层，绘图时要根据实际情况在不同层上操作，主要的 PCB 工作层类型如下：

(1) 信号层 (Signal Layers)——主要用于放置与信号有关的电气元素，共有 32 个信号层。其中顶层 (Top Layer) 和底层 (Bottom Layer) 可以放置元器件、铜膜导线及过孔，其余 30 个为中间信号层 (Mid Layer1～30)，只能布设铜膜导线。系统为每层都设置了不同的颜色以便区别。

(2) 内部电源层 / 接地层 (Internal Plane Layers)——通常称为内电层，共有 16 个电源层 / 接地层 (Plane1～16)，专门用于多层板的电源连接，信号层内需要与电源层或地线层相连接的网络可通过过孔实现连接，这样可以大幅度缩短供电线路的长度，降低电源阻抗。同时，专门的电源层在一定程度上隔离了不同的信号层，有利于降低不同信号层间的干扰。

(3) 机械层 (Mechanical Layers)——用于定义设计中电路板机械数据的图层，共有 16 个机械层 (Mechanical1～16)，一般用于设置印制板的物理尺寸、数据标记、装配说明及其他机械信息。

(4) 丝印层 (Silkscreen Layers)——主要用于放置元器件的外形轮廓、元器件标号和注释等信息，其包括顶层丝印层 (Top Overlay) 和底层丝印层 (Bottom Overlay) 两种。

(5) 阻焊层 (Solder Mask Layers)——它是负性的，放置其上的焊盘和元器件代表电路板上未铺铜的区域，它分为顶层阻焊层和底层阻焊层。设置阻焊层的目的是防止焊锡的粘连，避免在焊接相邻焊点时发生意外导致短路。所有需要焊接的焊盘和铜箔都需要该层，这是制造 PCB 的要求。

(6) 锡膏防护层 (Paste Mask Layers)——它是负性的，主要用于 SMD 元器件的安装，放置其上的焊盘和元器件代表电路板上未铺铜的区域，分为顶层防锡膏层和底层防锡膏层。

(7) 钻孔层 (Drill Layers)——提供制造过程的钻孔信息，它包括钻孔指示图 (Drill Guide) 和钻孔图 (Drill Drawing)。

(8) 禁止布线层 (Keep Out Layer)——用于定义放置元器件和布线的区域范围，一般禁止布线区域必须是一个封闭区域。

(9) 多层 (Multi Layer)——用于放置电路板上所有的通孔式焊盘和过孔。

2. PCB 工作层设置

1) 当前工作层的选择

在进行布线时，必须先选择相应的工作层，然后再进行布线。设置当前工作层可以单击工作区下方工作层标签栏上的某一个工作层来实现，如图 2-36 所示，图中选中的工作层为 Top Layer，其左边的色块代表该层的颜色。工作层的切换也可以使用快捷键来实现，按下数字小键盘上的"*"键可以在所有打开的信号层间进行切换；按"+"键或"−"键可以在所有打开的工作层间进行切换，或使用 Ctrl + Shift + 鼠标滚轮也可实现工作层间的切换。

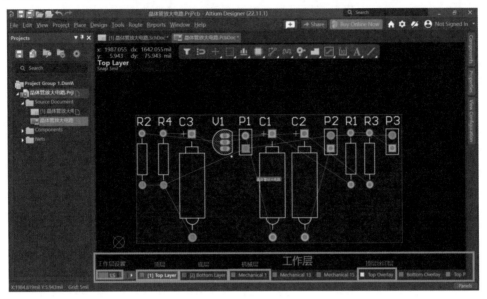

图 2-36　PCB 编辑界面中的工作层

2) 显示或隐藏工作层

在 Altium Designer 22 的 PCB 设计中，系统默认所有层均为打开状态，但通常只需根据设计需求打开相关的层即可。按"L"键或单击图 2-36 所示工作层标签栏最左侧的"LS"色块或在"Panels"面板中找到"View Configuration"项，弹出如图 2-37 所示的"View Configuration"对话框，单击对应层前的 ◉ 按钮可隐藏该层，单击对应层前的 ◈ 按钮可显示该层。设置完毕后单击对话框右上角的按钮关闭对话框。

3) 设置工作层的显示颜色

在 PCB 设计中，如果层数多，为区分不同层上的铜膜线，必须将各层设置为不同的颜色。在图 2-37 中，单击工作层前面的色块，将弹出该层的色块设置窗口，在其中可以修改该工作层的颜色。一般情况下，使用系统默认的颜色。在 PCB 设计中，为了提高设计的效率，工作层一般只显示有用的层面，以减少误操作。初始的设置方法是将信号层、丝印层、禁止布线层和焊盘层 (多层) 设置为显示状态，其他的层需要时再设置。

如本例设计中采用单面 PCB，将 Bottom Layer、Top Overlay、Keep-Out Layer 和 MultiLayer 设置为显示状态。

图 2-37　工作层显示设置

2.6　PCB 元器件布局及单面手工布线

2.6.1　规划 PCB 板尺寸

在进行 PCB 设计前首先需要规划 PCB 的外观形状和尺寸，实际上就是定义印制板的机械轮廓和电气轮廓，而大多数情况下 PCB 的外形都是采用矩形的。

规划 PCB 板尺寸

印制板的机械轮廓是指电路板的物理外形和尺寸，机械轮廓定义在 PCB 机械层上，比较合理的规划机械层的方法是在一个机械层上绘制电路板的物理轮廓，而在其他的机械层上放置物理尺寸、队列标记和标题信息等。

印制板的电气轮廓是指电路板上放置元器件和允许布线的范围。电气轮廓一般定义在禁止布线层 (Keep-Out Layer)，它是一个封闭的区域，一般的 PCB 设计仅规划电气轮廓。

规划 PCB 板尺寸的通用步骤如下：

(1) 确定绘制的单位。

执行菜单 "View" → "Toggle Unit" 命令或者快捷键 Q，将单位切换成需要的单位。本例采用公制单位规划尺寸，将单位设置为公制 mm。

(2) 设置栅格尺寸。

按下快捷键 Ctrl + G，在弹出的 "Cartesian Grid Editor" 对话框中设置栅格尺寸、栅格显示模式、大栅格与小栅格尺寸的倍增系数。

(3) 设置坐标原点。

执行 "Edit" → "Origin" → "Set" 命令，在板图左下角定义相对坐标原点，设定后，沿原点往右为 X 轴正方向，往上为 Y 轴正方向。

(4) 确定禁止布线线径。

首先单击工作区下方标签中的禁止布线层 (Keep-Out Laver)，将当前工作层设置为 Keep Out Layer。然后执行菜单 "Place" → "Keep Out" → "Track" 命令 (或快捷键 P + K + T)，此时光标会变成一个绿色的十字光标，根据实际 PCB 尺寸需要单击鼠标绘制电气轮廓。一般先将光标移到坐标原点 (0，0) 处单击，确定线径的起点，向右移动光标到指定位置再次单击确定下一个点，以此类推，直到将线径闭合完成一个封闭的区域，右击鼠标取消线径绘制即可。电气轮廓设置时也可先任意放置 1 条走线，然后双击走线，在弹出的 "Properties" 对话框中，设置走线的 "Start(X/Y)" 和 "End(X/Y)" 坐标，就能精确地完成一条线径的绘制，然后再依次修改其他走线形成一个闭合区域，也能完成设置。

(5) 重新定义 PCB 板外形。

按住鼠标左键拉框选中所用边框，执行菜单 "Design" → "Board Shape" → "Define Board Shape from Selected Objects" 命令 (或快捷键 D + S + D)，可以看到工作区中的板子按禁止布线线径被裁剪了。

在没有画线径之前也可以直接用重新定义板子形状来完成剪裁，Altium Designer 低版本的软件可以直接执行菜单栏中的"Design"→"Redefine Board Shape"命令，然后光标单击边缘点来实现剪裁，方法和上面画线径的方法类似。Altium Designer 18 版本以上的软件，在 2D 模式下"Design"菜单栏是没有"Redefine Board Shape"这一选项的，需要在 PCB 编辑界面上按数字键"1"，进入板子规划模式后才能调整板子外形大小。执行菜单栏中的"Design"→"Redefine Board Shape"命令 (或快捷键 D + R)，光标将变成十字形，再重新绘制一个闭合区域即可调整板子外形大小。

(6) 保存 PCB 文件。

根据上述步骤，结合电路的实际需求，举例如下：

① 执行菜单"View"→"Toggle Unit"命令或者快捷键 Q，将单位切换成本例采用的公制单位 mm。

② 设置栅格尺寸：按下快捷键 Ctrl + G，在弹出的"Cartesian Grid Editor"对话框中设置"Step"为 1 mm，将栅格尺寸设定为 1 mm；设置小栅格和大栅格均为"Lines"；设置"Multiplier"为"10x Grid Step"，将大栅格尺寸设为小栅格尺寸的 10 倍。

③ 设置坐标原点：执行"Edit"→"Origin"→"Set"命令，在板图左下角定义相对坐标原点，设定后，沿原点往右为 X 轴正方向，往上为 Y 轴正方向。

④ 确定禁止布线线径：首先单击工作区下方标签中的禁止布线层 (Keep-Out Layer)，将当前工作层设置为 Keep Out Layer。执行菜单"Place"→"Keep Out"→"Track"命令 (或快捷键 P + K + T)，将光标移到坐标原点 (0, 0) 处单击，确定线径的起点，向右移动光标到 (50, 0) 处单击，向上移动光标到 (50, 30) 处单击，向左移动光标到 (0, 30) 处单击，向下移动光标到 (0, 0) 处单击，此时线径完成了一个闭合区域，右击鼠标取消线径绘制即可。

⑤ 重新定义 PCB 板外形：按住鼠标左键拉框选中所用边框，执行菜单"Design"→"Board Shape"→"Define Board Shape from Selected Objects"命令 (或快捷键 D + S + R)，可以看到工作区中的板子按禁止布线线径被裁剪了。

到此，PCB 板的尺寸修改就全部完成了，保存 PCB 文件。完成后的 PCB 板如图 2-38 所示。

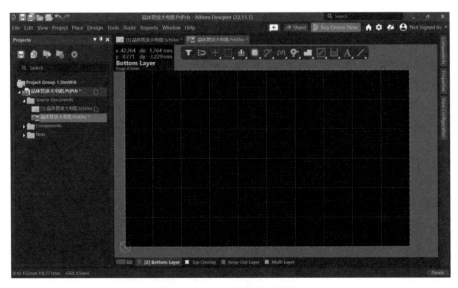

图 2-38　PCB 板的尺寸修改

小提示

> 在修改 PCB 尺寸时要经常执行定点操作，如果当时设置的栅格尺寸较小，而要定点的位置距坐标原点又比较远时，操作会比较麻烦且耗时，另外，较小的栅格尺寸对操作者控制鼠标的要求也比较高，手不能抖否则会定位不准，这样更加大了操作难度。这里建议操作者在修改 PCB 尺寸时，适当地调整栅格尺寸，比如让其变成 PCB 板长和宽的最大公约数。举个例子，设定的 PCB 板子尺寸是 3300 mil × 1100 mil，可以按 G 键 2 次，设定栅格步进为 100 mil 或者 110 mil，这样就可以快速定位了。

2.6.2 从原理图加载元器件到 PCB 中

PCB 规划好后就可以从原理图中将元器件导入到 PCB 编辑器中了，一般在导入之前，先要对元器件修改封装，（本例中的元器件封装都在 Miscellaneous Device.IntLIB 库中，所以本例暂不需要修改）然后编译原理图以保证其准确性，之后就可以执行从原理图加载元器件到 PCB 的操作了，具体步骤如下所述。

从原理图加载
元器件到 PCB

1. 加载元器件封装和网络表以更新 PCB

(1) 打开设计好的原理图文件"晶体管放大电路 .SchDoc"，执行菜单"Design"→"Update PCB Document 晶体管放大电路 .PcbDoc"命令，弹出如图 2-39 所示的"Engineering Change Order"对话框，该对话框中显示了参与 PCB 设计的器件、网络、Room 等。

图 2-39　"Engineering Change Order"对话框

(2) 单击图 2-39 中的"Validate Changes"按钮，系统将自动检测各项变化是否正确有效。所有正确更新的对象将在"Check"栏内显示"√"符号，不正确的将显示"×"符号并在"Message"栏中描述检测不通过的原因。

(3) 单击"Execute Changes"按钮，系统将接受工程参数变化，当看到"Check"和"Done"两列全部都是"√"时，说明软件已将元器件封装和网络表正确添加到 PCB 编辑器中了，单击"Close"按钮关闭对话框即可，如图 2-40 所示。

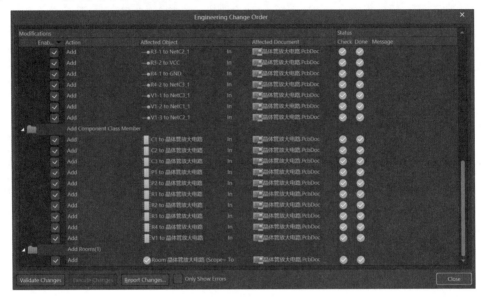

图 2-40　PCB 正确加载显示

加载完元器件后的 PCB 如图 2-41 所示，可以看到系统自动建立了一个 Room 空间，命名为"晶体管放大电路"(红色的方框)，同时加载的元器件封装和网络表放置在规划好的 PCB 边界之外，相连的焊盘间通过网络飞线连接。

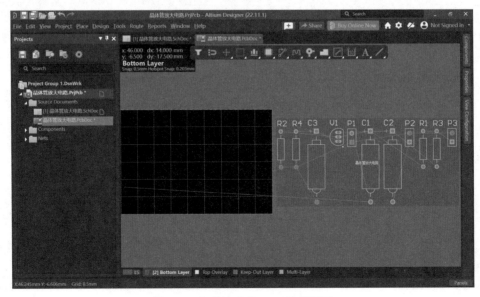

图 2-41　加载完成的 PCB 编辑界面

2. 加载元器件到 PCB 中常出现的问题

加载元器件到 PCB 中，单击"Validate Changes"和"Execute Changes"按钮时，"Check"栏内会显示"√"或者"×"符号，当出现"×"符号的时候一定要及时解决提示的问题，否则会影响后续 PCB 绘图的准确性。此时，常出现的报错问题及解决方案如下：

(1) 出现"Footprint Not Found…"问题，说明某元器件的封装不在当前已安装的封装库中（封装及封装的修改请参考 3.3.5 节），需返回原理图中根据错误报告为对应的元器件添加相应的封装即可。

(2) 出现"Unknown Pin…"问题，说明原理图中的元器件没有对应的封装或原理图元器件引脚标识和 PCB 封装引脚标识不一致而导致的错误。如原理图中某元器件的引脚标识为 A、K，而对应的 PCB 封装引脚标识却是 1、2，这就会出现报错。遇到这种标识不一致的问题时，返回原理图库或 PCB 封装库中，将原理图元器件引脚标识和 PCB 封装引脚标识一一对应即可。

(3) 出现"Comparing Documents"问题，说明 SCH 和 PCB 存在差异，按照提示单击"Yes"按钮接受自动生成的 ECO 即可。

(4) 原理图更新到 PCB 后，部分元器件的焊盘无网络，出现这样的状况可能有两种原因：一是原理图中元器件的引脚与导线并未完全连接上；二是原理图元器件引脚标识和 PCB 封装引脚标识不一致，此时返回原理图仔细检查并改正错误即可。

(5) 出现"Some nets were not able to be matched"问题，这是因为原理图中该元器件的 Designator ID 和 PCB 中的 Designator ID 相同，但 Unique ID 和 PCB 中的 Unique ID 却不相同所致的。Unique ID 是由软件随机生成的，从别处复制过来的原理图则会报不匹配的错误。这时可以单击对话框中的"Yes"按钮，继续执行原理图更新到 PCB 的操作。也可删除 PCB 中已经导入的封装，重新从原理图更新到 PCB 即可。

(6) 执行原理图更新到 PCB 的操作时，发现 Altium Designer 22 的原理图"Design"菜单中没有"Update PCB Document***.PcbDoc"命令，这是由于在打开文件时是直接打开的 .Sch 文件，而不是打开工程文件，或者新建的原理图文件没有添加到工程目录下，需将原理图文件放到工程文件下，同时确保已经创建了 .PcbDoc 文件，即可正常执行"Update PCB Document***.PcbDoc"命令。

(7) 原理图更新到 PCB 后，部分元器件会出现在距离 PCB 编辑界面很远的地方（不在可视范围内），此时可以按快捷键 Ctrl + A 全选，在工具栏中单击 ■（排列工具）按钮，执行"Arrange Components Inside Area"命令（单击 ■），然后框选一个区域，这时所有元器件将会自动排列到框选区域内。

(8) 出现"Room Definition Between Component on TopLayer and Rule on TopLayer"问题，是因为更新到 PCB 时添加了 Room(空间)所致。解决方法有两种：一是删除 Room，鼠标左键单击红色的 Room 区后按 Delete 键直接删除即可；二是在更新到 PCB 时，在"Engineering Change Order"对话框中不勾选"Add Room"中"Add"复选框。

3. 飞线及其相关操作

飞线 (Connection) 不是实际连线，它是指原理图加载到 PCB 后可以看到的两焊盘之间表示连接关系的线，其通常是白色的细线。飞线有助于理清信号的流向，为提高自动布线的布通率，要尽量减少飞线之间的交叉，通过调整元器件的位置和方向，使网络飞线的交叉最少，这样方便进行布线操作。下面将介绍有关飞线的基本操作。

在 PCB 布线过程中可以关闭全部飞线，也可以选择性地显示或隐藏某类网络或某个网络的飞线。在 PCB 界面按快捷键 N，打开快捷设置飞线弹窗，选择显示连接（显示飞线）或隐藏连接（隐藏飞线），如图 2-42 所示。将光标移动到飞线设置弹窗的任意选项上都会有二级弹窗弹出，里面有 "Net"（网络：针对单个或多个网络操作）、"On component"（器件：针对器件网络飞线操作）、"All"（全部：针对全部飞线进行操作）三种选项。

有时在进行了飞线显示操作之后，飞线还是无法显示，这时可通过以下两种方法检查：一是检查飞线显示是否打开，按快捷键 L，在弹出的 "View Configuration" 对话框中检查 "System Colors" 选项组中的 "Connection Lines" 项是否显示，如果没有请设置为显示，如图 2-43 所示；二是在 PCB 面板的对象选择窗口中选择 Nets，不要选择 From-To Editor。

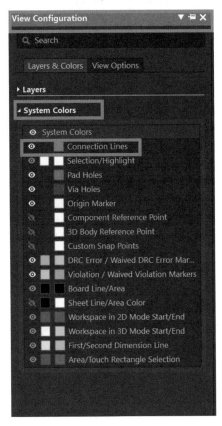

图 2-42　飞线设置弹窗　　　　　　　图 2-43　连线显示设置

2.6.3　调整 PCB 布局

从原理图加载到 PCB 编辑器的元器件被分散在电气轮廓之外，这显然不能满足布局的要求，此时可以通过 Room 空间布局方式将元器件移动到规划的印制板中，然后再通过手工调整的方式将元器件移动到适当的位置上。

1. 通过 Room 空间排列元器件

从原理图中调用元器件封装和网络表后，系统会自定义一个 Room 空间 (本例中系统自定义的 Room 空间为"晶体管放大电路"，它是根据原理图文件名定义的)，其中包含了所有载入的元器件。移动这个 Room 空间，对应的元器件也会跟着一起移动。

用鼠标左键按住"晶体管放大电路"这个 Room 空间，将其移动到电气边框内，执行菜单"Tool"→"Component Placement"→"Arrange Within Room"命令，移动光标至此 Room 空间上单击，元器件将按类型自动整齐地排列在 Room 空间内，右击可结束操作。此时屏幕上会有一些画面残缺，放大或缩小屏幕可以进行画面刷新，Room 空间布局后的 PCB 如图 2-44 所示。元器件布局后，Room 空间的标记"晶体管放大电路"是多余的，单击选中该 Room 空间，按 Delete 键删除此 Room 空间。

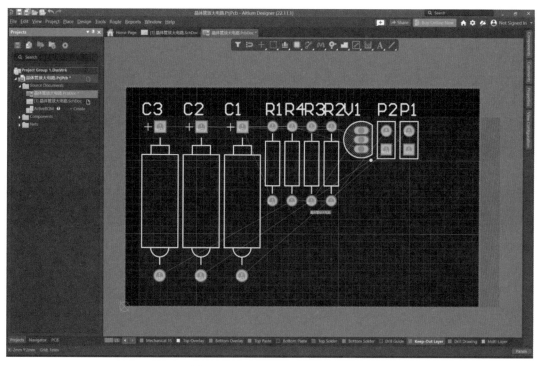

图 2-44　Room 空间排列元器件

除此之外，在菜单"Tool"→"Component Placement"下面还有"Arrange Within Rectangle"和"Arrange Outside Board"2 个常用的选项。选中要布局的元器件，单击"Arrange Within Rectangle"选项，在想要布局的位置用光标拖出一个矩形框，松手之后元器件就会自动排列在该矩形框内。这种方法与交叉选择模式配合使用，将在复杂电路板布局中非常好用，具体使用请看本书 5.6.2 节。选中要布局的元器件，单击"Arrange Outside Board"选项之后，可以看到元器件在 PBC 板边缘整齐排列，这种方法也比较常用。

2. 手工布局调整

手工布局就是通过移动和旋转元器件，将其移动到合适的位置，同时尽量减少元器件之间网络飞线的交叉。

1) 用鼠标移动元器件

移动元器件有多种方法，其中最快捷的方法是直接使用鼠标进行移动，即将光标移到元器件上，按住鼠标左键不放，将元器件拖动到目标位置。

2) 使用菜单命令移动元器件

执行菜单"Edit"→"Move"→"Component"命令（或快捷键 E + M + C），将光标变为"十"字形，移动光标到需要移动的元器件处单击该元器件，移动光标即可带其移动到所需的位置，单击放置该元器件。若图纸比较大，板上元器件数量比较多，不易查找某个元器件时，则执行该命令后，在板上的空白处单击鼠标，将会弹出"Choose Component"对话框，上面列出了板上所有元器件的标号清单，在其中选择要移动的元器件后单击"OK"按钮进行移动操作。

3) 快速定位元器件

在 PCB 设计较复杂时，查找元器件比较困难，此时可以采用"Jump"命令进行元器件定位。执行菜单"Edit"→"Jump"→"Component"命令，在弹出的对话框中输入要查找的元器件标号，输入标号后单击"OK"按钮，光标将跳转到指定元器件上。

4) 旋转元器件

单击选中的元器件，按住鼠标左键不放，同时按键盘上的 X 键可进行水平翻转，按 Y 键可进行垂直翻转，按 Space 键可进行 90°旋转。元器件的旋转角度也可以自行设置，执行单击菜单右上角的 ⚙ 图标，进入到"Preference"对话框，选择"PCB Editor"→"General"选项，在"Other"区的"Rotation Step"栏中设置单次旋转角度。

5) 调整元器件标号、标称值等标注文字

元器件布局调整后，一般标号的位置过于杂乱，虽然不影响 PCB 电路连接的正确性，但可读性会变差，所以布局结束后还必须对元器件标号等进行调整。在 Altium Designer 22 中，系统默认注释是隐藏的，但在实际使用时为了便于装配和维修，应将其设置为显示状态。双击要修改的元器件，弹出如图 2-45 所示的元器件封装属性对话框，在"Comment"栏后取消隐藏即可。

标注文字的调整采用移动和旋转的方式进行，用鼠标左键按住标注文字，按 X 键可进行水平翻转；按 Y 键可进行垂直翻转；按 Space 键可进行 90°旋转，调整好方向后拖动标注文字到目标位置，放开鼠标左键即可。

修改标注尺寸可直接双击该标注文字，在弹出的对话框中修改"Text Height"（文字高度）和"Stroke Width"（笔画宽度）的值。元器件的标注文字一般要求排列整齐，文字方向一致，不能将元器件的标注文字放在元器件的框内或压在焊盘或过孔上。

经过调整标注后的 PCB 布局如图 2-46 所示。

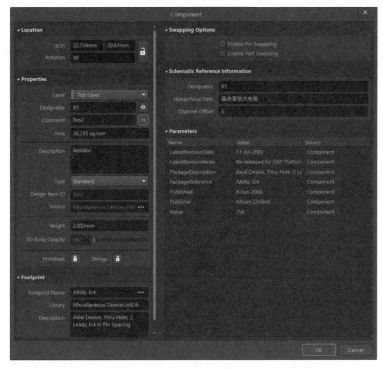

图 2-45　元器件封装属性对话框

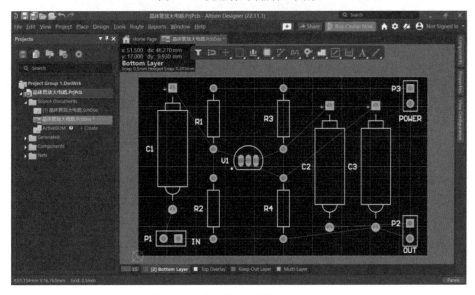

图 2-46　调整标注后的 PCB 布局

6) 拖动元器件时保持连线

对于已连接印制导线的元器件，有时希望移动元器件时，印制导线还会跟该焊盘保持连接的电气关系，则在进行拖动前，必须进行拖动连线的系统参数设置，可以这样设置：执行"Preference"→"PCB Editor"→"General"选项，在"Other"区的"Comp Drag"下拉列表框，选中"Connected Tracks"设定拖动连线，如图 2-47 所示。此时执行菜单"Edit"→"Move"→"Drag"命令 (快捷键 E + M + D)，就可以实现拖动元器件时导线保持连接状态。

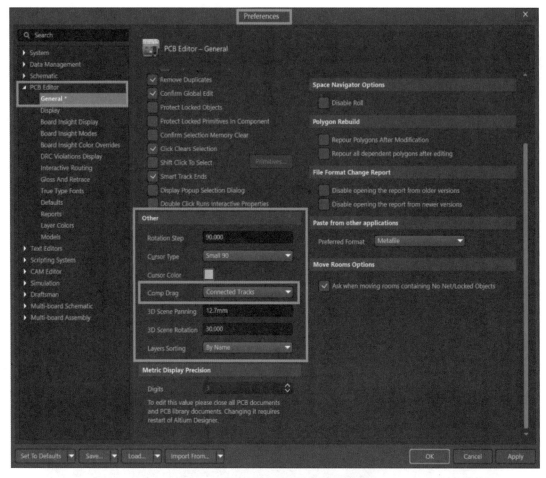

图 2-47   同时拖动元器件和连线设置

2.6.4 单面手工布线

布线和布局是密切相关的两项工作，布线受布局、板层、电路结构、电气性能要求等多种因素影响，布线结果直接影响电路板性能。进行布线时要综合考虑各种因素，这样才能设计出高质量的 PCB。

PCB 布线的
基本原则

1. 常用的基本布线方法

1) 直接布线

传统的印制板布线方法起源于早期的单面印制线路板的布线。其过程为：先把最关键的一根或几根导线从始点至终点直接布设完成，然后再把其他次要的导线绕过这些导线布设下来，通常是利用元器件跨越导线来提高布线效率，布设不通的线可以通过顶层短路线解决。

2) X-Y 坐标布线

X-Y 坐标布线是指布设在印制板一面的所有导线都与印制线路板水平边沿平行，而布设在相邻面的所有导线都与前一面的导线正交，两面导线的连接通过过孔实现。

2. PCB 布线时基本原则

1) 布线板层选用

印制板布线可以采用单面、双面或多层，一般比较简单的电路选择单面，其次是双面，在仍不能满足设计要求时才考虑选用多层。

2) 印制导线宽度原则

(1) 印制导线的最小宽度主要由导线与绝缘基板间的黏附强度和流过它们的电流值决定。当铜箔厚度为 0.05 mm、宽度为 1～1.5 mm 时，要求通过 2 A 电流且温升不高于 3℃，此时一般选用导线宽度在 1.5 mm(60 mil) 左右就完全可以满足要求了，但对于数字电路通常选 0.2～0.3 mm(8～12 mil) 就足够了。当然只要密度允许，还是尽可能用宽线，尤其是电源和地线。

(2) 印制导线的电感量与其长度成正比，与其宽度成反比，因而短而宽的导线对抑制干扰是有利的。

(3) 印制导线的线宽一般要小于与之相连焊盘的直径。

3) 印制导线走向与形状

除地线外，同一印制板上导线的宽度应尽量保持一致；印制导线的走线应平直，不应出现急剧的拐弯或尖角，这是因为直角和锐角在高频电路和布线密度高的情况下会影响电气性能，所以所有弯曲与过渡部分一般用圆弧连接，其半径不得小于 2 mm；应尽量避免印制导线出现分支，如果必须分支，分支处最好用圆弧过渡；从两个焊盘间穿过的导线应尽量均匀分布。图 2-48 所示为不规范的走线。

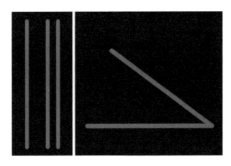

图 2-48　布线不规范示例

4) 印制导线的间距原则

导线的最小间距主要是由最坏情况下的线间绝缘电阻和击穿电压决定的。导线越短、间距越大，绝缘电阻就越大。当导线间距为 1.5 mm 时，其绝缘电阻超过 20 MΩ，允许电压为 300 V；当间距为 1 mm 时，允许电压为 200 V，故一般选用间距为 1～1.5 mm(40～60 mil) 就完全可以满足要求了。对于集成电路尤其是数字电路，只要工艺条件允许，则可使很小的间距，一般 10 mil 左右的间距就可以完全满足要求了。

5) 布线优先级原则

(1) 密度疏松原则：从印制板上连接关系简单的器件着手布线，从连线最疏松的区域开始布线。

(2) 核心优先原则：如对 MCU、RAM 等核心部分应优先布线，对类似信号传输线应提供专门的布线层、专门的电源和地回路，对其他次要信号要顾全整体，不能与关键信号相抵触。

(3) 关键信号线优先原则：电源、模拟小信号、高速信号、时钟信号和同步信号等关键信号优先布线。

6) 信号线走线基本原则

(1) 输入端、输出端的导线应尽量避免相邻平行，平行信号线之间要尽量留有较大的间隔，最好加线间地线，能起到屏蔽的作用。

(2) 印制板两面的导线应采用互相垂直、斜交或弯曲走线，尽量避免相互平行，以减少寄生耦合。

(3) 信号线高、低电平悬殊时，要加大导线间的间距；在布线密度比较低时，可加粗导线，信号线的间距也可以适当加大。

(4) 尽量为时钟信号、高频信号、敏感信号等关键信号提供专门的布线层，并保证其最小的回路面积。应采取手工预布线、屏蔽和加大安全间距等方法，保证信号质量。

7) 重要线路布线原则

重要线路包括时钟线、复位线及弱信号线等。

(1) 用地线将时钟区圈起来，时钟线尽量短；石英晶体振荡器外壳要接地；石英晶体下面及对噪声敏感的元器件下面不要走线。

(2) 时钟线、总线、片选信号线要远离 I/O 线和接插件，时钟发生器尽量靠近使用该时钟的元器件。

(3) 时钟信号线最容易产生电磁辐射干扰了，所以走线时应与地线回路靠近，同时时钟线垂直于 I/O 线时比平行 I/O 线时的干扰小。

(4) 弱信号电路、低频电路周围不要形成电流环路。

(5) 模拟电压输入线、参考电压端一定要尽量远离数字电路信号线，特别是时钟信号线。

8) 地线布设原则

(1) 一般将公共地线布置在印制板的边缘，这样便于印制板安装在机架上，也便于与机架的地线相连接。印制地线与印制板的边缘应留有一定的距离 (不小于板厚)，这不仅便于安装导轨和进行机械加工，而且还提高了绝缘性能。

(2) 在印制电路板上应尽可能多地保留铜箔做地线，这样传输特性和屏蔽作用将得到改善，并且起到减少分布电容的作用。地线 (公共线) 不能设计成闭合回路，在低频电路中一般采用单点接地的方式；在高频电路中应就近接地，而且要采用大面积接地的方式。

(3) 印制板上若装有大电流器件，如继电器、扬声器等，它们的地线最好要分开独立走，以减少地线上的噪声。

(4) 模拟电路与数字电路的电源线、地线应分开排布，这样可以减小模拟电路与数字电路之间的相互干扰。为避免数字电路部分电流通过地线对模拟电路产生干扰，通常采用地线割裂法使各自地线自成回路，然后再分别接到公共的一点地上。模拟地平面和数字地平面是两个相互独立的地平面，为保证信号的完整性，只在电源入口处通过一个 $0\,\Omega$ 电阻或小电感连接，然后再与公共地相连。

(5) 环路最小规则，即信号线与地线回路构成的环面积要尽可能小，环面积越小，对外的辐射越少，接收外界的干扰也就越小。针对这一规则，在地平面分割时，要考虑到地平面与重要信号走线的分布；在双层板设计中，在为电源留下足够空间的情况下，一般将余下的部分用参考地填充，且增加一些必要的过孔，将双面信号有效连接起来；对一些关键信号尽量采用地线隔离。

9) 信号屏蔽原则

(1) 印制板上的元器件若要加屏蔽时，可以在元器件外面套上一个屏蔽罩，在底板的另一面对应于元器件的位置再罩上一个扁形屏蔽罩 (或屏蔽金属板)，将这两个屏蔽罩在电气上连接起来并接地，这样就构成了一个近似于完整的屏蔽盒，如图 2-49 所示。

图 2-49 电路板屏蔽罩展示

(2) 印制导线如果需要进行屏蔽，在要求不高时，可以采用印制导线屏蔽。对于多层板，一般通过电源层和地线层的使用，既可以解决电源线和地线的布线问题，又可以对信号线进行屏蔽。

(3) 对于一些比较重要的信号线，如时钟信号、同步信号，或频率特别高的信号，应该考虑采用包络线或铺铜的屏蔽方式，即将所布的线上下左右用地线隔离，而且还要考虑如何让屏蔽地与实际地平面有效结合。

10) 走线长度控制规则

走线长度控制规则即短线规则，在设计时应该让布线长度尽量短，以减少走线长度带来的干扰问题。特别是一些重要的信号线，如时钟线，应将其振荡器就近放在器件边上。对驱动多个器件的线路，应根据具体情况决定采用何种网络拓扑结构。

11) 倒角规则

PCB 设计中应避免产生锐角或直角，这是因为锐角或直角走线容易产生不必要的辐射，同时工艺性能也不好。线与线的夹角一般应≥135°。

12) 去耦电容配置原则

配置去耦电容可以抑制因负载变化而产生的噪声，这是印制电路板可靠性设计的一种常规做法，配置原则如下：

(1) 电源输入端跨接一个 10～100 μF 的电解电容，如果印制电路板的位置允许，采用 100 μF 以上的电解电容的抗干扰效果会更好。

(2) 为每个集成电路芯片配置一个 0.01 μF 的陶瓷电容。如果遇到印制电路板因为空间小而装不下过多陶瓷电容时，可每 4～10 个芯片配置一个 1～10 μF 的钽电解电容，如图

2-50 所示。

(3) 对于抗噪声能力弱、关断时电流变化大的器件和 ROM、RAM 等存储型器件，应在芯片的电源线和地线间直接接入去耦电容。

(4) 去耦电容的引线不能过长，特别是高频旁路电容。去耦电容的布局及电源的布线方式将直接影响到整个系统的稳定性，有时甚至关系到设计的成败，一般要合理配置，如图 2-50 所示。

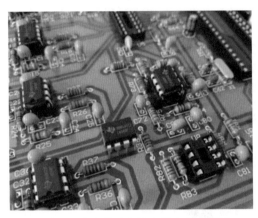

图 2-50　集成芯片旁边去耦电容的使用

13) 孤立铜区控制规则

孤立铜区也叫铜岛，它的出现将会带来一些不可预知的问题，因此通常将孤立铜区接地或删除才能有助于提高信号质量。在实际的制作中，PCB 厂家将一些板的空置部分增加了一些铜箔，这主要是为了方便印制板加工，同时对防止印制板翘曲也有一定的作用。

14) 大面积铜箔使用原则

在 PCB 设计中，在没有布线的区域最好有一个大的接地面来覆盖，以此提供屏蔽和增加去耦能力。发热元器件周围或大电流通过的引线应尽量避免使用大面积铜箔，否则长时间受热时，易发生铜箔膨胀和脱落现象。如果必须使用大面积铜箔，最好采用栅格状，这样有利于铜箔与基板间黏合剂因受热产生的挥发性气体排出，如图 2-51 所示，大面积铜箔上的焊盘连接如图 2-52 所示。

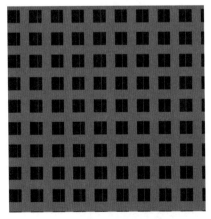

图 2-51　网格状铺铜

图 2-52　铺铜中不同网络焊盘处理

15) 高频电路布线基本原则

(1) 高频电路中，集成块应就近安装去耦电容，这样一方面能保证电源线不受其他信号干扰，另一方面可将本地产生的干扰就地滤除，防止了干扰通过各种途径 (空间或电源线) 传播。

(2) 高频电路布线的引线最好采用直线，如果需要转折，采用 135°折线或圆弧转折，这样可以减少高频信号对外的辐射和相互间的耦合。引脚间的引线越短越好，引线层间的过孔越少越好。

3. 手工布线的基本步骤

手工布线的基本步骤如下：

1) 设置工作层

手工布线
操作演示

单击工作层标签栏最左侧的色块，弹出如图 2-53 所示的 "View Configuration" 对话框，本例采用单面布线，元器件采用通孔式元器件，设置 Bottom Layer(底层)、Top Overlay(顶层丝印层)、Keep-out Layer(禁止布线层) 及 Multi-Layer(焊盘多层) 为显示状态 (可参考本书 2.5.3 节)。

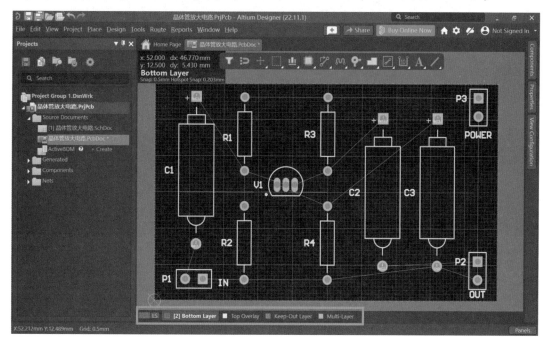

图 2-53　工作层显示设置

PCB 单面布线的布线层为 Bottom Layer，故在工作区的下方单击 "Bottom Layer" 标签，将当前工作层设置为 Bottom Layer，以便在其上进行布线。

2) 为手工布线设置捕获栅格

在进行手工布线时，如果栅格设置不合理，布线可能会出现锐角，或者导线无法连接到焊盘中心，因此必须合理地设置捕获栅格尺寸。设置捕获栅格尺寸可以连续按下快捷键

G 两次，弹出"Snap Grid"对话框，设置捕获栅格尺寸为 0.5 mm。

3) 布线的基本方法

(1) 采用交互式布线，执行菜单"Place"→"Track"命令，或单击主工具栏按钮 ✎ 的方式进行线路连接。布线宽度需要在规则设置中限制范围 (具体线宽的限制规则设置请查看 3.6.2 节)，系统默认放置线宽为 0.254 mm(10 mil) 的连线。在布线过程中如果要更改导线宽度，可以在连线状态下按 Tab 键，弹出如图 2-54 所示的"Properties"对话框，在其中可以修改线宽 (Width) 和走线的所在层 (Layer)。线宽设置一般不能超过前面提到的规则设置的范围，超过上限值，系统自动默认为最大线宽；低于下限值，系统自动默认为最小线宽。修改线宽后，其后均按此线宽放置导线。本例中的 PCB 采用单面板设计，元器件焊盘带有网络，布线层选择为 Bottom Layer(底层)，印制导线的线宽不变。

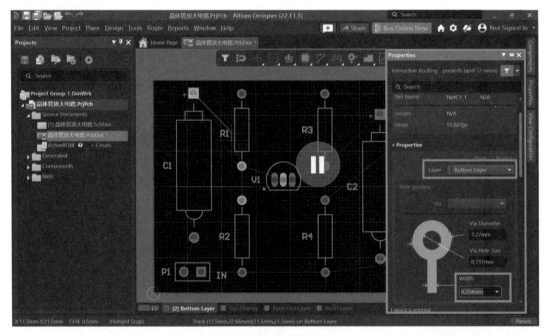

图 2-54　导线属性对话框

(2) 将光标放置在需要连接的焊盘中心，这时会在焊盘中心出现一个小的圆圈，这说明此时这个焊盘被完全选择，布线不会出现接触不良的问题，单击该焊盘拉出一条线，到需要的位置或焊盘后再次单击，即可完成一条印制导线的绘制。若要结束连线右击鼠标即可，此时光标上将还呈现"十"字形，表示目前依然处于连线状态，还可以再决定另一个导线的起点，如果不再需要连线，再次右击，结束连线操作。在放置印制导线过程中，同时按下 Shift + Space 键，可以切换印制导线转折方式，其中有 45°、弧线、90°、圆弧角、任意角度几种类型，如图 2-55 所示。

(3) 在布线中如果要删除一段导线，可以单击导线段，按 Delete 键即可删除；删除网络连线，执行菜单"Route"(布线)→"Un-Route"(取消布线) 命令，该菜单有"All"(删除所有的布线)、"Net"(删除连在选中网络上的所有连线和过孔)、"Connection"(删除选中源焊盘和目的焊盘之间的连接)、"Component"(删除连在选中元器件上的所有连线)、"Room"(只删除在 Room 内的连线及延伸到 Room 外的连线)。

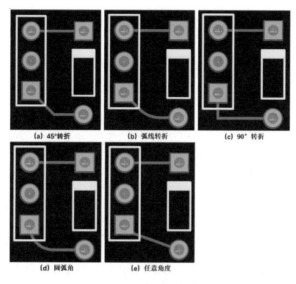

图 2-55　印制导线转折方式

(4) 布线完成后想要修改个别连线，可以双击 PCB 中的印制导线，弹出如图 2-56 所示的 "Properties" 对话框，在此可修改印制导线的属性。图中 "Net" 下拉列表框用于选择印制导线所属的网络，图中根据原理图导入的网络会显示出其具体的网络名，如 NetC1_1；"Layer" 下拉列表框用于设置印制导线所在层，本例要求单面板，前期布线都在底层，所以会显示 Bottom Layer；"Width" 栏用于设置印制导线的线宽，图中设置为 0.254 mm，允许在规则设定范围内进行修改。

在实际的电路设计中考虑到 VCC 和 GND 网络中流过的电流会相对较大一些，所以在布线中常把这两个网络适当加宽。

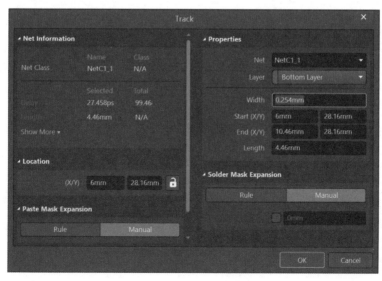

图 2-56　印制导线属性设置

(5) 在 Altium Designer 22 中，系统在光标移动过程中会在光标的左上方提示当前的板面信息，从中可以获得相应的信息，如图 2-57 所示。从左上方的布线信息中可以看到当前的坐标位置、栅格尺寸、网络信息及连线长度等，该信息便于用户掌握当前布线的基本情况。

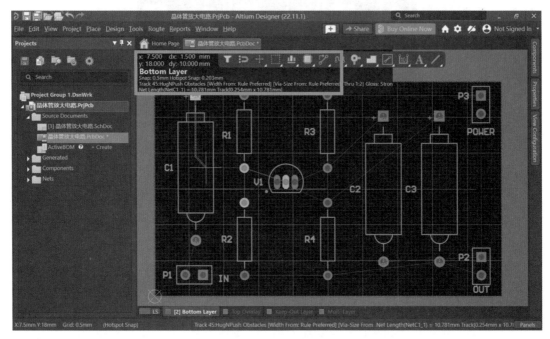

图 2-57　布线信息指示

本章的主要学习重点是让操作者熟悉并掌握软件设计的基本流程及页面的基本功能操作，晶体管放大电路 PCB 根据上述步骤完成的布线参考图如图 2-58 所示。

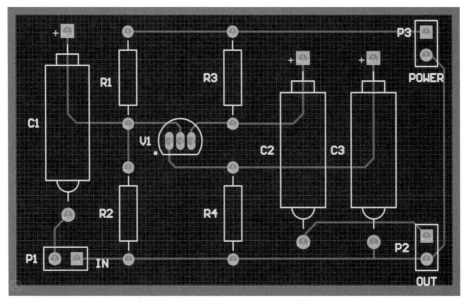

图 2-58　晶体管放大电路布线参考图

思政小课堂

1. 案例材料

中国"芯片之父"邓中翰

　　1999 年，为了改变我国被美国在芯片领域的压制现状，中国"芯片之父"邓中翰（见图 2-59）毅然放弃美国高薪优待，弃美回国，并成功地开发出中国第一个超大规模集成电路——"星光中国芯"数字多媒体芯片，彻底结束了中国"无芯"的历史！邓中翰的一生堪称传奇，他遭遇了什么，才会毅然决然地选择弃美回国？

　　1992 年，邓中翰从中国科学技术大学毕业后，前往美国加州伯克利分校进行学习，用了 5 年时间读完博士，并同时获得了物理学硕士、电子工程学博士、经济管理学硕士三个学位，成为第一位横跨理工商三学科的学者。毕业后，邓中翰加入了国际商业机器公司，成为一名高级研究员，后来，他利用自己的能力，又创建了硅谷半导体公司，领导并且研制出了高端数码成像半导体传感器，使公司市值一度高达 1.5 亿美元。但作为一个中国人，这些都比不上他想要为祖国奉献的心。1999 年 10 月，邓中翰受邀回国参加五十年建国庆典，当他得知我国要大力发展电子信息产业，并在政策上给予了产业发展极大的支持，他没有任何犹豫果断地辞去了在美国的高级研究员身份，打算回国并且已经做好了留在国内的准备。但美国不想这么轻易地放他回去，当时他所在的公司以及美国的相关部门以高薪及绿卡身份与他谈条件，邓中翰仅是一笑便背起行囊选择了回国。

　　回国之后，邓中翰带领"星光中国芯工程"团队制定了具有中国自主知识产权、技术达到国际领先水平的"天网"安防监控基础信源 SVAC 国家标准。同时他还带领团队承担国家物联网领域的攻关任务，多款产品量产过亿枚，并为国家电网大范围解决南方冰雪灾害发挥了关键作用。2019 年 12 月 28 日，"星光中国芯工程"创新成果与展望报告会在人民大会堂隆重举行。会议回顾和总结了"星光中国芯工程"20 年来在核心技术自主创新、在研发成果大规模产业化以及在满足国家重大工程技术需求方面取得的重要进展和成功经验，并对"星光中国芯工程"未来发展进行了规划和展望。二十年来，"星光中国芯工程"引入硅谷创新机制，探索新型举国体制，发挥了以企业为主体的创新体制的示范带头作用。建立了以市场为导向，以核心技术为依托，以企业为主体的创新体制，坚持自主创新，坚持科技成果产业化道路，取得了核心技术突破和大规模产业化的一系列重要成果；实现了国家公共安全技术产业的自主可控，联合牵头研究制定了公共安全 SVAC 国家标准，在国家天网工程、雪亮工程、智慧城市以及其他重大战略项目中发挥了关键作用；突破芯片设计 15 大核心技术，申请 3000 多件国内外技术专利，形成了完整的"数字多媒体""应用处理器""智能安防""传感网物联网""人工智能"五大芯片技术体系；并创造性地提出推动信息处理能力持续提升的"智能摩尔之路"，推出了基于这一技术路线的 XPU 多核异构智能处理器芯片技术架构；建立了以 70 多位留学归国人员为主体的核心技术团队，吸引了 2000 多位国内外优秀人才，组成了一支成熟的技术研发、芯片设计、市场开发、运营管理队伍；在工信部、科技部、发改委等主管部委的大力支持下，完成了数十项国家重大科技研发产业化项目，两次荣获国家科技进步一等奖。

图 2-59　邓中翰照片

2. 话题讨论

(1) 如果你正在坚持或者正在做的某件事暂时得不到预期的结果或者需要大量的时间和精力去不断尝试，你会怎样做？

(2) 本案例为学习本门课程或者本专业课程提供了哪些良好的启发？

实训拓展题

1. 创建一张名字叫练习的原理图文件，操作实现纸张尺寸、颜色、方向的设置，单位制的设置，栅格尺寸的设置，标题栏的设置等基本操作内容。

2. 创建一张名字叫练习的 PCB 文件，操作实现板层颜色的设置、工作层的切换、印制板尺寸设置等基本操作。

3. 根据图 2-60、图 2-61 所示按键驱动电路，在合适的路径下新建"姓名 + 学号后两位 + 按键驱动电路"的工程文件，建立"姓名 + 学号后两位 + 按键驱动电路"的原理图文件，建立"姓名 + 学号后两位 + 按键驱动电路"的 PCB 文件。

(1) 在原理图中设定图纸大小为 6000 mil × 6000 mil，图纸去掉标题栏，在电路图旁边的位置写上自己的姓名和学号。完成原理图的绘制，进行 ERC 检测。

(2) 将器件导入 PCB 中，采用单面底层布线，继电器左侧输入电路的线宽为 10 mil，继电器右侧的输出电路部分线宽为 30 mil，在 PCB 板上写上自己的姓名和学号，完成 PCB 图的绘制。

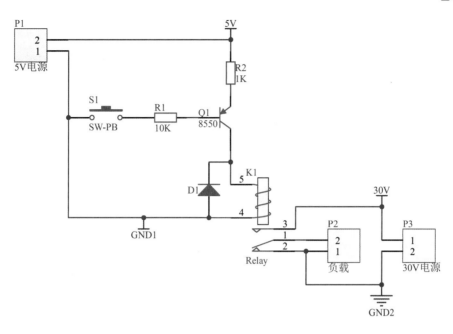

图 2-60　按键驱动电路原理图

	Comment		Description	Designator		Footprint		LibRef	Quantity
1	Diode		Default Diode	D1		SMC		Diode	1
2	Relay		SPDT Relay	K1		MODULE5B		Relay	1
3	5V电源		Header, 2-Pin	P1		HDR1X2		Header 2	1
4	负载		Header, 2-Pin	P2		HDR1X2		Header 2	1
5	30V电源		Header, 2-Pin	P3		HDR1X2		Header 2	1
6	8550		PNP General Pur...	Q1		TO-92A		2N3906	1
7	Res2		Resistor	R1, R2		AXIAL-0.4		Res2	2
8	SW-PB		Switch	S1		SPST-2		SW-PB	1

图 2-61　按键驱动电路的 BOM 图

第 3 章　基础操作（二）——稳压电源电路

3.1　电路的基础分析

在电子电路和系统中，维持其工作的电源一般是直流电源。尽管直流电源的提供方式很多，如各种电池、由化学能转化而来的直流电能、直流发电机等，但是目前我们利用的主要电源形式是市电（我国市电的标准形式是 220 V/50 Hz)，因此提供直流电源的主要方式是将 220 V/50 Hz 的交流电源转换为所需要的直流电源。

实现图 3-1 所示的直流稳压电源工作原理的技术路线很多，主要有两种：一是采用开关电源；二是采用常见的线性稳压电源。在实际的电源产品中，有很多组合形式。比如，整流部分利用桥式电路完成，后面再采用开关电源实现 DC/DC 变换；在低压差（提供的电源电压与输出电压之间的电压差距不大）时，选用线性三端稳压器完成电源电压的变换。

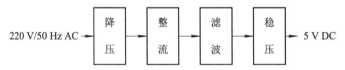

图 3-1　稳压电源电路的实现原理

1. 线性稳压电源的组成

1) 变压器

要将 220 V/50 Hz 的交流电源转换为 5 V 的直流电源，首先需要降压。降压一般采用工频 (50 Hz) 变压器，它通过改变匝比生成需要的输出电压。变压器如图 3-2 所示。

图 3-2　变压器实物图

2) 整流器

通过变压器，可以将 220 V 的高压交流电变为低压交流电，但是我们期望得到的是直流电，并不是交流电。因此需要整流，将交流电转换为直流电。整流电路原理如图 3-3 所示。

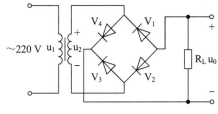

图 3-3　整流电路原理图

3) 稳压电路

通过前面两部分电路虽然得到了直流电压，但这个直流电压不稳定，它随着 50 Hz 交流电的波动而上下起伏。电源作为电子电路和系统的一个重要部分为电路提供工作能源，一般对其波动幅度的要求比较高，而直接整流的直流电源无法满足一般电路需要，因此，必须对输出电源进行稳压。

稳压电路本身是一个反馈控制系统。常用的一种串联式稳压器的基本工作原理是：从输出端口取电压信号，与一个稳定的参考电压比较，对其比较的差值进行放大，利用这个被放大的信号去控制调整管的电流流量。当输出电压高于参考值时，反馈控制系统调整输出电流快速减少，势必造成输出电压下降；当输出电压低于参考值时，反馈控制系统调整输出电流快速增加，势必造成输出电压升高。这样不断地动态控制，形成了输出电压围绕在设计的电压点上下动态波动。由于这个波动被控制在一个很小的范围之内，所以实际上输出电压可以被看成一个稳定的电压。当前，这种稳压电路已经得到广泛的应用，市面上也有了非常成熟的产品，如 7805、7812、7905、7912 等三端稳压电源模块。

2. 稳压电源电路的原理图设计

线性稳压电源主要由变压器、整流器、稳压电路这三大部分构成，将这三部分完整地连接在一起，就完成了一个线性稳压电源的设计。第一部分，通过变压器将高压转换成低压；第二部分，通过桥式电路构成的整流电路，将交流电转换成直流电；第三部分，通过线性稳压电路，输出得到稳定的直流电。具体的电路原理图如图 3-4 所示。

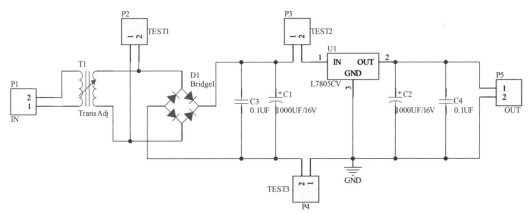

图 3-4　稳压电源电路的原理图

3.2 软件的元器件库

在电路设计中可能涉及的元器件数量庞大，种类繁多，如果将所有的元器件都加载到 Altium Designer 22 软件中是很难实现的，即使能实现也会因软件过大而消耗大量的资源，同时也会加大查找元器件的难度。通过第 2 章的学习，我们看到 Altium Designer 22 软件中元件库里只自带了"Miscellaneous Devices.IntLib"和"Miscellaneous Connectors.IntLib"两个基础库，如果在设计中出现了其他新的元器件，就必须了解要放置的元器件在哪个库中，然后操作者自行在软件中添加新的元件库。虽然初始状态下其他库没有加载到软件上，但 Altium Designer 22 软件安装包中一般会带有一个名为"Library"的文件夹（其中包含着大部分常用元器件及集成芯片的集成库、原理图库或封装库）。该文件夹中一般按照生产商及其功能、类别将其分别存放在不同的库文件内。要找到"Library"文件夹，可以到 Altium Designer 22 软件的安装路径下或者用户文档中查找。例如，在演示的计算机中"Library"文件夹的路径如图 3-5 所示。

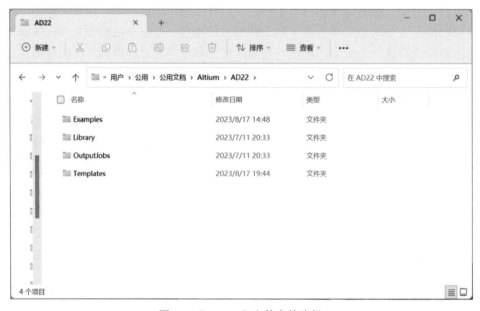

图 3-5 "Library"文件夹的路径

3.2.1 添加元器件库

1. 直接加载元器件库

单击原理图编辑器右上方的"Components"标签，弹出"Components"

添加、删除
元器件库

（元器件）控制面板。在该控制面板中包含元器件库下拉列表框、元器件查找栏、元器件列表栏、当前元器件符号栏、当前元器件封装名和元器件封装图形等内容，用户可以在其中查看相关信息，判断元器件是否符合要求。其中元器件封装图形默认为不显示状态，单击该区域将显示元器件封装图形。

Altium Designer 22 中有两个系统默认加载的集成元器件库："Miscellaneous Connectors.IntLib"（常用接插件库）和"Miscellaneous Devices.IntLib"（常用分立元器件库）。这两个库中包含了电阻、电容、二极管、晶体管、变压器、按键开关、接插件等常用元器件。

单击元器件库面板右上角的库设置按钮，弹出一个子菜单，如图 3-6 所示，选中"File-based Libraries Preferences…"（库文件）子菜单，弹出"Available File-based Libraries"（可用库）对话框，如图 3-7 所示，系统默认显示"已安装"的选项卡，窗口中显示当前已装载的元器件库。

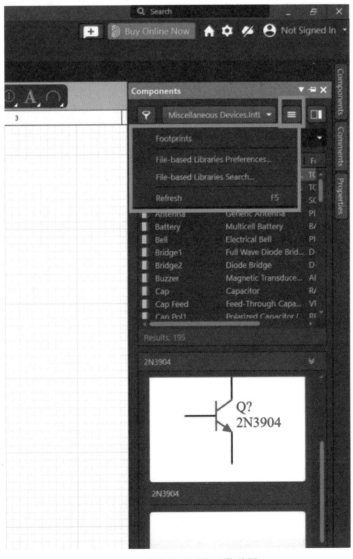

图 3-6　元器件面板的子菜单栏

图 3-7　元器件库安装界面

单击图 3-7 中的 "Install…" 按钮，弹出 "打开" 对话框，显示当前路径中的元器件厂家目录，如图 3-8 所示，此时可以根据需要选择相应厂家目录，并选中需要的元器件库，单击 "打开" 按钮完成元器件库的加载。如果操作者在 Altium Designer 官网中下载了元器件库或者库文件夹，则可以把下载的内容放到该对应的路径下，或者在这个打开弹窗中修改路径，指向下载的文件路径。

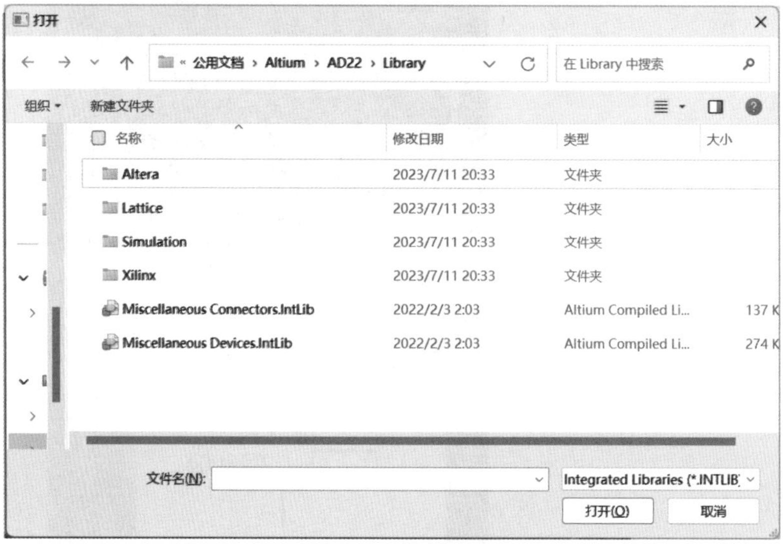

图 3-8　打开元器件库文件夹界面

当操作者清楚地知道要添加的元器件属于哪个库时，操作者可以根据上面的方法直接添加新的元件库，添加完成后可以在元器件面板的下拉菜单中找到该元器件库。例如，在图 3-8 所示的打开界面中，单击 "Altera" → "Altera Cyclone Ⅲ .IntLib"，弹窗回到 "Available File-based Libraries" 对话框，这时可以看到弹窗上半部分 "Installed Libraries" 中已经有三个安装好的库了，单击右下角的"Close"按钮关闭对话框，回到原理图编辑界面。单击右侧的"Components"面板，可以看到已安装的库，如图 3-9 所示。

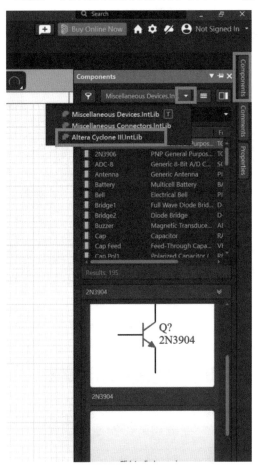

图 3-9　元件库安装成功示例

2. 通过查找元器件设置元器件库

在进行原理图设计时，有时不知道元器件在哪个库中，导致无法调用，此时可以采用查找元器件的方式来安装包含该元器件的库。下面以安装 NE555D 定时芯片所在库为例进行介绍。

在原理图绘制界面，单击右侧的元器件栏，在元器件面板上单击 ■ 按钮，弹出如图 3-6 所示的子菜单，选中"File-based Libraries Search…"选项，弹出如图 3-10 所示的"File-based Libraries Search"（搜索库）对话框。在"Field"下拉列表中选择"Name"；在"Operator"下拉列表中选择"contains"。在"Operator"下拉列表框中有 4 个选择项："equals"（相同）、"contains"（包含）、"starts with"（以…开始）、"ends with"（以…结束）。为提高查找率，一般选择"contains"（包含），因为一旦选择"equals"，则输入的器件名字就必须与查找的库中的名字完全一致才能有结果，而若选择"contains"，则输入的内容只要包含名字的其中一部分就能查找到。在"Value"区中输入"555"。采用模糊查找，可以提高查找率。当然，输入的名字越准确，查找出来的结果越有指向性。在"Scope"区中的"Search in"下拉列表框中选择"Components"。该下拉列表框中"Components"为原理图元器件,"Footprints"为元器件 PCB 封装,"3D Models"为元器件 3D 模型。在范围区选中"Libraries on path"选项,在"Path"区的路径栏中设置元器件库所在的文件夹。

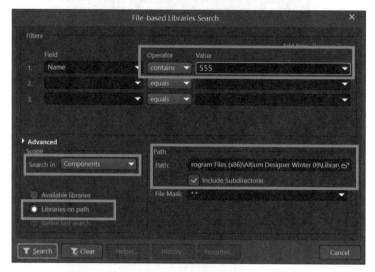

图 3-10　元器件查找弹窗

所有设置完毕后,单击"Search"按钮,系统开始自动搜索,搜索结束,元器件库面板中将显示搜索到的元器件信息,如图 3-11 所示。

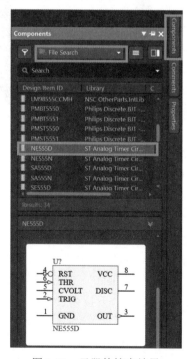

图 3-11　元器件搜索结果

由于元器件 NE555D 所在的元器件库尚未加载到当前库中,因此双击"NE555D"放置元件时会弹出如图 3-12 所示的对话框。该对话框询问是否安装该元器件所在库,如果单击"Yes"按钮，则会安装该元器件所在库并放置元器件；如果单击"No"按钮，则不会安装该元器件库，但也可以放置该元器件。

图 3-12　是否安装元器件所在库询问弹窗

3.2.2　删除元器件库

如果要移除已安装的元器件库，可以在图 3-13 中选中要删除的元器件库，单击"Remove"按钮。

移除已安装的元器件库可以减少对系统资源的占用，提高应用程序的执行效率，所以暂时用不到的元器件库，可以将其从内存中移除。移除元器件库只对内存中的文件产生影响，不会影响到硬盘上的文件。

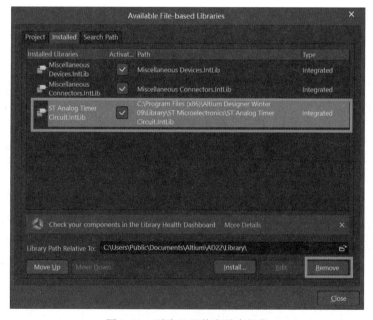

图 3-13　删除元器件库弹窗操作

3.2.3　获得元器件库的方案

Altium Designer 22 中提供了能在软件中直接下载库的 DigiPCBA 方法，所以在 Altium Designer 22 的"Library"中提供的库比较少，实际使用时可以到 Altium 公司的网站上下载相应的元器件库。

1. DigiPCBA 快速获取元器件库

要用 DigiPCBA 快速获取元器件库，首先需要注册一个 DigiPCBA 账号，注册地址为

https://digipcba.com/?hmsr=HQbbs。如图 3-14 所示，注册 DigiPCBA 账号，之后就可以进行快速搜索，提取"Panels"里面"Manufacture Part Search"中的海量器件，亦可连接云端进行元件的存储、共享和管理。在将 DigiPCBA 与 Altium Designer 关联之前，要先确保 Altium Designer 软件更新至 21.2.0 或更高版本，再修改软件的服务器端口为 portal365.altium.com，这是一个中国本土化的 server，能使数据连接更快速、更安全，如图 3-15 所示。

图 3-14　注册 DigiPCBA 账号界面

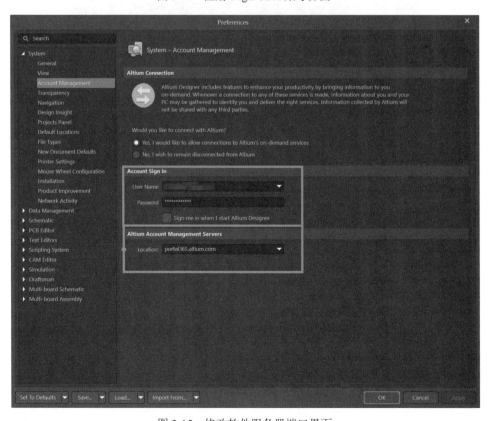

图 3-15　修改软件服务器端口界面

登录 DigiPCBA 账号，单击需要连接的 workspace，在软件右下角的 "Panels" 面板里单击打开 "Manufacturer Part Search" 窗口，就可以在搜索栏里搜索元器件了，如图 3-16 所示。

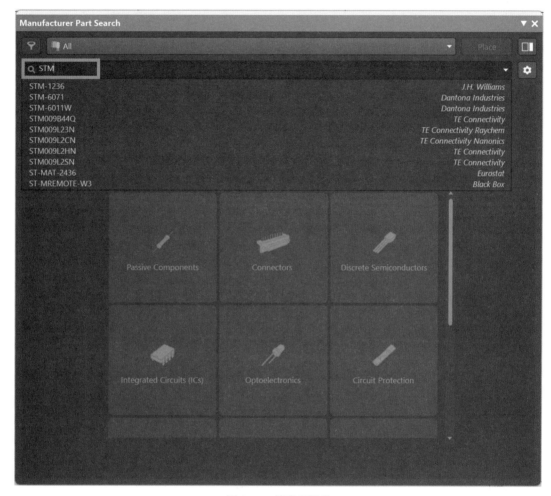

图 3-16 搜索元器件

2. Altium Designer 10 以前的版本库下载

Altium Designer 10 以前的版本库为 "冻结库"，内容不会被更新。下载的网址为 https://www.altium.com/documentation/other_installers。本书中部分元器件库就是从此处下载的，用户可以到 Altium 公司的网站上下载相关的库完成相应的设计工作。

3. Altium Designer 10 以后的版本库下载

如果用户需要下载最新的元器件库，可在 Altium 公司的网站上下载，网址为 https://designcontent.live.altium.com/#UnifiedComponents，下载的网页如图 3-17 所示。

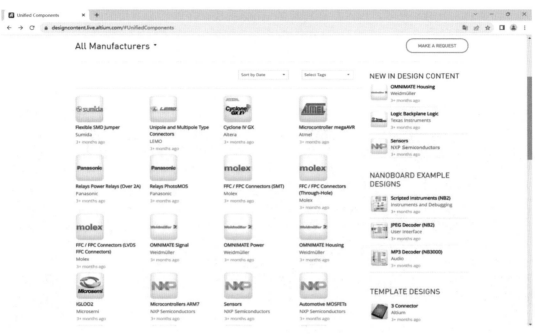

图 3-17 网站下载元器件库

3.3 稳压电源电路的原理图设计

3.3.1 绘制并使用原理图模板

利用 Altium Designer 22 软件在原理图中可以创建自己的模板，这与 Office Word 软件创建模板的思路是类似的，设计者可以按照自己的需求自定义模板风格。例如，在图纸中设计合适的标题栏来显示图纸的参数，其包括文件名、作者、修改时间、审核者、公司信息、图纸总数及图纸编号等信息，还可以根据需要来添加或者减少表格的数量。

绘制并使用
原理图模板

1. 原理图模板的创建

用户创建原理图模板的步骤如下：在 Altium Designer 22 原理图设计环境下，新建一个空白原理图文件。进入空白原理图文档后，执行右侧的"Properties"面板→"Page Options"→"Formatting and Size"，取消勾选"Tile Block"复选框，这时原理图右下角的标题栏就被取消了，用户可以重新设计一个符合需求的标题栏。

绘制标题栏时，执行菜单栏"Place"→"Drawing Tools"→"Place Line"或者单击工具栏中的"绘图工具"按钮，在弹出的下拉列表中单击"Place Line"按钮 ▍（这里请注意绘制标题栏的是普通的线，不是连接元器件的导线 (Wire)，不要选错）。绘制图纸标题栏图框，图框风格根据自己公司的要求进行设计，建议将线型修改为 Smallest，颜

色修改为黑色，绘制好带标题栏的图纸如图 3-18 所示。图纸绘制好后，执行菜单栏中的
"File" → "Save As…" 命令，在弹出的对话框 (如图 3-19 所示) 中输入文件名，将保存
类型设为 "Advanced Schematic template(*.SchDot)"，然后单击 "保存" 按钮，即可保存创
建好的模板文件。

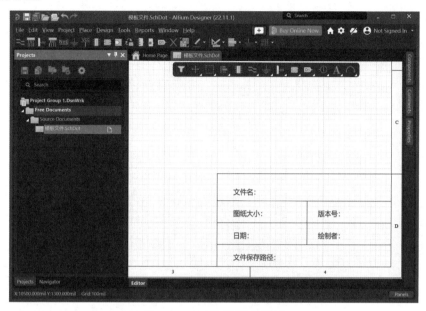

图 3-18　绘制标题栏的图纸

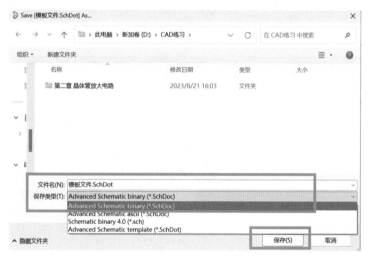

图 3-19　模板文件保存

2. 原理图模板的调用

完成了前面创建好的原理图模板后，如果想调用此模板，需要打开 "Preferences" 对
话框，在 "Data Management" → "Templates" 页面中，选择 "Defaults"，然后单击 "Add"
指向刚绘制的模板文件保存的路径，单击 "Apply" → "OK" 关闭这个弹窗，如图 3-20 所示。
设置好之后，就可以调用原理图模板了，调用的方法是：在菜单栏中执行 "Design" → "Sheet
Templates" → "Local" → "Load From File…"，弹开一个 "打开" 窗口，然后再指向模板

保存的路径，单击打开，如图 3-21 和图 3-22 所示。这样原理图模板的调用就设置好了，此后再新建原理图文件时就可以发现每个新的原理图都和模板是一样的，不再是系统默认的模板了。

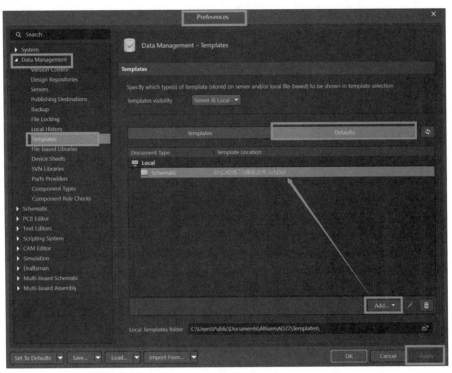

图 3-20　设置模板指向路径

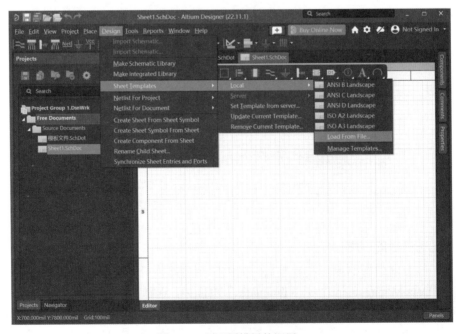

图 3-21　原理图模板的调用 1

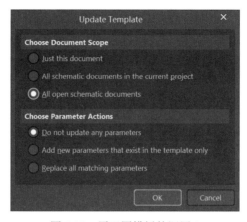

图 3-22 原理图模板的调用 2

添加菜单命令

3.3.2 放置节点

1. 添加 "Manual Junction" (手工节点) 菜单命令

Altium Designer 22 软件的菜单栏中默认没有手动放置节点的菜单, 但这些命令在 Altium Designer 22 中并没有取消, 用户可以手动将其添加到菜单栏中。

打开自定义原理图编辑器对话框, 在菜单栏的空白位置双击, 在弹出的 "Customizing Sch Editor" 命令编辑对话框中选择 "Design" 选项, 单击下面的 "New" 按钮, 新建一个命令。此时将弹出 "Edit Command" 对话框, 在其中可输入相应的命令, 如不清楚板参数选项对应的命令, 可到低版本 Altium Designer 软件中找到这一命令, 单击 "Edit" 按钮, 查看相应的命令 (如处理、标题、描述等), 手工节点对应的板参数命令有 "Process:Sch: Place Junction" "Caption:Manual & Junction" "Caption:Place Manual Junction", 将对应的命令粘贴到 Altium Designer 22 的 "Edit Command" 对话框中, 单击 "OK" 按钮。在 "Customizing Sch Editor" 命令编辑对话框中的 "Custom" 中就能找到用户刚刚添加的命令, 在命令上拖动鼠标左键将其放置在任意一个菜单下。利用该方法可以添加其他菜单栏命令到相应的菜单栏中, 并确定命令在相应的 Altium Designer 版本中是否有效 (具体请参考 1.4.3 节)。

2. 放置节点

节点用来表示两条相交的导线是否存在电气连接。没有节点, 表示在电气上不连接; 有节点, 则表示在电气上是相连接的。交叉导线的连接如图 3-23 所示。当导线呈 T 字交叉时, 系统会自动放入节点, 但对于十字交叉的导线则需要手动放置节点。

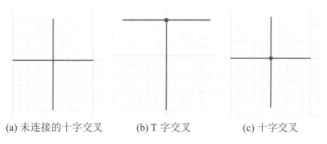

(a) 未连接的十字交叉   (b) T 字交叉   (c) 十字交叉

图 3-23 交叉线的连接

执行菜单"Place"→"Manual Junction"命令，进入放置节点状态，此时光标上带着一个悬浮的小圆点，将光标移到导线交叉处，单击即可放下一个节点，右击退出放置状态。当节点处于悬浮状态时，按下 Tab 键，弹出节点属性对话框，可设置节点大小。

3. 修改节点的颜色

在 Altium Designer 22 的原理图界面中，导线连接的交叉节点默认显示为红色，若要更换节点颜色，可以打开"Preferences"对话框，在"Schematic"选项下选择"Compiler"，如图 3-24 所示。单击"Auto-Junctions"选项组中"Color"后面的色块，将弹出"Choose Color"对话框，在其中可更改节点的颜色。选择颜色完成后，单击"OK"按钮，退出当前的对话框，可以看到原理图中交叉节点的颜色已被修改了。

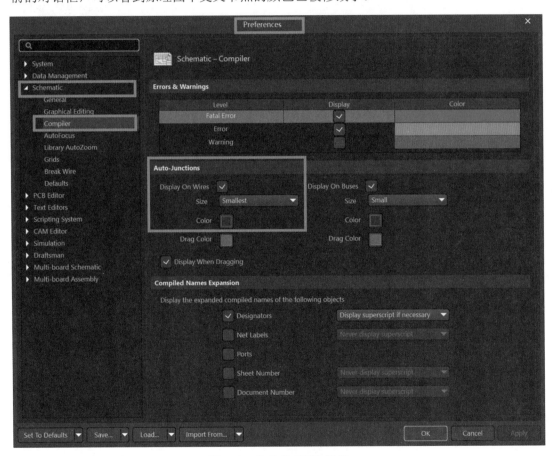

图 3-24　修改节点颜色设置

4. 导线非节点交叉"桥梁"横跨显示

如图 3-25 所示，如果在设计时需要将原理图连接导线变成非节点交叉，且采用"桥梁"横跨效果显示，此时可以在"Preferences"对话框中，在"Schematic"选项下的"General"选项中勾选"Display Cross-Overs"复选框即可。

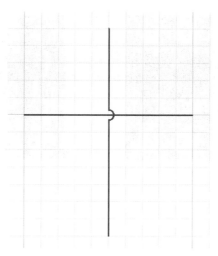

图 3-25　导线非节点交叉"桥梁"显示

3.3.3　封装的概念及元器件封装的修改

1. 元器件封装的概念

PCB 元器件封装通常称为封装形式 (Footprint)，简称封装。PCB 设计时封装实际上就是由元器件的外观轮廓和元器件引脚组成的图形，它们仅仅只是空间上的概念。外形轮廓在 PCB 上是以丝印的形式体现的，元器件引脚在 PCB 上是以焊盘的形式体现的，因此各引脚的间距就决定了该元器件相邻焊盘的间距。元器件的封装是元器件在 PCB 上的图形信息，为 PCB 后续的装配、调试及检修提供了方便。

不同的元器件可以使用同一个封装，同种元器件也可以有不同的封装形式。同样的封装只代表了元器件的外观相似、焊盘数目相同，并不意味着对应的元器件可以简单互换。同种元器件也有不同的封装，如晶体管 2N3906，它既有通孔式的，也有贴片式的，引脚排列有 EBC 和 ECB 两种，显然在 PCB 设计时，必须根据使用的管型选择所用的封装类型，否则会出现引脚错误的问题。

在进行 PCB 设计时要分清原理图和印制板中的元器件，原理图中的元器件是一种电路符号，有统一的标准；而印制板中的元器件是元器件的封装，代表的是实际元器件的物理尺寸和焊盘，集成电路的尺寸一般是固定的，而分立元器件一般是没有固定的尺寸的，元器件封装可以根据需要设定。PCB 的封装与原理图中元器件图形的引脚是不同的。例如，一个 1/8 W 的电阻与一个 1 W 的电阻在原理图中的元器件图形是没有区别的，而其在 PCB 中的元器件却有外形轮廓的大小和焊盘间距的大小之分。一般元器件封装的图形符号被自动设置在丝印层上，如图 3-26 和图 3-27 中的黄色文本字符和元器件边框就是在丝印层上绘制的，将 PCB 板交付制板后可以看到丝印层变成了最外层白色的印制字符，如第 2章展示的图 2-27 所示。

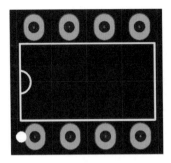

图 3-26　通孔式封装

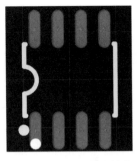

图 3-27　表面安装式封装

2. 元器件封装的种类

元器件的封装主要分为两大类：通孔式 (THT) 和表面安装式 (SMT)。图 3-26 和图 3-27 所示为双列 8 脚集成芯片的两类封装图，它们的区别主要在元器件外观尺寸和焊盘上。通孔式封装是针对直插类元器件的，这类元器件在焊接时要先将元器件引脚插入焊盘导孔中，然后再焊接，由于导孔贯穿整个电路板，所以在焊盘属性中，其板层

元器件的封装
及常见封装

属性为 Multi Layer；表面安装式封装的焊盘只限于表面板层，即顶层或底层，在焊盘属性中，其板层属性必须是单一的层面。

元器件封装的命名遵循一定的原则，即元器件类型 + 焊盘距离 (或焊盘数) + 元器件外形尺寸。通常可以通过元器件封装名来判断封装的规格，在元器件封装的描述栏中一般会提供元器件的尺寸信息。

如常见的电阻封装 AXIAL-0.4(见图 3-28(a))，表示此元器件为轴状，两焊盘间距为 400 mil(1 mil = 0.0254 mm)；CAPPR7.6-15(见图 3-28(b)) 表示极性电容类元器件封装，焊盘间距为 7.62 mm，元器件的外框尺寸为 15.24 mm；DIP-8 表示双列直插式元器件封装 (见图 3-28(c))，8 个焊盘引脚；SOP-8 表示双列贴片式元器件封装，8 个贴片焊盘引脚，如图 3-28(d) 所示。

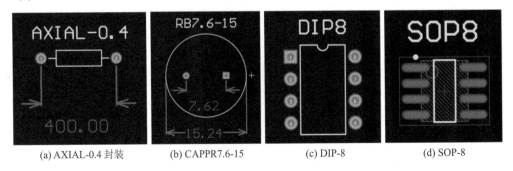

(a) AXIAL-0.4 封装　　(b) CAPPR7.6-15　　(c) DIP-8　　(d) SOP-8

图 3-28　常见封装类型及数值表示

电路设计中元器件的种类繁多，对应的封装也复杂多样。对于同种元器件可以有多种不同的封装，不同的元器件也可能采用相同的封装，因此在选用封装时要根据实际情况进行选择。下面对几类常用元器件的封装进行介绍与分析，元器件实物图片及封装图也可参考表 3-1。

表 3-1 常用元器件封装形式

元器件类型	元器件实物图	封装型号名称	封装图形
通孔式电阻		AXIAL-0.3～AXIAL-1.0	
通孔式无极性电容、电感等		RAD-0.1～RAD-0.4	
贴片电阻、电容、二极管等		*0201～*7257	
通孔式二极管		DIODE-**、DIO*-*×*	
通孔式电解电容等		CAPPR*-*×* 或 RB.*/.*	
贴片晶体管		SO-*/*、SOT23、SOT89	
石英晶体振荡器		BCY-W2/D3.1	
双排贴片元器件		SOP-*、SOJ-*、SOL-*	
双排直插式集成芯片		DIP-4～DIP-64	
通孔式晶体管、FET 与 UJT		TO-*、BCY-*/*	
单列直插式集成芯片		SIP2～SIP20、HEADER*	
接插件、连接头等		IDC*、HDR *、MHDR *	
可变电阻器		VR1～VR5	

1) 电阻

阻值固定的电阻可以称为固定电阻，其封装尺寸主要取决于它的额定功率及工作电压等级，这两项指标的数值越大，电阻的体积就越大，如图 3-29 所示，图片中体积较大的通孔式电阻功率较大。在 Altium Designer 22 中，电阻常见的封装形式有通孔式和贴片式两类。

通孔式的电阻封装常用的有 AXIAL-0.3～AXIAL-1.0，其不同尺寸的封装对应的功率有：AXIAL-0.3(1/8 W)、AXIAL-0.4(1/4 W)、AXIAL-0.5(1/2 W)、AXIAL-0.6(1 W)、AXIAL-0.8(2 W)、AXIAL-1.0(3 W)、AXIAL-1.2(5 W)；当插脚弯曲在电阻根附近时，电阻的功率会有一定的提升，可以表现为 AXIAL-0.3(1/4 W)、AXIAL-0.4(1/2 W)、AXIAL-0.5(1 W)。

图 3-29　不同功率的通孔式电阻

贴片式电阻的尺寸大小与功率的关系也是一样的，常用的贴片电阻的封装有 *0201～*2512(图中 * 代表字母或数字)，其中数值的前两位代表封装的长度，后两位代表封装的宽度，由此可知贴片电阻的封装大小会随着封装名称中的数值变大而变大，尺寸越大的贴片电阻其额定功率也会相应增大，具体可参考表 3-2。

表 3-2　贴片电阻的封装与额定功率对应数据图

英制	公制	额定功率 /W	最大工作电压 /V
0201	0603	1/20	25
0402	1005	1/16	50
0603	1608	1/10	50
0805	2012	1/8	150
1206	3216	1/4	200
1210	3225	1/3	200
1812	4832	1/2	200
2010	5025	3/4	200
2512	6432	1	200

2) 二极管

常见的二极管尺寸大小主要取决于其额定电流和额定电压，从微小的贴片式、玻璃封装、塑料封装到大功率的金属封装，尺寸相差很大。二极管的实物如图 3-30 所示。在 Altium Designer 22 中，通孔式二极管封装常用 DIODE-0.4、DIODE-0.7 等，贴片式二极管封装常用 INDCO603L～INDC4532L。

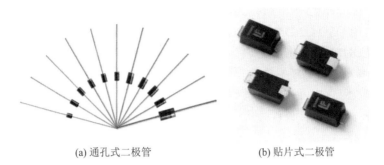

(a) 通孔式二极管　　　　　　　　(b) 贴片式二极管

图 3-30　常见二极管实物图

3) 电容

电容的主要参数为容量及耐压，对于同一种类的电容而言，其体积随着容量和耐压的增大而增大。它常见的外观为圆柱形、扁平形和方形，常用的封装有通孔式和贴片式，实物电容的外观如图 3-31 所示。

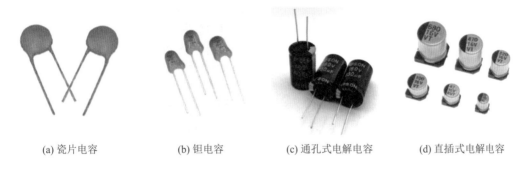

(a) 瓷片电容　　　　(b) 钽电容　　　　(c) 通孔式电解电容　　　(d) 直插式电解电容

图 3-31　常见电容实物图

在 Altium Designer 22 中，通孔式的圆柱形极性电容封装常用 RB5-10.5、RB7.6-15、CAPPR1.27-1.78×2.8～CAPPR7.5-16×35，方形极性电容封装常用 CAPPA14.05-10.5×6.3～CAPPA46.1-41×21.5，圆柱形无极性电容封装常用 CAPR5-4×5 等，方形无极性电容封装常用 RAD-0.1～RAD-0.4；贴片式电容封装常用 CAPC1005L～CAPC5764L 等，在实际设计中可以根据需要选择不同的封装，大部分常用的封装样式都可以在软件中找到。

4) 发光二极管与 LED 七段数码管

发光二极管与 LED 七段数码管主要是用于状态显示和数码显示的，其封装差别较大，若不能符合实际需求，则需要自行设计，常用实物外观如图 3-32 所示。

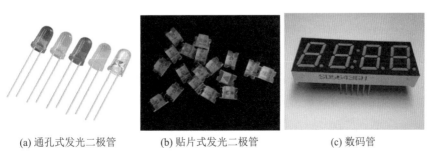

(a) 通孔式发光二极管　　　(b) 贴片式发光二极管　　　(c) 数码管

图 3-32　发光二极管和数码管实物图

在 Altium Designer 22 中，通孔式的发光二极管封装常用 LED-0、LED-1，贴片式发光二极管封装常用 DSO-C2/D5.6～DSO-F2/D6.1 等；LED 数码管的封装常用 LEDDIP- 10/C15.24RHD～LEDDIP-18ANUM 等。

5) 晶体管 / 场效应管 / 可控硅

晶体管、场效应管、可控硅同属于晶体管，其外形尺寸与器件的额定功率、耐压等级及工作电流有关，常用的封装有通孔式和贴片式，常见实物外观如图 3-33 所示。

图 3-33　晶体管、场效应管、可控硅实物图

在 Altium Designer 22 中，通孔式的晶体管、场效应管、可控硅封装常用 BCY-W3/*、TO-92、TO-39、TO-18、TO-52、TO-220、TO-3 等；贴片式封装常用 SOT*、SO-F*/*、SO-G3/*、TO-263、TO-252、TO-368 等。

6) 集成电路

集成电路是电路设计中常用的一类元器件，其品种丰富、封装形式多种多样。在 Altium Designer 22 的集成库中包含了大部分集成电路的封装，以下介绍几种常用的封装。

(1) DIP。DIP(双排直插式封装) 为目前比较常用的集成芯片封装形式，引脚从封装两侧引出，贯穿 PCB，在底层进行焊接，封装材料有塑料和陶瓷两种。一般引脚中心间距为 100 mil，封装宽度有 300 mil、400 mil 和 600 mil 三种，引脚数范围为 4～64，封装名一般为 DIP-* 或 DIP*。图 3-34 所示为 DIP 元器件的实物外观和封装图。

(a) 双排直插式 DIP8 集成芯片实物　　　(b) DIP8 封装图

图 3-34　DIP 元器件的实物外观和封装图

(2) SIP。SIP(单排直插式封装) 的引脚从封装的一侧引出，排列成一条直线，一般引脚中心间距为 100 mil，引脚数范围为 2～23，封装名一般为 SIP-* 或 SIP*。

(3) SOP。SOP(双排小贴片封装，也称 SOIC) 是一种贴片式的双列封装形式，引脚从封装两侧引出，呈 L 字形，封装名一般为 SOP-*、SOIC*。几乎每一种 DIP 封装的芯片均有对应的 SOP 封装，与 DIP 封装相比，SOP 封装的芯片体积大大减小。图 3-35 所示为

SOP 元器件的实物外观与封装图。

(a) 双排贴片式 SOP8 集成芯片实物　　　(b) SOP8 封装图

图 3-35　SOP 元器件的实物外观与封装图

(4) PGA、SPGA。PGA(引脚栅格阵列封装) 是一种传统的封装形式，其引脚从芯片底部垂直引出，且整齐地分布在芯片四周，早期的 80X86CPU 均是使用这种封装形式。SPGA(错列引脚栅格阵列封装) 与 PGA 封装相似，区别在于其引脚排列方式为错开排列，这样有利于引脚出线，封装名一般为 PGA*。图 3-36 所示为 PGA 元器件的实物外观及PGA、SPGA 的封装图。

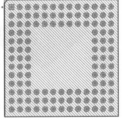

(a) PGA 封装集成芯片实物　　　(b) PGA 封装图

图 3-36　PGA 元器件的实物外观及封装图

(5) PLCC。PLCC(无引出脚芯片封装) 是一种贴片式封装，这种封装的引脚在芯片的底部向内弯曲，紧贴于芯片体，从芯片顶部看下去，几乎看不到引脚，如图 3-37 所示，封装名一般为 PLCC*。这种封装方式节省了 PCB 制板空间，但焊接比较困难，需要采用回流焊工艺，要使用专用的设备。

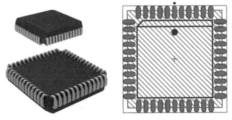

(a) PLCC 封装集成芯片实物　　(b) PLCC 封装图

图 3-37　PLCC元器件实物的外观及封装图

(6) QFP。QFP(方形扁平贴片封装) 与 LCC 封装类似，但其引脚没有向内弯曲，而是向外伸展，所以焊接比较方便。其封装主要包括 PQFP*、TQFP* 及 CQFP* 等，如图 3-38 所示。

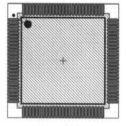

(a) PQF 封装集成芯片实物　　　　(b) PQF 封装图

图 3-38　PQF 元器件的实物外观及封装图

(7) BGA。BGA 为球形栅格阵列封装，与 PGA 类似，其主要区别在于这种封装中的引脚只是一个焊锡球状，焊接时熔化在焊盘上，无须打孔，如图 3-39 所示。同类型封装还有 SBGA，与 BGA 的区别在于其引脚排列方式为错开排列，这样利于引脚出线。BGA 封装主要包括 BGA*、FBGA*、E-BGA*、S-BGA* 及 R-BGA* 等。

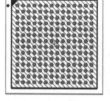

(a) BGA 封装集成芯片实物　　　　(b) BGA 封装图

图 3-39　BGA 元器件的实物外观及封装图

元器件的
封装修改

3. 元器件的封装修改

1) 直接设置元器件的封装方式

如果元器件的封装在当前元器件库中存在，则可以直接输入封装名称设置成元器件封装。本例中元器件封装"HDR1X2"在"Miscellaneous Connectors.IntLib"库中存在，则可以直接添加封装。具体步骤如下：双击元器件 P1，弹出元器件属性对话框"Component"如图 3-40 所示，在"Parameters"区单击下面的"Add"按钮，弹出一个小面板，选择其中的"Footprint"，之后会弹出一个"PCB Model"的弹窗，如图 3-41 所示。在弹窗的"Name"栏后输入 HDR1X2，如果输入正确就会在界面中出现该元器件封装的 3D 图，单击"OK"弹窗关闭。在元器件属性对话框"Component"中的"Parameters"区也就能看到新修改的封装 3D 图了，确认无误后，单击"OK"按钮就完成了设置。如果"Name"栏里要输入的封装名字不确定或者输入不正确，可以单击"Name"栏后的"Browse…"按钮，在弹出的"Browse Libraries"弹窗中选择元器件所在的库，再在库里选择要添加的封装也能实现设置，如图 3-42 所示。

Altium Designer 22 的元器件封装可以显示为 3D 模式，也可以显示 2D 为模式，通过图 3-41 和图 3-42 左下角的⒛按钮就可以进行设置。单击⒛按钮，屏幕自动转换为 2D 模式，两种模式的封装区别如图 3-43 所示。

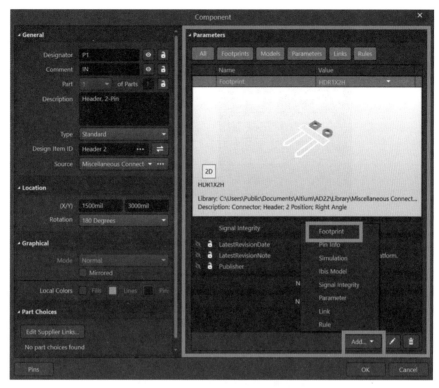

图 3-40 元器件属性界面封装添加

图 3-41 "PCB Model" 弹窗

图 3-42　"Browse Libraries"弹窗

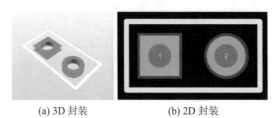

(a) 3D 封装　　　　　　(b) 2D 封装

图 3-43　3D 与 2D 封装视图

2) 通过查找方式添加元器件封装

在设计中如果不知道元器件封装在哪个库中，可以通过搜索封装的方式进行设置。下面我们把原理图中的 C1 和 C2 的封装改成 CAPPR5-10×16。单击图 3-41 中的"Browse…"按钮，弹出如图 3-42 所示的"Browse Libraries"对话框，界面中显示了当前库中的封装。单击"Find…"按钮，弹出"File-based Libraries Search"对话框，在搜索区输入"CAPPR5"进行模糊查找，选中"Path"选项，设置路径，单击"Search"按钮开始查找封装，搜索完的弹窗如图 3-44 所示。系统将所有包含 CAPPR5 的封装全部搜索出来，设计者在搜索到的结果中查找合适的封装名和封装描述，并查看封装图形是否符合要求，如图 3-44 所示。选中封装 CAPPR5-10×16 后单击"OK"按钮，如果所选元器件封装不在当前库中，系统将弹出一个对话框提示是否安装该库，单击"Yes"按钮将该库设置为已安装的库，如图 3-45 所示。对话框消失后系统返回如图 3-38 所示的"PCB Model"弹窗对话框，单击"OK"按钮完成设置。

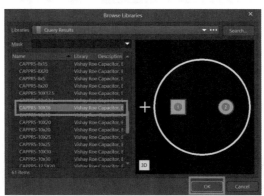

图 3-44　封装搜索弹窗

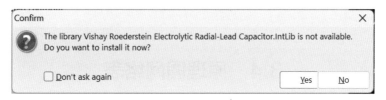

图 3-45　安装库确认对话框

3.3.4　稳压电源电路的原理图绘制

参考本书 2.2 节和 2.3 节中介绍的原理图绘制方法，画出如图 3-46 所示的电路图，图中的 P2、P3 和 P4 是电路预留的测试点，建议在设计电路时做好测试点的预留设计，这会为以后测试维护电路起到很大的作用。图纸的样式可以采用自己设计的模板，方法参考本书 3.3.1 节。按照本书 3.3.3 节的方法修改元器件的封装，如图 3-47 所示。修改完成后原理图就绘制完成了，记得做好保存，并进行 ERC 检测（参考本书 2.3.7 节）。

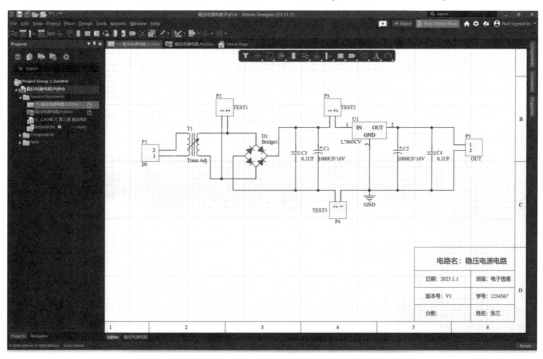

图 3-46　稳压电源电路原理图

	Comment	Description	Designator	Footprint	LibRef	Quantity	Value	SourceLibraryName
1	Bridge1	Full Wave Diode Bridge	D1	D-38	Bridge1	1		Miscellaneous Devices.IntLib
2	Cap	Capacitor	C3, C4	RAD-0.3	Cap	2	0.1UF	Miscellaneous Devices.IntLib
3	Cap Pol1	Polarized Capacitor (Radial)	C1, C2	CAPPR5-10X16	Cap Pol1	2	1000UF/16V	Miscellaneous Devices.IntLib
4	IN	Header, 2-Pin	P1	HDR1X2	Header 2	1		Miscellaneous Connectors.IntLib
5	L7805CV	Positive Voltage Regulator	U1	TO220ABN	L7805CV	1		ST Power Mgt Voltage Regulato...
6	OUT	Header, 2-Pin	P5	HDR1X2	Header 2	1		Miscellaneous Connectors.IntLib
7	TEST1	Header, 2-Pin	P2	HDR1X2	Header 2	1		Miscellaneous Connectors.IntLib
8	TEST2	Header, 2-Pin	P3	HDR1X2	Header 2	1		Miscellaneous Connectors.IntLib
9	TEST3	Header, 2-Pin	P4	HDR1X2	Header 2	1		Miscellaneous Connectors.IntLib
10	Trans Adj	Variable Transformer	T1	TRF_4	Trans Adj	1		Miscellaneous Devices.IntLib

图 3-47　原理图元器件报表

3.4　原理图网络表

网络表文件 (*.Net) 是一张关于电路图中全部元器件和电气连接关系的列表，它主要说明了电路中的元器件信息和连线信息，是原理图与印制电路板的接口，也是 PCB 自动布线的灵魂。在 Altium Designer 22 中，原理图的网络表可以直接更新到 PCB 中进行原理图与 PCB 数据的同步，但是有时也需要将 Altium Designer 22 的原理图导出一个网络表文件，然后将这个网络表文件用在其他软件上。

原理图网络表
的生成

打开绘制好的原理图文件，在原理图编辑界面执行菜单栏中的 "File" → "Export" → "Netlist Schematic" 命令，如图 3-48 所示。软件将弹出文件保存对话框，为导出的网络表选择保存路径，然后单击"保存"按钮，如图 3-49 所示，之后软件将弹出如图 3-50 所示的 "Export NetList" 对话框，选择网络表的导出类型，并选择需要导出的文件格式，一般选择 "Protel NetList"，操作者也可以根据需要自行选择输出的文件类型，单击 "OK" 按钮，即可完成网络表的导出，导出成功后，软件会返回 "Done" 的提示。

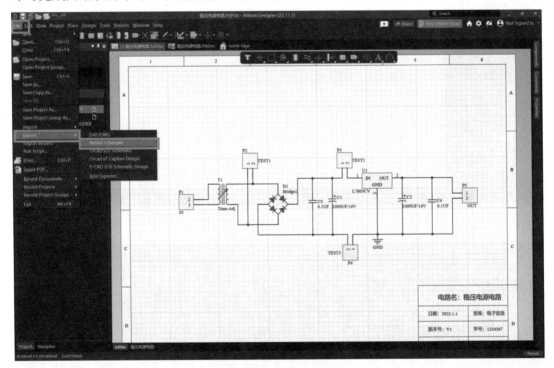

图 3-48　导出网络表操作

图 3-49　导出文件保存对话框　　　　　　　　图 3-50　"Export NetList" 对话框

系统默认生成的网络表是不显示的，操作者可到相应路径下查找命名为 "*.NET" 的文件，在 Altium Designer 22 中双击打开即可查看，如图 3-51 所示。

图 3-51　生成的网络表文件

在网络表中，以 "[" 和 "]" 将每个元器件单独归纳为一项，每项包括元器件标号、标称值或型号及封装；以 "(" 和 ")" 把电气上相连的元器件引脚归纳为一项，并定义一个网络名。下面是原理图 "稳压电源电路 .SchDoc" 网络表的部分内容，对其解释如下：

[　　　　　　　　　　　　——元器件描述开始符号

C1　　　　　　　　　　　——元器件标号

CAPPR5-10X16　　　　　——元器件封装

Cap Pol1　　　　　　　　——元器件型号或标称值

| | ——三个空行用于对元器件做进一步说明，可用可不用 |
|] | ——元器件描述结束符号 |

...

(	——一个网络的开始符号
NetP3_2	——网络名称
P3-2	——网络连接点：P3 的 2 脚
U1-1	——网络连接点：U1 的 1 脚
)	——一个网络结束符号

...

原理图输出及
元器件清单生成

3.5　原理图输出及元器件清单生成

3.5.1　原理图打印

执行菜单"File"→"Print"命令，弹出如图 3-52 所示的打印预览对话框，从图中右侧可以预览打印输出的效果。

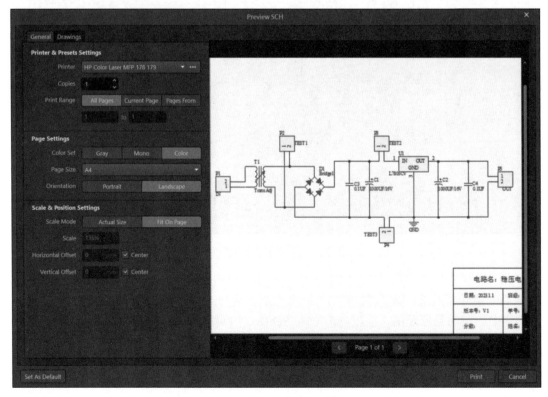

图 3-52　打印预览对话框

在打印预览对话框左侧 "Printer & Presets Settings" 中可以进行打印设置，"Printer" 下拉列表框用于选择打印机；"Copies" 区设置打印的份数；"Print Range" 区可选择打印输出的范围 (所有页、当前页、从 * 到 * 页)。

在界面左侧 "Page Settings" 区可以进行页的设置，"Color Set" 设置图纸打印的颜色；"Page Size" 可以设置打印图纸的样式和尺寸；"Orientation" 设置图纸方向。

在界面左侧设置区域下面的 "Scale & Position Settings" 中可以设置图的位置和比例，"Scale Mode" 设置打印电路图的尺寸 (实际尺寸、适应图纸大小)；"Scale" 设置打印电路与实际电路尺寸的缩放比例；"Horizontal Offset" 为水平偏移设置；"Vertical Offset" 为垂直偏移设置。

全部设置好后，单击对话框下方的 "Print" 按钮，就可以进行电路打印了。

3.5.2　原理图文件输出

在使用 Altium Designer 22 设计完原理图后，可以以 PDF 的形式输出电路图的图纸。

执行菜单 "File" → "Smart PDF" 命令，弹出 "Smart PDF" 对话框。单击 "Next" 按钮，弹出窗口变成如图 3-53 所示的 "Choose Export Target" 界面，其用于设置导出的是所有工程文件还是当前文件，以及文件名称。设置好文件名称后单击 "Next" 按钮，弹窗变为 "Choose Project Files" 界面，其用于选择要导出的文件，选中文件后单击 "Next" 按钮，窗口变为如图 3-54 所示的 "Export Bill of Materials" 界面，在此界面内可设置是否导出元器件清单。设置完毕后单击 "Next" 按钮，切换到 "PCB Printout Settings" 界面，此界面一般采用默认设置。单击 "Next" 按钮，切换到 "Additional PDF Settings" 界面，其用于设置输出是否显示 No-ERC Markers 和探测点及输出颜色等，此界面一般无特殊需求可以采用默认。单击 "Next" 按钮，切换到 "Structure Settings" 界面，其用于结构设置，勾选 "Use Physical Structure" 复选框后单击 "Next" 按钮，切换到 "Final Steps" 界面，此界面采用默认设置，最后单击 "Finish" 按钮完成导出，导出后的文件以 PDF 格式保存。

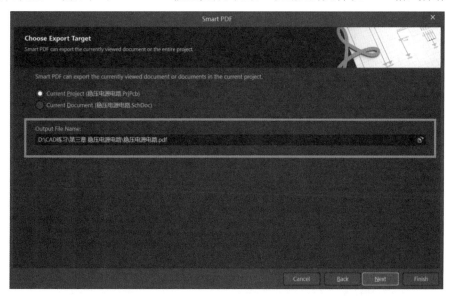

图 3-53　"Choose Export Target" 对话框

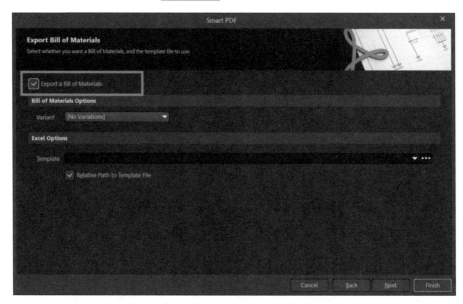

图 3-54 "Export Bill of Materials"对话框

3.5.3 元器件清单生成

一般电路设计完毕后需要生成一份元器件清单，这样可以方便后续元器件采购和 PCB 板装配焊接，这样的元器件清单被称为 BOM(Bill of Materials，元器件清单)。

选中要输出元器件清单的工程文件，执行菜单"Report"→"Bill of Materials"命令 (或者按快捷键 R + I)，弹出 BOM 对话框，如图 3-55 所示。图中选定了元器件的标称 (Comment)、元器件描述 (Description)、标号 (Designator)，封装 (Footprint)、库元件名 (LibRef) 及数量 (Quantity) 等信息。如果还有需要显示的信息没有出现，可以单击右边"Properties"栏的"Columns"选项卡，找到想要显示的选项，在该选项前面单击 图标，可将设置改为显示。在 BOM 中也可以在标题 (如 Comment、Description 等) 上按住鼠标左键，拖动其在表格中的位置，这样就可以调整表格显示的顺序了。

在"General"选项卡的"Export Options"(导出设置) 区中，"File Format"(文件格式) 栏后的下拉列表框可以设置导出文件的格式，本例中选择"MS-Excel(*.xls,*.xlsx,*.xlsm)"，单击"Export"(导出) 按钮，软件将在工程所在的路径下输出 Excel 格式的清单。

(小提示)

从 BOM 表格可以看出，BOM 中多个元器件位号对应着一个 Comment。例如，在图 3-55 中，第一行"Cap Pol1"中包含了 C1 和 C2 两个元件，若想要输出一个元器件对应一个值的清单，则可以在 BOM 对话框右边栏的"Columns"选项卡中，将"Drag a column to group"选项组中的 Comment 或其他项删除即可，这样即可得到一个元器件对应一个值的 BOM 清单。

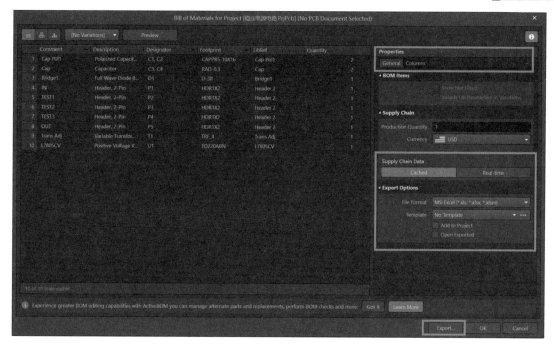

图 3-55　BOM 设置输出对话框

3.6　PCB 元器件布局及单面自动布线

3.6.1　元器件布局

在 PCB 设计中应当从机械结构、散热、电磁干扰及布线的方便性等方面综合考虑元器件的布局。元器件布局是将元器件在一定面积的印制板上合理地排放，它是设计 PCB 的第一步。布局是印制板设计中最耗费精力的工作，往往要经过若干次布局比较，才能得到一个比较满意的布局结果。印制线路板的布局是决定印制板设计是否成功和是否满足使用要求的最重要环节之一。

一个好的布局，首先要满足电路的设计性能，其次要满足安装空间的限制，在没有尺寸限制时，要使布局尽量紧凑，以减小 PCB 尺寸，降低生产成本。为了设计出质量好、造价低、加工周期短的印制板，印制板布局应遵循下列的基本原则。

1. 元器件排列规则

(1) 遵循先难后易，先大后小的原则，首先布置电路的主要集成块和晶体管的位置。

(2) 在通常情况下，所有元器件均应布置在印制板的同一面上，只有在顶层元器件过密时，才将一些高度有限且发热量小的元器件，如贴片电阻、贴片电容、贴片 IC 等放在底层，如图 3-56 所示。

图 3-56　PCB 正反面布局示例

(3) 在电路使用中需要交互的元器件，如接插件、电位器等，在元器件布局中要考虑其位置是否适合接插操作，一般这类元器件较多地布局在 PCB 板的边缘位置。

(4) 在保证电气性能的前提下，元器件应放置在栅格上且相互平行或垂直排列，以求整齐、美观，一般情况下不允许元器件重叠，元器件排列要紧凑，输入和输出元器件尽量远离。

(5) 同一类型的元器件在 X 或 Y 方向上应尽量一致；同一类型的有极性分立元器件也要尽量在 X 或 Y 方向上一致，以便于生产和调试，具有相同结构的电路应尽可能采取对称布局。

(6) 集成电路的去耦电容应尽量靠近芯片的电源引脚，同时以高频最靠近芯片电源引脚为原则，使之与电源和地之间形成最短回路。旁路电容应均匀分布在集成电路周围。

(7) 元器件布局时，使用同一种电源的元器件应尽量放在一起，这样便进行电源分割。

(8) 某些元器件或导线之间可能存在较高的电位差，应加大它们之间的距离以免因放电、击穿而引起意外短路。带高压的元器件应尽量布置在调试时手不易触及的地方。

(9) 位于板边缘的元器件，一般要距离板边缘至少两个板厚。

(10) 对于 4 个引脚以上的元器件，不允许进行翻转操作，否则将导致该元器件装插时引脚号不能对应。

(11) 双列直插式元器件与相邻元器件的距离要大于 2 mm，BGA 与相邻元器件距离要大于 5 mm，阻容等贴片小元器件之间相邻距离大于 0.7 mm，贴片元器件焊盘外侧与相邻通孔式元器件焊盘外侧要大于 2 mm，压接元器件周围 5 mm 不可以放置插装元器件，焊接面周围 5 mm 内不可以放置贴片元器件。

(12) 元器件在整个板面上分布均匀、疏密一致、重心平衡。

2. 按照信号走向布局原则

(1) 通常按照信号的流向逐个安排各个功能电路单元的位置，以每个功能电路的核心元器件为中心，围绕它进行布局，尽量减小和缩短元器件之间的引线。

(2) 元器件的布局应便于信号流通，使信号尽可能保持一致的方向。多数情况下，信号的流向安排为从左到右或从上到下，与输入端、输出端直接相连的元器件应当放在靠近输入、输出接插件或连接器的附近。

3. 防止电磁干扰

(1) 对电磁场辐射较强的元器件，以及对电磁感应较灵敏的元器件，应加大它们相互之间的距离或加以屏蔽，元器件放置的方向应与相邻的印制导线交叉。

(2) 尽量避免高低电压元器件相互混杂、强弱信号的元器件交错布局。

(3) 对于会产生磁场的元器件，如变压器、扬声器、电感线圈等，布局时应注意减少磁力线对印制导线的切割，在这些元器件下面尽量不布线，有时也会在器件下面对 PCB 板进行开槽来减少电磁干扰。相邻元器件的磁场方向应相互垂直，以减少彼此间的耦合。

(4) 对干扰源进行屏蔽，屏蔽罩应良好接地。

(5) 在高频下工作的电路，要考虑元器件之间分布参数的影响。

(6) 对于存在大电流的元器件，一般在布局时应靠近电源的输入端，且要与小电流电路分开并加上去耦电路。

4. 抑制热干扰

(1) 发热的元器件，应优先安排在利于散热的位置，一般布置在 PCB 的边缘，必要时可以单独设置散热器或小风扇以降低温度，减少对邻近元器件的影响。

(2) 功耗大的集成块、大或中功率管、电阻等元器件，要布置在容易散热的地方，并与其他元器件隔开一定距离。

(3) 热敏元器件应紧贴被测元器件并远离高温区域，以免受到其他发热元器件影响而引起误动作。

(4) 双面放置元器件时，底层一般不放置发热元器件。

5. 提高机械强度

(1) 要注意整个 PCB 重心的平衡与稳定，重而大的元器件尽量安置在印制板上靠近固定端的位置，并降低重心，以提高机械强度和耐震、耐冲击能力，减少印制板的负荷和变形。

(2) 重 15 g 以上的元器件，不能只靠焊盘来固定，应当使用支架加以固定。

(3) 为了便于缩小体积或提高机械强度，可设置"辅助底板"，将一些笨重的元器件，如变压器、继电器等安装在辅助底板上，并利用附件将其固定。

(4) PCB 板的最佳形状是矩形、板面尺寸大于 200 mm × 150 mm 时，要考虑其所受的机械强度，可以使用机械边框加固。

(5) 要在印制板上留出固定支架、定位螺孔和连接插座所用的位置，在布置接插件时，应留有一定的空间使得安装后的插座能方便地与插头连接而不至于影响其他部分。

3.6.2 自动布线规则设置

在进行自动布线前，首先要设置布线规则，布线规则设置是否合理将直接影响到布线的质量和成功率。布线规则制定后，系统将自动监视 PCB，检查 PCB 中的图件是否符合设计的规则，若违反了设计的规则，将以高亮显示自动布线规则违规内容。

PCB 常见规则
约束

在 PCB 编辑界面,执行菜单"Design"→"Rules…"(快捷键 D + R) 命令,弹出"PCB

Rules and Constraints Editor [mil]"对话框，如图 3-57 所示。

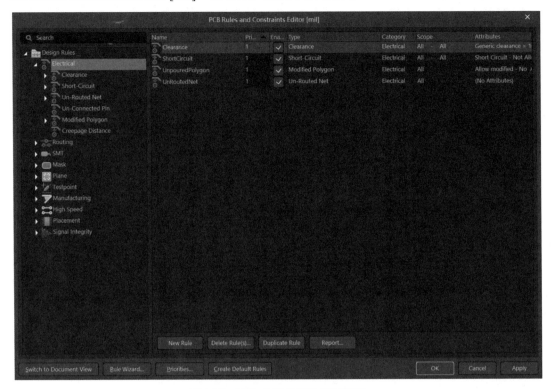

图 3-57　PCB 布线规则设置对话框

　　PCB 规则及约束编辑器界面分成左右两栏，左边是树形列表，列出了 PCB 规则和约束的构成和分支，提供有 10 种不同的设计规则类，每个设计规则类还有不同的分类规则，单击各个规则类前的符号，可以展开列表查看该规则类中的各个子规则，单击 ◢ 符号则收起展开的列表；右边是各类规则的详细内容。一般在设计时要设置的规则主要集中在"Electrical"（电气设计规则）类别和"Routing"（布线设计规则）类别中。

1. 电气设计规则

　　电气设计规则 (Electrical) 是 PCB 布线过程中所要遵循的电气方面的规则，其主要用于 DRC 电气校验。在弹窗中单击"Electrical"选项，该项下的所有电气设计规则将列表展开，如图 3-57 所示，其包含了 6 个子规则。

1) Clearance

　　Clearance(安全间距规则) 是用于设置 PCB 上不同网络的导线、焊盘、过孔及铺铜等导电图形之间最小间距的。通常情况下安全间距越大越好，但是太大的安全间距会造成电路布局不够紧凑，增加了 PCB 的尺寸，提高了制板成本。

　　单击图中"Clearance"规则前面的 ▶ 按钮，再单击新弹出"Clearance"子菜单，此时编辑区右侧区域将显示该规则的属性设置信息，如图 3-58 所示。图中系统默认的安全间距为 0.254 mm(10 mil)，用户可以根据实际需要自行设置安全间距，安全间距通常设置为 0.127～0.508 mm(5～20 mil)。

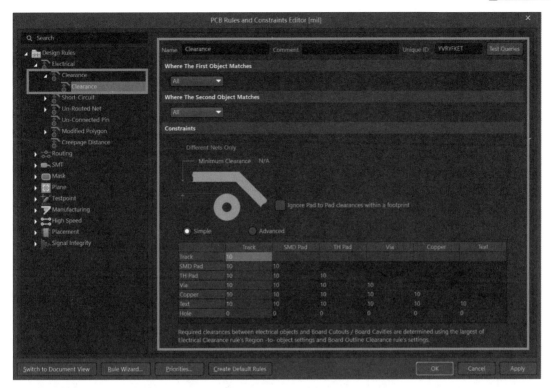

图 3-58　Clearance 规则设置界面

在"Where The First Object Matches"（第一个匹配对象的位置）区中，可以设置规则适用的对象范围："All"，包括所有的网络和工作层；"Net"，可在其后的下拉列表框中选择适用的网络；"Net Class"，可在其后的下拉列表框中选择适用的网络类；"Layer"，可在其后的下拉列表框中选择适用的工作层；"Net 和 Layer"，可在其后的下拉列表框中选择适用的网络和工作层；"Custom Query"，可以自定义适配项。

"Constraints"（约束）区提供 5 种网络适配范围供选择：Different Nets Only(仅不同网络)、Same Nets Only(仅相同网络)、Any Nets(任意网络)、Different Differential Pairs(不同的差分对)、Same Different Pairs(相同的差分对)。

在"Minimum Clearance"文本框 (N/A) 中直接输入参数值，同时可以对界面下方表格中所有的间距参数进行设置。选中"Ignore Pad to Pad clearances within a footprint"（忽略同一封装内的焊盘间距），则封装本身的间距不计算在规则内，但通常不选中。

Altium Designer 22 提供了"Simple""Advanced"两种方式来进行两个对象间的间距设置。"Simple"规则的对象共有 7 种：Track(走线)、SMD Pad(贴片焊盘)、TH Pad(通孔焊盘)、Via(过孔)、Copper(铜皮)、Text(文字)、Hole(钻孔)。"Advanced"和"Simple"基本相同，只是增加了 4 个对象：Arc(圆弧)、Fill(填充)、Poly(铺铜)、Region(区域)。在设置时只需在表格中行列两个对象的交叉处单击后直接键入相应的数值即可。

设定安全间距一般依赖于布线经验，最小间距的设置会影响到印制导线走向，用户应根据实际情况进行调节。在板的密度不高的情况下，最小间距可设置大一些。

2) Short-Circuit

Short-Circuit(短路约束规则) 用于设置 PCB 上的导线等对象是否允许短路。单击

"Short-Circuit"规则，弹窗出现一个"ShortCircuit"的子菜单，单击该规则名称，在编辑区右侧区域将显示该规则的属性设置信息，如图 3-59 所示。

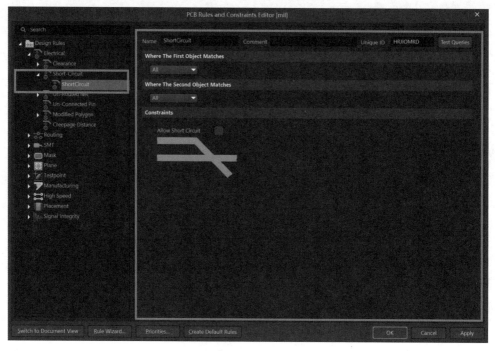

图 3-59   Short Circuit 规则设置界面

从图中可以看出系统默认的短路约束规则是不允许短路的。但在一些特殊的电路中，如带有模拟地和数字地的模数混合电路，在设计时，虽然这两个地是属于不同的网络，但在电路设计完成之前，设计者必须将这两个地在某一点连接起来，这就需要允许短路的存在。为此可以针对两个地线网络单独设置一个允许短路的规则，在"Where The First Object Matches"和"Where The Second Object Matches"区的"Net"中分别选中 DGND(数字地) 和 AGND(模拟地)，然后选中"Allow Short Circuit"复选框即可。一般情况下短路约束规则设置为不允许短路。

3) Un-Routed Net

Un-Routed Net(未布线网络规则) 用于检查指定范围内的网络是否已布线，对于未布线的网络，使其仍保持飞线。一般使用系统默认的规则，即适用于整个网络。

4) Un-Connected Pin

Un-Connected Pin(未连接引脚规则) 用于检查指定范围内的元器件封装引脚是否均已连接到网络，对于未连接的引脚给予警告提示，显示为高亮状态，系统默认状态为不使用该规则。

5) Modified Polygon

Modified Polygon(多边形铺铜调整规则) 用于检查被调整后的多边形铺铜是否进行重铺，执行"Tool"-"Polygon Pours"→"Repour Modified"命令，可以进行铺铜调整后的自动更新。由于系统设置了自动 DRC 检查，所以当出现违反上述规则的情况时，违反规则的对象将被高亮显示。

6) Creepage Distance

Creepage Distance(爬电距离) 是指两个不导电物体之间能够维持安全电气隔离的最小距离。在电力系统中，通常会使用高电压传输和分配电能，因此存在着高电压下的电气隔离问题，当两个不导电物体之间的距离小于爬电距离时，高电压有可能会击穿介质而导致电气隔离失效。爬电距离的设置方法是右键单击 "Creepage Distance" → "New Rule…"，在右侧界面的 "Creepage distance" 中用户可以根据需要填写最小爬行距离。

2. 布线设计规则

在 "PCB Rules and Constraints Editor" 对话框的规则列表栏中单击 "Routing" (布线设计规则) 选项，系统列表将展开所有的布线设计规则，主要的子规则说明如下。

布线规则设置

1) Width

Width(导线宽度限制规则) 用于设置自动布线时印制导线的宽度范围，可以定义最小宽度、最大宽度和优选宽度，单击宽度栏并键入数值即可对其进行设置，如图 3-60 所示。图中的 "Where The Object Matches" (匹配对象的位置) 区中可以设置规则适用的范围；"Constraints" 区用于设置布线线宽的大小范围，该区的设置分为对全部信号层有效和指定层有效。

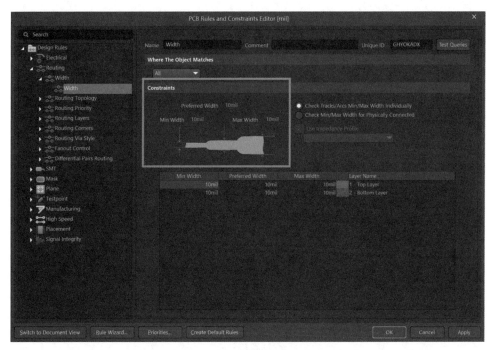

图 3-60　导线宽度规则设置界面

在实际应用中，通常会针对不同的网络设置不同的线宽限制规则，特别是电源地和地线网络的线宽，此时可以建立新的线宽限制规则。下面以新增线宽为 30 mil 的 GND 网络线宽限制规则为例介绍设置方法。右击 "Width" 子规则，系统将自动弹出一个菜单，如图 3-61 所示，选中 "New Rule…" 子菜单，系统将自动增加一个线宽限制规则 "Width_1"，左键单击"Width_1",在图 3-62 的"Name"栏中将"Width_1"更改为"GND",在"Where The Object Matches"区的下拉列表框选中"Net",在其后的下拉列表框中选中网络"GND",在"Constraints"区设置最小宽度、最大宽度和优选宽度均为 30 mil,参数设置完毕后单击"Apply"按钮完成设置,如图 3-62 所示。

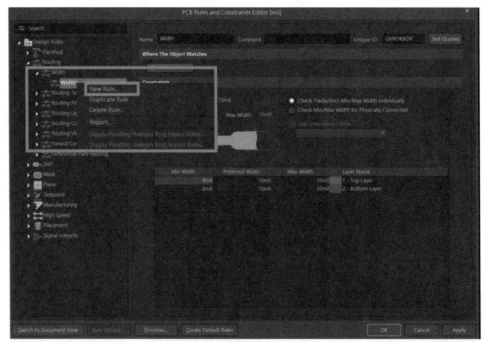

图 3-61　新增线宽限制规则

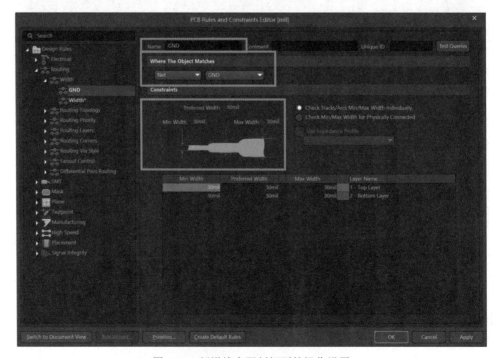

图 3-62　新增线宽限制规则的操作设置

若要删除规则，可右击该规则，选择子菜单"Delete Rule…"命令将其删除。一个电路中可以针对不同的网络设定不同的线宽限制规则，对于电源线和地线设置的线宽一般较粗。由于设置了多个不同的线宽限制规则，所以必须设定它们的优先级，以保证布线的正常进行。单击图 3-62 中左下角"Priorities…"（优先级）按钮，屏幕弹出"Edit Rule Priorities"（规则优先级）菜单，如图 3-63 所示。选中其中一个规则，单击"Increase Priority"（增加优先级）按钮或"Decrease Priority"（降低优先级）按钮可以改变线宽限制规则的优先级，在图 3-63 中优先级最高的是"GND"类，最低的是"All"。

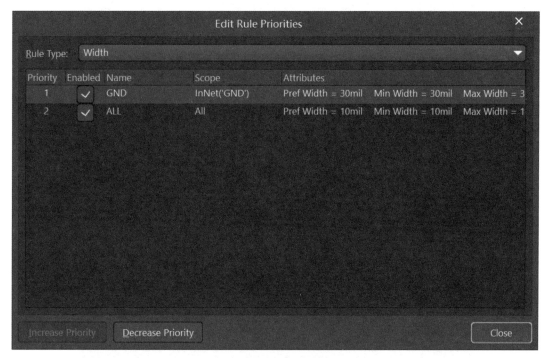

图 3-63　线宽限制规则优先级设置

手动布线时，交互式布线的线宽也是由线宽限制规则设定的，如上面所述的线宽设置可以设置最小宽度、最大宽度和优选宽度，设置完成后，线宽只能在最小宽度和最大宽度之间进行选择。不修改布线时，系统默认以优选宽度进行布线。

2) Routing Topology

Routing Topology(网络拓扑结构规则) 主要是设置自动布线时布线拓扑结构的，它决定了同一网络内各节点间的走线方式。在实际电路中，对不同网络信号可能需要采用不同的布线方式。网络拓扑结构规则如图 3-64 所示，图中的"Where The Object Matches"区可以设置规则适用的范围；"Constraints"区的"Topology"下拉列表框用于设置拓扑逻辑结构，其一共有 7 种拓扑逻辑结构供选择，具体如图 3-64 所示。系统默认的布线拓扑结构规则为"Shortest"（最短距离连接）。

图 3-64　网络拓扑结构规则设置

3) Routing Priority

Routing Priority(布线优先级规则) 是用于设置某个对象的布线优先级的，在自动布线过程中，具有较高布线优先级的网络会被优先布线，在布线优先级规则的 "Where The Object Matches" 区中可以设置规则适用的范围；"Constraints" 区的 "Routing Priority"（ 布线优先级) 可以是 0～100 之间的数字，数值越大，优先级越高。

4) Routing Layers

Routing Layers(布线层规则) 主要是用于设置自动布线时所使用的工作层面的，系统默认采用双面布线，即选顶层 (Top Layer) 和底层 (Bottom Layer)，如图 3-65 所示。如果要设置成单面布线，则在图 3-65 中只选中 Bottom Layer 作为布线板层即可，这样所有的印制导线都只能在底层进行布线。

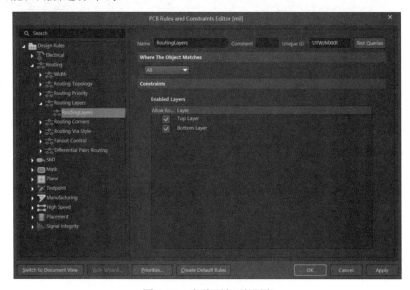

图 3-65　布线层规则设置

5) Routing Corners

Routing Corners(布线转角规则) 主要是在自动布线时规定印制导线拐弯的方式。在"Constraints"区的"Style"下拉列表框中选择导线拐弯的方式，其有 3 种拐弯方式供选择，即 90° 拐弯 (90 Degrees)、45° 拐弯 (45 Degrees) 和圆弧拐弯 (Rounded)。"Setback"选项用于设置导线最小拐角，如果是 90° 拐弯此项无意义；如果是 45° 拐弯，表示拐角的高度；如果是圆弧拐角，表示圆弧的半径。"to"选项用于设置导线最大拐角。默认情况下，此规则适用于全部对象。

6) Routing Via Style

Routing Via Style(过孔类型规则) 用于设置自动布线时所采用的过孔类型，可以设置规则适用的范围和过孔直径和孔径大小等，如图 3-66 所示。过孔通常在设计双面及以上的板中使用，设计单面板时无须设置过孔类型规则。

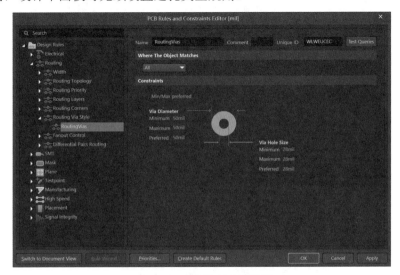

图 3-66　过孔类型规则设置

3.6.3　自动布线

本项目是一个电源电路，电路中的电流比较大，所以设置的线宽要宽一些。此项目具体设置的布线规则如下：

自动布线操作

安全间距规则设置：全部对象为 10 mil；

短路约束规则：不允许短路；

布线转角规则：45°；

导线宽度全局限制规则：最小为 30 mil，最大为 60 mil，优选 60 mil；

布线层规则：选中 Bottom Layer 进行单面布线；

其他规则选择默认。

在"PCB Rules and Constraints Editor [mil]"对话框设置好相应的规则后，即可执行自动布线操作。执行菜单栏中的"Route"→"Auto Route"命令。不仅可以选择全部自动布线，还可以对指定的区域、网络及元器件进行单独布线。将光标放到"Auto Route"上，会有弹出的下级关联菜单，如图 3-67 所示。

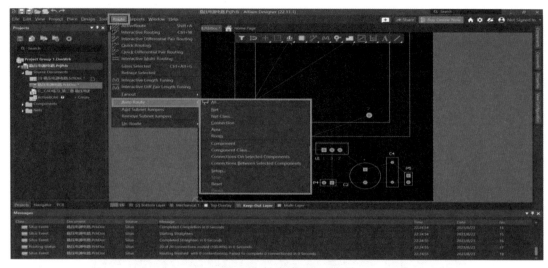

图 3-67　自动布线设置

1. All

All 命令用于全局自动布线，执行菜单栏中的"Route"→"Auto Route"→"All"（全部）命令（快捷键 U＋A＋A），将弹出"Situs Routing Strategies"（Situs 布线策略）对话框，在该对话框中可以设置自动布线策略。

1) 查看已设置的布线设计规则

如图 3-68 中的"Routing Setup Report"（布线设置报告）区中显示的是当前已设置的布线设计规则，用光标滑动右侧的拖动条可以查看所有的布线设计规则，若要修改规则，可单击下方的"Edit Rules…"按钮，弹出"PCB Rules and Constraints Editor [mil]"（PCB 规则及约束编辑器）对话框，可在其中修改设计规则。

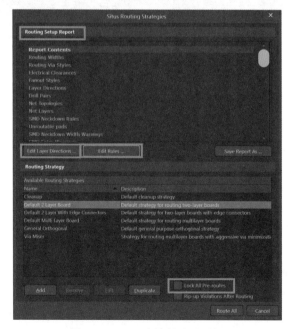

图 3-68　Situs 布线策略对话框

2) 设置布线层的走线方式

单击图 3-68 中的 "Edit Layer Directions…" (编辑层走线方向) 按钮，弹出 "Layer Directions" (层指示) 对话框，在此对话框中可以设置布线层的走线方向，系统默认为双面布线，顶层走垂直线，底层走水平线。单击 "Current Setting" (当前设定) 区下的 "Vertical"，在下拉列表框中选择布线层的走线方式，该下拉列表框中内容说明如下：

Not Used：不使用本层；　　　　　　Horizontal：本层水平布线；

Vertical：本层垂直布线；　　　　　　Any：本层任意方向布线；

1-5 O″Clock：1～5 点钟方向布线；　45 Up：向上 45° 方向布线；

45 Down：向下 45° 方向布线；　　　Fan Out：散开方式布线；

Automatic：自动设置。

布线时应根据实际要求设置布线层的走线方式，如采用单面布线，则设置 "Bottom Layer" 为 "Any" (底层任意方向布线)、其他层 "Not Used" (不使用)；采用双面布线时，设置 "Top Layer" 为 "Vertical" (垂直布线)，"Bottom Layer" 层为 "Horizontal" (水平布线)，其他层 "Not Used" (不使用)。一般在两层及以上的 PCB 布线中，布线层的走线方式可以选择 "Automatic"，系统将自动设置相邻层采用正交方式走线。

3) 布线策略

在图 3-68 中，系统自动设置了 6 个布线策略，具体如下：

(1) Cleanup：默认的自动清除策略，布线后将自动清除不必要的连线；

(2) Default 2 Layer Board：默认的双面板布线策略；

(3) Default 2 Layer With Edge Connectors：默认的带边沿接插件的双面板布线策略；

(4) Default Multi Layer Board：默认的多层板布线策略；

(5) General Orthogonal：默认的正交策略；

(6) Via Miser：多层板布线最少过孔策略。

用户如果要追加布线策略，可单击图中的 "Add" 按钮进行设置。在实际自动布线时，为了确保布线的成功率，可以多次调整布线策略，以达到最佳效果。

4) 锁定预布线

为了保留前面已进行的预布线，在自动布线之前应勾选图 3-68 中 "Lock All Pre-routes" (锁定已有布线) 选项前的复选框，以便锁定预布线。

5) 自动布线

单击 "Route All" 按钮对整个电路板进行自动布线，弹出 "Messages" 窗口显示当前布线进程。

2. Net

Net 命令用于为指定的网络进行自动布线，执行菜单栏中的 "Route" → "Auto Route" → "Net" (网络) 命令，光标将变成十字形。移动光标到该网络上的任意一个电气连接点 (飞线或焊盘) 处并单击，系统将对该网络进行自动布线。此时光标仍处于十字形的布线状态，可以继续对其他网络进行布线。右击或按 Esc 键即可退出布线状态。

3. Net Class

Net Class(网络类) 是多个网络的集合，可以在"Object Class Explorer"对话框中对其进行编辑管理，具体方法是：执行菜单栏中的"Design"→"Classes"命令 (快捷键 D + C)，将弹出"Object Class Explorer"对话框，如图 3-69 所示。默认存在的网络类为"All Nets"，如需创建新的类，可以在"All Nets"上面右键单击，选择"Add Class"并单击，随后在其上方出现一个"New Class"的新类，在新类上面右击会出现"Rename Class"选项，随后可以根据要归类的网络性能修改名字。例如，要对电路中的 VCC 和 GND 同时加宽或者自动布线，就可以把它们定义为一个类，重新命名为电源。在图 3-69 的右侧中将需要的网络添加到类中，单击"OK"就自定义了新的网络类。

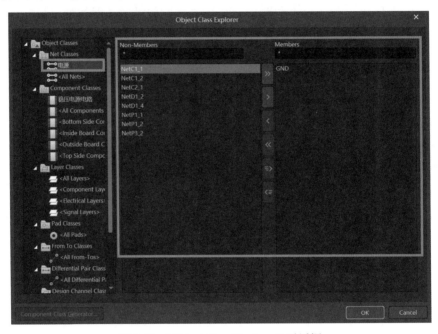

图 3-69 "Object Class Explorer"对话框

想要通过网络类进行自动布线，可以执行菜单栏中的"Route"→"Auto Route"→"Net Class"命令。如果当前文件中没有自定义的网络类，将弹出提示框提示未找到网络类，否则将弹出"Choose Objects Class"(选择对象类) 对话框，列出当前文件中具有的网络类。在对话框列表中选择要布线的网络类，系统会对该网络类内的所有网络进行自动布线。

在自动布线过程中，所有布线状态、结果将在 Messages(信息) 面板中显示。右击或按 Esc 键即可退出自动布线状态。如果自动布线不能够满足设计要求，则需要进行手工布线来调整。本章设计的稳压电源电路的 PCB 布线可以采用自动布线，但会发现自动布线的结果仍有许多需要优化的地方，这就需要操作者再进一步手动修改了，最终的 PCB 图布线可以参考图 3-70 所示。

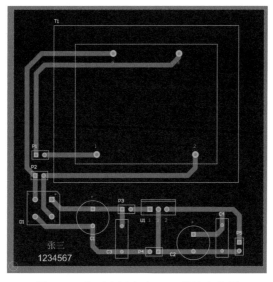

图 3-70　稳压电源电路 PCB 设计参考图

PCB 3D
效果生成

3.6.4　PCB 3D 效果

Altium Designer 22 提供有三维 (3D) 预览功能，可以在计算机上直接预览 PCB 的设计效果，根据预览的情况可以重新调整元器件的布局。

3D 预览是以系统默认的 PCB 形状进行显示的，为保证 3D 预览的效果，一般要将 PCB 的形状定义成与电气轮廓一致。重新定义板子形状的方法是按住鼠标左键，拉出方框选中禁止布线层上定义的电气轮廓 (注意必须是密闭的电气轮廓)，执行菜单"Design"→"Board Shape"→"Define Board Shape from Selected Objects"命令 (快捷键 D + S + D)，可以看到工作区中的板子按禁止布线的线径被裁剪了 (参考 2.6.1 节)。PCB 外形设置完毕后就可以开始显示 3D 印制板了。执行菜单"View"→"3D Layout Mode"命令 (快捷键 3)，系统将自动产生 3D 预览图，如图 3-71 所示，由于库中的部分元器件没有 3D 模型，所以只能显示元器件的外轮廓。

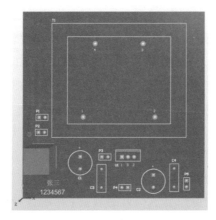

图 3-71　参考 PCB 的 3D 视图

3D 预览中的主要控制功能如下：

(1) 3D 板快速放大或缩小。按住 Ctrl 键前后滚动鼠标滚轮可以放大或缩小 3D 板。

(2) 旋转 3D 板。将光标移动到板中心，同时按住 Shift 键和鼠标右键，上下左右移动鼠标，则 3D 板会随着鼠标移动的方向旋转，如图 3-72 所示。

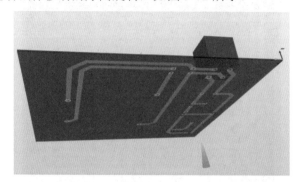

图 3-72　3D 图多方向旋转

(3) 3D 板恢复水平放置。按 0 键，3D 板恢复水平放置。

(4) 3D 板水平翻转。单击"View"→"Flip Board"（快捷键 V + B）菜单项，3D 板会产生水平翻转。

(5) 3D 板 90° 旋转。按 9 键，3D 板进行 90° 旋转。

(6) 2D/3D 显示切换。按 2 键，电路板从 3D 显示状态恢复到 2D 显示状态，按 3 键则恢复 3D 显示状态。

3.7　印制板的设计规则检测

PCB 布线结束后，用户可以使用 DRC 功能（设计规则检查）对布好线的 PCB 进行检查，确定布线是否正确、是否符合设定的规则要求，这也是 PCB 设计正确性和完整性的重要保证。运行 DRC 检查时，并不需要检查所有的规则设置，只需检查用户需要比对的规则即可。常规的检查包括间距、开路及短路等电气性能检查，和布线规则检查等。

印制板设计
规则检测

执行菜单"Tool"→"Design Rule Check…"命令，弹出"Design Rule Checker [mil]"对话框，如图 3-73 所示。该对话框主要由两个窗口组成，左边窗口主要由"Report Options"（报告内容设置）和"Rules To Check"（检查规则设置）两项内容组成，选择"Report Options"则右边窗口中显示 DRC 报告的内容，可根据设计需求自行勾选；选择"Rules To Check"则右边窗口显示检查的规则（在进行自动布线时已经进行了设置），其中有"Online"（在线）和"Batch"（批量）两种方式供选。

图 3-73 DRC 设置对话框

若选中 "Online" 的规则，系统将进行实时检查，在放置和移动对象时，系统自动根据规则进行检查，一旦发现违规将高亮显示违规内容。各项规则设置完毕后，单击 "Run Design Rule Check…" 按钮进行检测，检测结束后系统将弹出 "Message" 窗口，如果 PCB 有违规的问题，则将在窗口中显示错误信息并在 PCB 上高亮显示违规的对象，同时系统将打开一个页面来显示检测结果，如图 3-74 所示。如存在违规问题，用户可以根据违规信息对 PCB 进行修改。

图 3-74 DRC 检测结果对话框

在本例中出现的报错信息是 [Silk To Silk Clearance Constraint Violation]，共有 3 处出现了这种情况，所以违规报告中的违规数量为 3。出现这个问题的原因有时是因为某些元器件的封装上丝印之间距离过小，小于在"Rules…"中设定的"Silk To Silk Clearance Constraint"的大小。此时在"Message"窗口中双击其中一个问题，则工作区界面会跳转到该问题处，如图 3-75 所示，可以看到这条错误信息的原因是整流桥一个脚上的丝印符号距离其边框丝印小于规则设定的 10 mil，解决方法就是执行菜单"Design"→"Rules…"(快捷键 D + R) 命令，弹出"PCB Rules and Constraints Editor [mil]"对话框，在对话框中找到"Silk To Silk Clearance"选项并将设定参数改为"Message"窗口中提示的 7.455 mil 以下，这里改为 7 mil，如图 3-76 所示，这样就可以解决报错的前两个问题了。再双击第三个报错信息，可发现错误的原因如图 3-75 所示，两个丝印层是连在一块的，对于这种情况只能将该项检查取消。在"PCB Rules and Constraints Editor [mil]"对话框中将"Silk To Silk Clearance"的"Enable"的复选框勾掉即可，如图 3-77 所示。

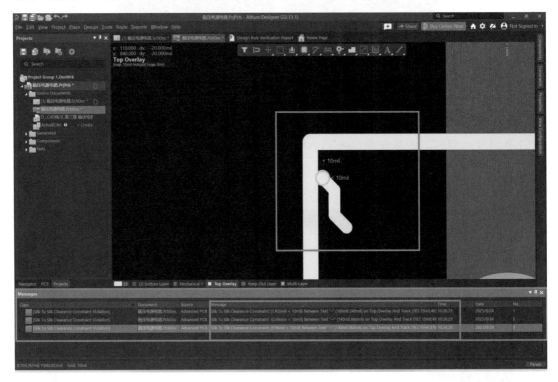

图 3-75　DRC 错误结果展示

DRC 检测中常见的报错提示问题及解决方法如下：

(1) 提示"Hole Size Constraint(Min = 1 mil)(Max = 100 mil)(All)"，此为孔大小报错。孔大小参数主要影响 PCB 制板厂的钻孔工艺，对于设置太小或太大的孔，制板厂可能没有这么细的钻头或这么精准的工艺，也可能没有太大的钻头。解决方法打开"PCB Rules and Constraints Editor [mil]"对话框，在"Manufacturing"选项下的"Hole Size"选项中修改孔径大小规则即可。

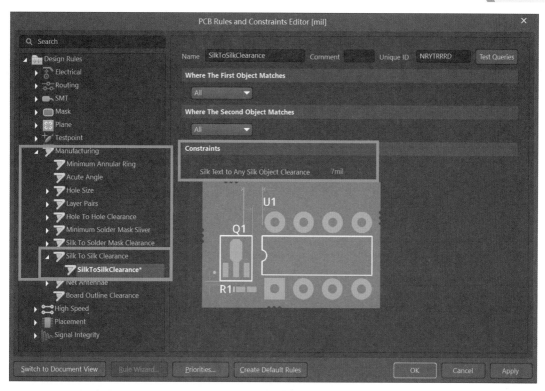

图 3-76　修改规则限制的方法

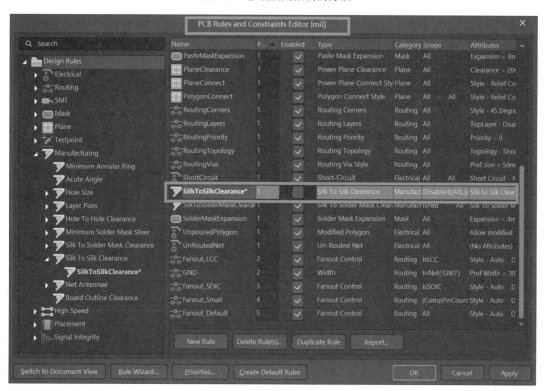

图 3-77　取消规则限制的方法

(2) 提示"Un-Routed Net Constraint"，此为未布线网络报错。这是由于 PCB 中存在未布线的网络，有时 PCB 元器件数量巨大，很多网络焊盘靠得很近，肉眼无法确定是否已布线。解决方法为在"Messages"窗口中双击报错信息，显示界面将自动跳转到 PCB 中错误项所在的位置处，检查错误并将未布线的网络连接好即可。

(3) 提示"Clearance Constraint"，此为安全间距报错。即设置的 PCB 电气安全间距、PCB 中走线或焊盘等电气对象的安全间距小于规则中的设定值。解决方法就是检查错误并改正即可。

(4) 提示"Short-Circuit Constraint"，此为短路报错，即禁止不同网络的对象相接触。解决方法为检查错误并改正即可。

(5) 提示"Modified Polygon(Allow Modified: No), (Allow shelved: No)"，此为多边形铺铜调整后未更新而产生的报错。导致这项检查报错的原因是放置铺铜或电源分割 (模拟地、数字地) 时，编辑或修改了铺铜而未更新铺铜，DRC 检查时就会报错。双击"Messages"窗口中的报错项，界面将自动跳转到 PCB 中的错误处，选中报错的铺铜并右击，在弹出的快捷菜单中执行"Polygon Actions"→"Repour Selected"命令，对选中的错误铺铜执行重新铺铜；或者执行"Polygon Actions"→"Repour All"(所有铺铜重铺) 命令对整个 PCB 铺铜区域进行全部重新铺铜，至此即可消除错误项。

(6) 提示"Width Constraint(Min = ⋯mil)(Max = ⋯mil)(Preferred = ⋯mil), (All)"，此为布线线宽报错。电源走线时需要考虑电流大小和 PCB 制板厂的最小线宽，此时需要做最小线宽的约束设置；而有些信号走线需要考虑阻抗要求、差分信号要求，此时需要做最大线宽的约束设置；一些 BGA 的扇出布线也需要做最大线宽的约束设置。解决方法为修改规则中线宽约束值或修改 PCB 中报错的线宽使之符合规则约束的线宽即可。

(7) 提示"Silk to Silk(Clearance = 5 mil), (All)"，此为丝印与丝印的间距报错，是同一层丝印之间的距离过近而导致与规则冲突所致的。

(8) 提示"Hole To Hole Clearance(Gap = 10 mil), (All)"，此为孔间距约束规则报错。有时元器件的封装有固定孔，而与另一层的元器件的固定孔距离太近，或者两个过孔或焊盘靠得太近，就会报错。解决方法为在"PCB Rules and Constraints Editor [mil]"对话框中修改孔间距值即可。

(9) 提示"Minimum Solder Mask Sliver(Gap = 5 mil), (All)"，此为最小阻焊间隙报错。在焊盘周围一般都会包裹阻焊层以便在生产工艺中确定阻焊油、绿油的开窗范围。两个焊盘的阻焊层靠得太近则会报错。解决方法为在"PCB Rules and Constraints Editor [mil]"对话框中修改阻焊之间的间距值直至合适距离即可。

(10) 提示"Silk To Solder Mask(Clearance = 4 mil)(IsPad), (All)"，此为丝印到阻焊距离的报错，是丝印与阻焊距离太近所致。解决方法为在"PCB Rules and Constraints Editor [mil]"对话框中修改丝印到阻焊的最小间距即可。

(11) 提示 "Height Constraint(Min = 0 mil)(Max = 1000 mil)(Preferred = 500 mil)，(All)"，此为高度约束报错，它是因为 PCB 中元器件的高度值超出了规则设定的约束值所致的。解决方法为在 "PCB Rules and Constraints Editor [mil]" 对话框中设定元器件的高度约束值即可。

(12) 提示 "…\Templateslreport_drc.xsl doesnot exist"，出现这个问题是由于 DRC 模板文件 "report_drc.xsl" 已经损坏或丢失，可能是非法关机或者病毒引起的。解决方法为从其他地方复制一个 "report_dre.xsl" 文件到软件安装路径下的 "Templates" 文件夹内即可。

(13) 清除 DRC 检查错误标志的方法。在进行 DRC 设计规则检查后如果 PCB 中存在较多的错误，将有很多的错误标志展示在 PCB 中，要清除这些错误标志可以执行菜单栏中的 "Tool" → "Reset Error Markers" 命令 (快捷键 T + M) 即可清除 DRC 错误标志。

思政小课堂

1. 案例材料

打破技术垄断，国产高频滤波器在河南新乡量产

全球高频滤波器领域迎来 "中国玩家"，"中国智造" 故事又多了一位 "续写者"。2023 年在新乡经开区，河南科之诚第三代半导体碳基芯片有限公司研发的金刚石基 2～10 GHz 高频射频滤波器已经完成核心技术攻关，即将实现量产。他们以很低的成本，实现了高频滤波器的国产化，在打破国外垄断的同时，有望推动滤波器芯片价格大幅下降。

滤波器是射频前端的核心部件之一，其主要应用于无线通信领域中，其中手机占据着约 70% 的需求。滤波器有什么作用？ "这就好比身处一个嘈杂的菜市场内，我只想听到你说的话，那就需要过滤掉其他的杂音，这就是滤波器的作用。" 河南科之诚第三代半导体碳基芯片有限公司负责人谢波玮解释说。据介绍，我国每年大约需要 200 亿颗滤波器芯片，其中低频滤波器 90% 以上从国外进口，价格更高的高频滤波器更是无法自主生产。"之所以会这样，主要源于材料和专利的限制。" 谢波玮说，一方面，国内目前无法大规模生产制造滤波器芯片的材料——高品质电子级铌酸锂、钽酸锂单晶；另一方面，国外长期的发展已经形成了明确的专利壁垒。也就是说，高频滤波器要真正实现国产化，就必须在芯片基础材料和专利技术上双双取得突破。

　　科之诚公司与中国科学院电工研究所经过 8 年的联合攻关，在基础材料领域提出了"金刚石＋氮化铝"的材料体系，在电路设计方面全新设计了"螺旋结构的 IDT 换能电路"，最终推出了高频金刚石基射频滤波器产品，绕过了传统技术路线的专利限制，打破了国外在高频滤波器领域的垄断，填补了国内空白。2023 年初，该项目从全国 2800 多个技术项目中脱颖而出，获得了由科技部主办的 2022 年全国颠覆性技术创新大赛总决赛最高奖——优胜奖，并被推荐进入科技部颠覆性技术备选库。事实上，用金刚石晶片制造滤波器芯片早有前人尝试，虽然产品性能非常好，但单颗芯片成本在 1000 元以上，这只能在军工等特殊领域中应用，无法实现产业化。科之诚公司的思路是，不完全采用金刚石作为基础材料，而是依然以硅基晶圆片为支撑层，让金刚石以薄膜的形式"生长"在上面，作为功能层再进行电路设计。在实际攻关中，该公司突破了"大面积、高平整度金刚石薄膜沉积""氮化铝多元素共掺杂、高平整度 C 轴择优取向薄膜"等技术难点，成功将一块芯片的金刚石使用成本从 1000 元降到了 0.1 元。目前，科之诚公司已申请了多项专利，掌握了 2 英寸至 6 英寸硅基金刚石薄膜制备工艺、2 英寸至 6 英寸取向压电薄膜制备工艺，以及金刚石基射频滤波器芯片的设计、半导体工艺、封装、检测技术，并完成全工艺流片验证，将高频滤波器芯片的总体成本控制在 0.6 元左右，形成了巨大的价格优势。

　　世界超硬材料看中国，中国超硬材料看河南。河南省超硬材料产量占全球的 70% 以上，人造金刚石产量占全国的 80%，得天独厚的产业基础和政策支持成了科之诚公司落户新乡的主要原因。同时，新乡经开区在用地、融资等方面同样给予了大量帮助。业内专家评价，科之诚公司的这项技术将拓展金刚石在新领域的应用，进一步巩固河南在人造金刚石领域的引领地位，未来有望在国内打造一个产值数百亿元的涵盖金刚石基多层膜晶圆、滤波器芯片制造、封装测试的第三代半导体产业集群。

　　2. 话题讨论

　　(1) 在本章讲到的 PCB 布局中，哪些布局细节与滤波有关？

　　(2) 从上述材料中分析思索制约我国电子行业发展的基础技术有哪些方面？请试着从政府、高校、企业的角度分析并提出合理的建议来帮助行业发展。

　　(3) 尝试设计、绘制、焊接各种滤波电路，并进行应用测试。

▰▰ 实训拓展题

　　1. 根据图 3-78、图 3-79 所示绘制定时器电路，在合适的路径下新建"姓名＋学号后两位＋报警电路"工程文件，建立"姓名＋学号后两位＋报警电路"原理图文件，建立"姓

名 + 学号后两位 + 定时器电路" PCB 文件。

(1) 在原理图中设置图纸大小为 6000 mil × 6000 mil，图纸中去掉标题栏，在电路图旁边的位置写上自己的姓名和学号。完成原理图的绘制并修改封装如图 3-73 所示，并进行 ERC 检测。

(2) 在 PCB 中设置板框大小为 3000 mil × 2000 mil，将器件导入 PCB 中，采用单面底层布线，电气间距均为 10 mil，普通线宽为 10 mil，VCC 和 GND 信号线宽为 20 mil，在 PCB 板上写上自己的姓名和学号，完成 PCB 图的绘制。

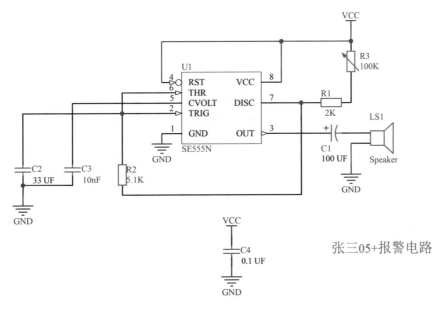

图 3-78 报警电路原理图

	Comment	Description	Designator	Footprint	LibRef	Quantity
1	Cap Pol1	Polarized Capacit...	C1	RB7.6-15	Cap Pol1	1
2	Cap	Capacitor	C2, C3	RAD-0.3	Cap	2
3	Cap	Capacitor	C4	RAD-0.1	Cap	1
4	Speaker	Loudspeaker	LS1	PIN2	Speaker	1
5	Res2	Resistor	R1, R2	AXIAL-0.4	Res2	2
6	Res Adj2	Variable Resistor	R2	AXIAL-0.6	Res Adj2	1
7	SE555N	General-Purpose...	U1	DIP8	SE555N	1

图 3-79 原理图的 BOM 清单

2. 根据图 3-80、图 3-81 所示绘制直流稳压源电路，在合适的路径下新建"姓名 + 学号后两位 + 直流稳压源电路"工程文件，建立"姓名 + 学号后两位 + 直流稳压源电路"原理图文件，建立"姓名 + 学号后两位 + 直流稳压源电路" PCB 文件。

(1) 在原理图中设置图纸大小为 A4，图纸中去掉标题栏，在电路图旁边的位置写上自己的姓名和学号。完成原理图的绘制并修改封装如图 3-81 所示，并进行 ERC 检测。

(2) 在 PCB 中设置板框大小为 4800 mil × 2300 mil，将器件导入 PCB 中，采用单面底层布线，电气间距均为 10 mil，普通线宽为 12 mil，VCC 和 GND 信号线宽为 30 mil，在

PCB 板上写上自己的姓名和学号，完成 PCB 图的绘制。

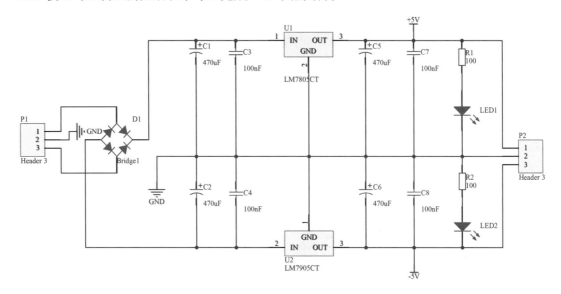

图 3-80　直流稳压源电路原理图

	Comment	Description	Designator	Footprint	LibRef
1	Cap Pol1	Polarized Capacitor (Radial)	C1, C2, C5, C6	RB7.6-15	Cap Pol1
2	Cap	Capacitor	C3, C4, C7, C8	RAD-0.3	Cap
3	Bridge1	Full Wave Diode Bridge	D1	D-38	Bridge1
4	LED0	Typical INFRARED GaAs LED	LED1, LED2	LED-0	LED0
5	Header 3	Header, 3-Pin	P1, P2	HDR1X3	Header 3
6	Res2	Resistor	R1, R2	AXIAL-0.4	Res2
7	LM7805CT	Series 3-Terminal Positive Regula...	U1	T03B	LM7805CT
8	LM7905CT	3-Terminal Negative Regulator	U2	T03B	LM7905CT

图 3-81　直流稳压源电路原理图的 BOM 清单

第 4 章　库的设计与制作——数字摄像头电路

4.1　电路的基础分析

在电路设计中常常会遇到用摄像头实现物体识别、状态监测等需求，在参加各类竞赛时控制类题目也经常会用到，故本章将以 OV7725 摄像头电路的绘制为例，带读者去了解并熟悉数字摄像头电路的原理。关于 OV7725 的具体使用方法可以参考它的数据手册。

OV7725 是 OmniVision(美商) 公司生产的一颗 1/4 英寸 (注：1 英寸 = 2.54 厘米) 的 CMOS VGA(640 像素 × 480 像素) 数字图像传感器，该传感器体积小，工作电压低 (典型电压为 3.3 V)，能提供单片 VGA 摄像头和影像处理器的所有功能。该产品的 VGA 图像输出最高可达 60 帧 / 秒，用户可以完全控制图像质量、数据格式和传输方式。通过 SCCB 总线控制，OV7725 可以输出整帧、子采样、取窗口等方式的各种分辨率，以及 10 位或 8 位影像数据。所有图像处理功能过程包括伽马曲线、白平衡、色度等都可以通过 SCCB 接口编程。OV7725 图像传感器应用了独有的传感器技术，通过减少或消除光学或电子缺陷，如固定图案噪声、托尾、浮散等，以提高图像质量，得到清晰而稳定的彩色图像。其主要特性如下：

(1) 支持 VGA、QVGA，以及从 CIF 到 40 × 30 分辨率的各种尺寸的输出。

(2) 支持 RawRGB、RGB(RGB4:2:2、RGB565/RGB555/RGB444)、YUV(4:2:2) 和 YCbCr (4:2:2) 输出格式。

(3) 具有自动图像控制功能：自动曝光 (AEC)、自动白平衡 (AWB)、自动消除灯光条纹、自动黑电平校准 (ABLC) 和自动带通滤波器 (ABF)。

(4) 支持图像质量控制：色彩饱和度调节、色调调节、gamma 校准、锐度和镜头校准等。

(5) 支持图像缩放、平移和窗口设置。

(6) 具有标准的 SCCB 接口。

(7) 高灵敏度、低电压适合嵌入式应用。

OV7725 数字图像传感器的应用电路比较简单，除了部分电源电路外，设计了有源晶振，用于产生 12 MHz 时钟，作为 OV7725 传感器的 XCLK 输入，还设计了一个 FIFO 芯片 (AL422B)，该 FIFO 芯片的容量是 384 KB，能足够存储 2 帧 QVGA 的图像数据。最终设计的 OV7725 数字摄像头模块通过一个 2 × 9 的双排排针 (P1) 与外部通信，与外部的通信信号如表 4-1 所示。

表 4-1　P1 接口信号描述

信　号	作用描述	信　号	作用描述
VCC3.3	模块供电脚，接 3.3 V 电源	FIFO_WEN	FIFO 写使能
GND	模块地线	FIFO_WRST	FIFO 写指针复位
OV_SCL	SCCB 通信时钟信号	FIFO_RRST	FIFO 读指针复位
OV_SDA	SCCB 通信数据信号	FIFO OE	FIFO 输出使能 (片选)
FIFO_D[7:0]	FIFO 输出数据 (8 位)	OV_VSYNC	帧同步信号
FIFO_RCLK	读 FIFO 时钟		

图 4-1 所示为本章要实现的 OV7725 数字摄像头模块实物图，图 4-2 为 OV7725 数字摄像头模块电路原理图。

图 4-1　OV7725 数字摄像头模块实物图

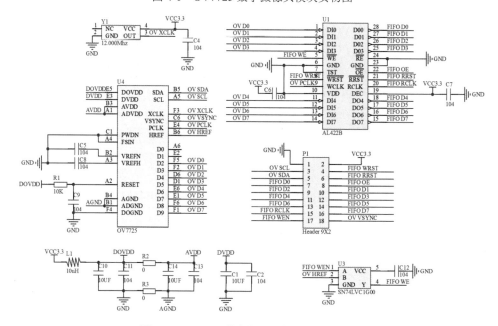

图 4-2　OV7725 数字摄像头模块电路原理图

4.2　原理图的元器件设计

随着电子行业中各类新型元器件的不断推出，在电路设计中经常会遇到系统提供的元

器件库中没有元器件，这时就需要用户自己动手创建新元器件的电气
图形符号，或者到 Altium 公司的网站下载最新的元器件库了。

原理图库编辑器
界面介绍

4.2.1 认识原理图库编辑器

原理图库编辑器的界面与原理图的编辑界面相似，但增加了专门
用于元器件设计的工具。

1. 启动元器件库编辑器

在软件初始界面中执行菜单"File"→"New"→"Library"，这时会弹出一个"New
Library"的弹窗，如图 4-3 所示，选择"Schematic Library"，然后单击下面的"Creat"按钮。
系统将打开原理图库编辑器并自动产生一个原理图库文件"Schlib1.SchLib"，同时自动新
建元器件"Component"，如图 4-4 所示。执行菜单"File"→"Save As..."命令，将该库
文件保存到指定文件夹中。

图 4-4 中元器件库编辑器的工作区可划分为 4 个象限，像直角坐标一样，其中心位置
坐标为 (0，0)，元器件通常在中心位置绘制，如果绘制的元器件图标距离中心位置较远，
则会出现当放置元器件图标到原理图中时，元器件远离光标位置的现象，也就是中心的位
置会被默认为以后放置元器件的光标位置。

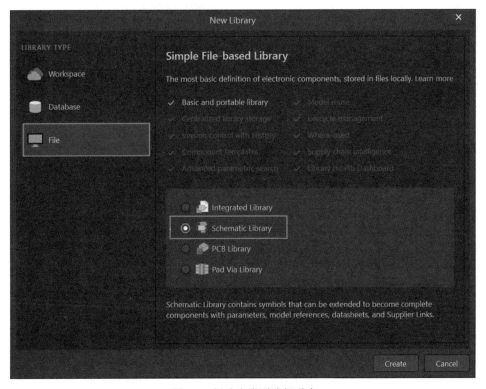

图 4-3　新建库类型选择弹窗

图 4-4　原理图库编辑器界面

2. 使用元器件绘制工具

原理图的元器件设计需要使用绘制工具，Altium Designer 22 提供了绘图工具、IEEE 符号工具及"Tools"菜单下的相关命令来帮助设计者完成元器件的绘制。

执行菜单"View"→"Toolbars"→"Utilities"命令，打开实用工具栏，在该工具栏中包含 IEEE 工具栏、绘图工具栏及栅格设置工具栏等。

1) 绘图工具栏

单击实用工具栏中的 按钮图标，即打开绘图工具栏。利用绘图工具栏可以新建元器件，增加元器件的功能单元，绘制元器件的外形及放置元器件的引脚等，其按钮作用与原理图中绘图工具栏对应的按钮作用相同。与绘图工具栏对应的菜单命令均位于"Place"菜单下，绘图工具栏的按钮功能如表 4-2 所示。

表 4-2　原理图库绘图工具栏的按钮功能表

按钮	功　能	按钮	功　能	按钮	功　能
	放置线		放置贝塞尔曲线		放置椭圆弧
	放置多边形		放置文字字符串		放置超链接
	放置文本框		新建元器件		增加功能单元
	放置矩形		放置圆角矩形		放置椭圆
	放置图像		放置引脚		

2) IEEE 工具栏

单击实用工具栏中的 ▇ 按钮图标，打开 IEEE 工具栏。IEEE 工具栏用于为元器件符号添加常用 IEEE 符号，其主要用于逻辑电路中。放置 IEEE 符号也可以通过执行菜单"Place"→"IEEE 符号"命令进行。IEEE 工具栏的按钮功能如表 4-3 所示。

表 4-3　原理图库中 IEEE 工具栏的按钮功能表

按钮	功　能	按钮	功　能	按钮	功　能	按钮	功　能
○	点	←	左右信号流	▷	时钟	⊣	低电平输入
⊓	模拟信号输入	⊁	非逻辑连接	⅂	延迟输出	◇	集电极开路
▽	高阻	▷	大电流	∏	脉冲	⊥	延时
⅃	线组	}	二进制组	⅃	低电平输出	π	PI 符号
≥	大于等于	⇔	集电极开路上拉	◇	发射极开路	◇	发射极开路
#	数字信号输入	▷	反相器	⊅	或门	◁▷	输入 / 输出
⊃	与门	⊅	异或门	←	左移位	≤	小于等于
∑	求和	⊓	施密特电路	→	右移位	◇	开路输出
▷	左右信号	◁▷	双向信号流				

3) 栅格设置工具栏

单击实用工具栏中的 ▇ 按钮图标，打开栅格设置工具栏。栅格工具栏里面包含 Cycle Snap Grid(G)、Cycle Snap Grid(Reverse)(Shift + G)、Set Snap Grid…等栅格设置，前两个选项可以在 10 mil、50 mil、100 mil 之间循环切换捕捉栅格。

3. 设置元器件库编辑器参数

1) 将光标定位到坐标原点

在绘制元器件图形时，一般要求从坐标原点处开始设计，而在实际操作中光标移动会造成光标偏离坐标原点，进而影响到元器件的设计。执行菜单"Edit"→"Jump"→"Origin"命令，光标将跳回到坐标原点处。

2) 设置栅格尺寸

执行菜单"Tools"→"Document Options"命令，右侧弹出"Properties"对话框，在"General"区中设置"Visible Grid"（可视栅格）和"Snap Grid"（捕获栅格）尺寸。在绘制不规则图形时，有时还需要适当减小捕获栅格的尺寸以便完成图形绘制，但在绘制完毕后，需要将捕获栅格尺寸还原。一般建议使用 50 mil 的栅格尺寸，在绘制原理图时也推荐使用 50 mil 的栅格尺寸，这样可以避免连接不到位的情况。

3) 关闭自动滚屏

单击 ⚙ 按钮，或者执行菜单"Tools"→"Preferences"命令，弹出"Preferences"对话框，选择"Schematic"下的"Graphical Editing"（图形编辑）选项，取消"Auto Pan Options"区的"Enable Auto Pan"前面的复选框，取消自动滚屏。这样光标移到工作区边沿时，就不会产生自动滚屏。

4) 设置栅格颜色

在元器件设计中，引脚一般要放置在栅格上，为了更好地显示栅格，一般会把栅格的颜色设置为灰色，以便于识别。单击 ⚙ 按钮，或者执行菜单"Tools"→"Preferences"命令，弹出"Preferences"对话框，选择"Schematic"下的"Grids"（栅格）选项，在"Grid Options"区中单击"Grid Color"后的色块，设置栅格颜色为灰色。

4. 新建元器件

1) 新建元器件

新建元器件库后，系统会自动在该库中新建一个名为 Component 的元器件。若要再新建元器件，有三种方法可以实现：第一种，可以执行菜单"Tools"→"New Component"命令，弹出"New Component"（新元器件）对话框；第二种，在绘图工具栏中找到"Creat Component"并单击，弹出"New Component"对话框；第三种，单击界面左侧"SCH Library"面板底部的"Add"按钮，弹出"New Component"对话框。在"New Component"对话框中输入元器件名后，单击"OK"按钮就创建了新的元器件。

2) 元器件更名

新建元器件库后，系统自动创建的元器件名为 Component，通常需要对其进行更名。如图 4-5 所示，单击左侧元器件库编辑管理器中元器件列表右下方的"Edit"按钮，右侧弹出"Properties"对话框，在"General"区的"Design Item ID"栏后输入新的元器件名，在工作区空白处单击即可完成元器件名的更改。

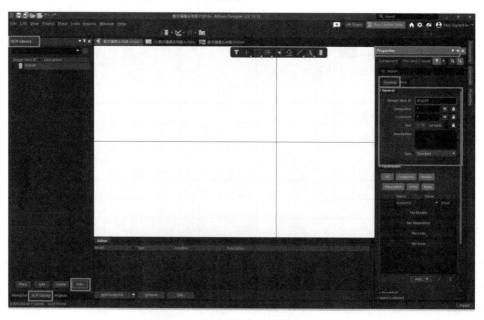

图 4-5　修改原理图库中元器件的名字

4.2.2　手动创建原理图库中的元器件

1. 普通元器件的设计

绘制普通元器件

AL422B 是 AverLogic 公司推出的一种存储容量为 3 MB 的视频帧数据缓存器，它的存储器结构为先进先出 (FIFO, First In First Out)，其接口非常简单。AL422B 容量很大，可存储 2 帧图像的完整信息，其工作频率可达 50 MHz。

1) 绘制元器件图形

执行菜单"Place"→"Rectangle"命令，或在绘图工具栏中单击 ▢ 按钮，在坐标原点单击定义矩形块起点，移动光标拉出一个大小合适的矩形块，再次单击确定矩形块的终点，至此就完成了矩形块的放置，右击可退出放置状态。首次绘制的时候可以根据目测拉一个合适的矩形框，在后续放置引脚时，可以根据实际情况再调整矩形框的大小，单击矩形框在其边缘会出现八个绿色的调整点，拖动调整点就可以调整矩形框的大小。

2) 放置引脚

执行菜单"Place"→"Pin"命令，或在绘图工具栏中单击 按钮，光标上将会黏附一个引脚，按 Space 键可以旋转引脚的方向，移动光标到要放置引脚的位置，单击放置引脚。引脚只有一端具有电气特性，在放置时应将带有引脚名称的一端与元器件图形相连，引脚端口有灰色"×"的就是具有电气特性的一端，应把这端放在对外的方向，如图 4-6 所示。本例要求在图上相应位置处放置引脚 1～28。

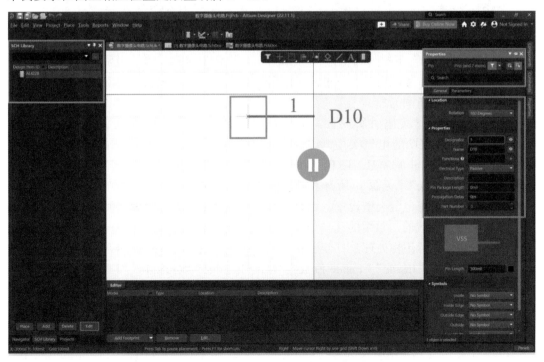

图 4-6　原理图库引脚的放置

3) 设置引脚属性

在引脚还未放置且处在浮动状态时，或者放置后双击某个引脚 (如引脚 5) 时，右侧会弹出"Properties"对话框。在"Properties"区中设置引脚属性，如图 4-7 所示，其中"Designator"设置为 5，表示引脚号为 5；"Name"设置为"W\E\"，表示引脚名为 $\overline{WE}$；"Electrical Type"下拉列表框设置引脚的电气类型，设置为"Passive"，表示该引脚为无源；"Pin Length"设置引脚长度，图中设置为 300 mil。在这里同样可以设置元器件符号引脚标识和引脚信息的显示与隐藏，单击输入栏后面的 ◎ 即可。

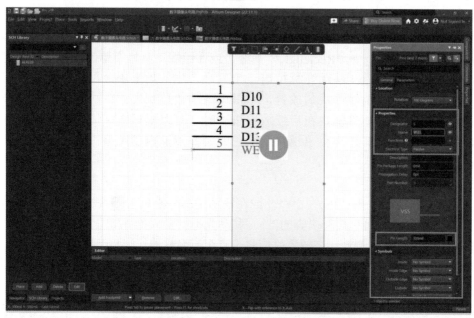

图 4-7 设置引脚属性

"Electrical Type"下拉列表框中共有 Input(输入)、I/O(双向输入 / 输出)、Output(输出)、Open Collector(集电极开路)、Passive(无源)、Hiz(高阻)、Open Emitter(发射极开路) 及 Power(电源) 这 8 种选择。

参考图 4-8 设置其他引脚属性。其中，引脚 DI0～DI7 的电气类型为"Input"(输入)；引脚 DO0～DO7 的电气类型为"Output"(输出)；引脚 VDD、GND 的电气类型为"Power"(电源)；引脚 $\overline{WE}$、TST、$\overline{WRST}$、$\overline{RE}$、$\overline{OE}$、RRST、RCLK、WCLK、DEC 的电气类型为"Passive"(无源)；所有引脚长度均设置为 300 mil。

每个引脚不仅有电气类型设置，还有边缘设置，例如，有些引脚是时钟引脚，有些输出引脚是低电平有效的，常用的几种边缘设置类型如图 4-8 所示，这几种类型在绘制的时候要对元件边缘做标记性处理。打开引脚的属性面板，执行"Properties"中的"Symbols"部分，里面包括有"Inside""Inside Edge""Outside Edge""Outside""Line Width"5 个选项，每个选项的设置内容如下：

(1)"Inside"中包括"No Symbol"(无符号)、"Postponed Output"(延迟输出)、"Open Collector"(集电极开路)、"Hiz"(高阻)、"High Current"(大电流)、"Pulse"(脉冲)、"Schmitt"(施密特)、"Open CollectorPull Up"(上拉式集电极开路)、"Open Emitter"(发射极开路)、"Open EmitterPull Up"(上拉式发射极开路)、"Shift Left"(左移)、"Open

Output"（输出开路）、"Internal Pull Up"（内部上拉）、"Internal Pull Down"（内部下拉）。

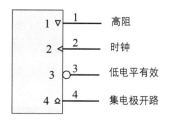

图 4-8　常用的几种边缘设置类型

（2）"Inside Edge"中包括"No Symbol"（无符号）、"Clock"（时钟）。

（3）"Outside Edge"中包括"No Symbol"（无符号）、"Dot"（点，低电平有效）、"Active Low Input"（有源低电平输入）、"Active Low Output"（有源低电平输出）。

（4）"Outside"中包括"No Symbol"（无符号）、"Right Left Signal Flow"（从右向左信号流）、"Analog Signal In"（模拟信号）、"Not Logic Connection"（非逻辑连接）、"Digital Signal In"（数字信号）、"Left Right Signal Flow"（从左向右信号流）、"Bidirectional Signal Flow"（双向信号流）。

（5）"Line Width"中包括"Small""Smallest"。

（·）小提示

　　原理图库中已经绘制好的元器件符号，要批量修改元器件的引脚长度，可以任意选中一个引脚右击，在弹出的菜单中执行"Find Similar Objects…"命令，在弹出的"Find Similar Objects…"对话框中选择"All Components"选项，并单击"OK"按钮，可以看到器件方框变暗了，表明其目前处于非选择状态，执行 Ctrl + A，则全部引脚将被选中，在弹出的 Properties 对话框"Pin Length"文本框中修改参数即可批量修改所有的引脚长度。如果要取消器件方框的非选择状态，可以右键"Clear Filter"。

4) 设置元器件属性

在"SCH Library"中绘制好元器件符号后，还要注意修改元器件属性。打开元器件的"Properties"对话框，设置元器件属性。

在图 4-9 中，"Properties"区的"Designator"栏用于设置元器件默认的标号，图中设置为"U?"，即在原理图中放置元器件后屏幕上显示的元器件标号为"U?"；"Comment"栏一般用于设置元器件的型号或标称值，集成电路一般设置为其型号，图中设置为"AL422B"；"Description"栏用于设置元器件的功能等信息说明，可以不设置，图 4-9 中设置为"FIFO 数据缓存器"。在面板下面的"Parameters"区中，可以单击"Add"按钮添加元器件封装，方法与原理图中的操作类似，也可以暂时不添加，在以后的原理图绘制中再添加，但如果该元器件在原理图中应用得较多，推荐操作者在原理图库中直接添加好封装。

以上设置完毕后，注意保存元件，到此 AL422B 芯片在原理图库中的图形符号基本就绘制完成了。如果要在原理图中使用该图形符号，预先将原理图文件保持打开状态，然后回到原理图库编辑界面，在左侧的"SCH Library"面板中找到"Place"按钮单击，此时界面自动跳转到原理图中，在合适位置单击即可。在原理图中放置元器件 AL422B 时，除了显示元器件图形外，还会显示"U?"和"AL422B"。此外，要调用原理图库中的内容，也可以在原理图编辑界面中参考 3.2.1 节内容，以添加元器件库的方式找到所需的原理图库路径，并调用元器件。

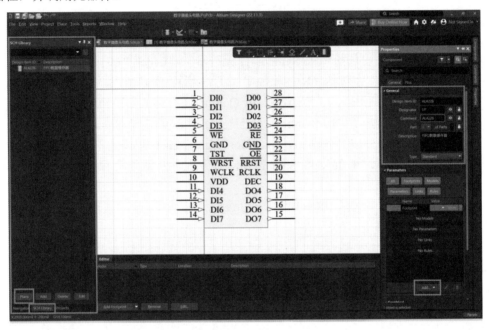

图 4-9　原理图库元器件属性设置

2. 多子单元元器件的设计

在某些数字集成电路中含有多个相同的子单元（如各种逻辑门等），每个子单元的图形符号都是一致的，对于这类元器件，只需设计一个基本符号，再通过适当的设置即可完成整个元器件的设计。从图 4-10 所示的 SN74LS00 的实物图可以看到，它有 14 个引脚。图 4-11 是 SN74LS00 的内部结构图，它由 4 个二输入的与非门和电源组

绘制多子单元
元器件

成。在绘制其原理图库图标时我们可以采用上面的普通元器件的绘制方法，如图 4-12 所示。在阅读者不了解该芯片的功能时采用图 4-13 所示的方式会大大提高原理图的可读性，让阅读者快速判断电路的功能。

图 4-10　SN74LS00 的实物图

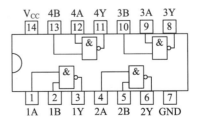

图 4-11　SN74LS00 的内部结构

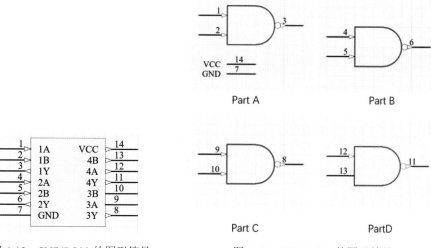

图 4-12　SN74LS00 的图形符号　　　　图 4-13　SN74LS00 的图形符号

从图 4-13 中可以看到，SN74LS00 这个元器件含有 4 个部分，也就是 4 个与非门，分别将 4 个与门的标号设置为 U1A、U1B、U1C 和 U1D，代表这 4 个与非门同属于元器件 U1，但在实际电路中只需要一块 SN74LS00 芯片，在 PCB 设计时也将只调用 1 个元器件封装。若 4 个与非门的标号分别设置为 U1A、U2A、U3A 和 U4A，则代表实际电路中将用到 4 块 SN74LS00 芯片，在进行 PCB 设计时也将调用 4 个元器件封装，这样就提高了硬件成本，造成了浪费，同时也增加了 PCB 的设计难度。下面以 SN74LS00 原理图图标的画法为例介绍多子单元元器件的设计。

在"Schlib1.Schlib"库中新建元器件 SN74LS00，方法是：执行菜单"Tools"→"New Component"命令或在工具栏的绘图工具栏中找到"Creat Component"并单击或单击界面左侧"SCH Library"面板底部的"Add"按钮，在弹出的"New Component"对话框中输入元器件名"SN74LS00"，单击"OK"按钮。注意：创建新元器件的操作是在当前的原理图库中创建的，一个库中会有多个元器件，不要误认为画一个元器件就要再创建一个原理图库，否则不仅浪费了资源，还给文件管理造成了麻烦。一般一个工程中仅包含一个相关的原理图库。

设置栅格尺寸，将可视栅格设为 100 mil，捕获栅格设为 10 mil。将光标定位到坐标原点，执行菜单"Place"→"Line"命令，按 Tab 键，根据要求及个人喜好调整线的宽度及颜色，绘制元器件的矩形外框，如图 4-14(a) 所示。注意：绘制的时候可以先把外框放置到原理图中，观察元器件大小是否合适，过大或过小都要及时调整。执行菜单"Place"→"Arc"命令，移动光标可以看到光标上有一个圆弧的提示，在矩形框边缘的中心位置单击第一个点以确定弧的中心位置，如图 4-14(b) 所示，然后稍微移动光标以调整圆弧直径，使圆弧直径与矩形框垂直，如图 4-14(c) 所示，之后分别确定上下两个交点位置，如图 4-14(d) 所示，最终可得到图 4-14(e)。用鼠标左键拖住圆弧，按 X 键进行水平翻转，即可得到 4-14(f)，这样图形外框就画好了。

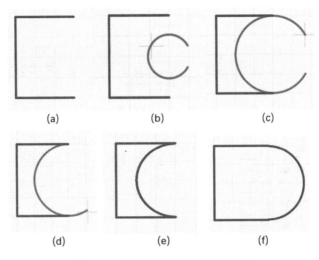

图 4-14　与非门图形外框绘制过程

参照图 4-15 放置 1、2、3 引脚，设置输入引脚 1、2 的"Name"分别为"A""B"，"Electrical Type"为"Input"或"Passive"；设置输出引脚 3 的"Name"为"Y"，"Electrical Type"为"Output"或"Passive"；在"Symbols"区设置"Outside Edge"为"Dot"（表示低电平有效，在引脚上显示 1 个小圆圈）；分别单击"Name"栏后的按钮，将 3 个引脚名都隐藏（不隐藏也可）。至此第一个子单元设计结束。图 4-15 所示的与非门图标是国际常用标准，国家标准符号如图 4-16 所示，国家标准符号是直接画矩形框并在上面放入带"&"的文本绘制成的。

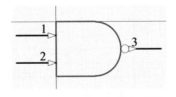

图 4-15　国际标准与非门符号

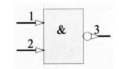

图 4-16　国家标准与非门符号

由于 SN74LS00 中含有 4 个相同的子单元，因此可以采用复制的方式绘制其他子单元。执行菜单"Tools"→"New Part"命令，可以在左侧"SCH Library"面板中观察到当前的元器件前面多出了一个▶按钮，单击会出现"PartA""PartB"（即第 2 个子单元），单击"PartB"可以看到右侧出现了一个新的工作窗口。通过同样的操作可以出现"PartC""PartD"。回到"PartA"，用光标拉框选中第 1 个与非门的所有内容，执行菜单"Edit"→"Copy"命令（快捷键 Ctrl + C），所有元素均被复制进入粘贴板。切换到其他 3 个部分，执行菜单"Edit"→"Paste"命令（快捷键 Ctrl + V），将光标移动到坐标原点处单击，就可以将粘贴板中的图件分别粘贴到新窗口中。双击元器件"PartB"的引脚，将引脚 1 的"Designator"改为"4"，将引脚 2 的"Designator"改为"5"，将引脚 3 的"Designator"改为"6"，这样就完成了第 2 个子单元的绘制。采用同样的方法，绘制完成其他两个子单元。其中"PartC"中引脚 9、10 为输入端，引脚 8 为输出端；"PartD"中引脚 12、13 为输入端，引脚 11 为输出端，如图 4-11 所示。在"PartA"中放置电源引脚 14 脚"VCC"和 7 脚"GND"，执行菜单"Place"→"Pin"命令，按下 Tab 键，在弹出的"Properties"对话框中,设置"Designator"为"14","Name"为"VCC","Electrical Type"为"Power",放置电源 VCC。采用同样的方法设置引脚 7,"Designator"为"7","Name"为"GND","Electrical Type"为"Power",放置电源 GND。这里请注意:在编辑引脚的时候一定要认真,一个元器件中出现带有相同的重复引脚是不被允许的。

单击原理图库编辑器左侧的标签"SCH Library",选中"SN74LS00",单击"Edit"按钮,设置"Designator"栏为"U?",设置"Comment"栏为"SN74LS00"。同时单击左下方的"Add"→"Footprint"按钮,添加封装。保存元器件,完成设计。

当在原理图中放置多个子单元元器件时,按 Tab 键,弹出元器件属性"Properties"面板。在"Designator"栏设置元器件标号,如"U1"。在"Part"栏设置元器件的子单元,首先单击🔒锁定按钮,让它变成非锁定状态,再单击前面下拉列表框中的按钮▾,选择第几个子单元,如图 4-17 中选择"PartB"则表示当前选择第 2 个子单元,即元器件标号显示为 U1B。

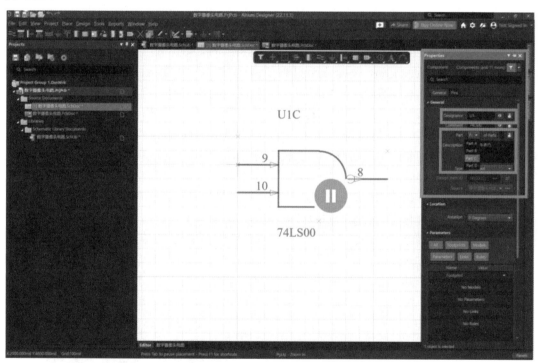

图 4-17　多子单元元器件选择设置

3. 利用原有元器件库的设计

在绘制元器件时,有时想在原有元器件库的基础上做些简单修改以得到新元器件,这样能够简化设计流程,缩短设计时间。操作者可以将某个已有的元器件符号复制到当前自己创建的库中进行编辑修改,生成新元器件。

利用原有库
绘制元器件

在原理图的"Miscellaneous Devices.IntLib"库中观察到虽然有各种样式的电阻和电位器,但无法找到与如图 4-18 所示的电位器 RPOT1 完全一致的器件符号,但如果使用"RES2"再加上一个"→"就能轻松组成想要的设计。下面就以设计电位器 RPOT1 为例介绍这种设计方法。

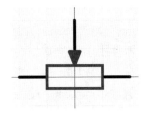

图 4-18　电位器 RPOT1 的原理图符号

(1) 将需要的器件符号从"Miscellaneous Devices.IntLib"库中复制到"Schlib1.Schlib"库中：执行菜单"File"→"Open"命令，弹出"Choose Document to Open"对话框，修改路径，找到 Altium Designer 22 的"Library"文件夹，选择集成元器件库"Miscellaneous Devices.IntLib"，单击"打开"按钮，弹出"Open Integrated Library"对话框，如图 4-19 所示，单击"Extract"(提取)按钮调用该库，之后会弹出"File Format"的弹窗询问加载格式，这个弹窗可以忽略不做修改，单击"OK"。这时在"Projects"面板中可以发现新出现了"Miscellaneous Devices.PcbLib"和"Miscellaneous Devices.SchLib"两个库，如图 4-20 所示，双击其中的"Miscellaneous Devices.SchLib"，就打开了"Miscellaneous Devices.SchLib"的原理图库。再将面板切换到"SCH Library"就能看到该库中的所有元器件信息了，如图 4-21 所示。此时从操作上来说可以对其中任意元器件进行修改操作，但不建议操作者直接在该库中修改，因为一旦修改保存，那么原始的"Miscellaneous Devices.SchLib"库就和原来的不同了，有时错误的修改还会导致部分元器件无法正常使用。所以建议操作者找到需要的元器件后，将原理图符号复制到自己的库中再进行操作和修改。查找、复制完毕后及时关闭"Miscellaneous Devices.SchLib"库，避免初学者因误操作破坏了原库，关闭时也要注意在询问是否保存的弹窗上选择"否"。

本例中需要将电阻"RES2"和"→"一起复制到自己的库中，首先将面板切换到前面创建的"Schlib1.Schlib"库的"SCH Library"中，执行菜单"Tools"→"New Component"命令，修改器件名字为"RPOT1"。切换到打开的"Miscellaneous Devices.SchLib"，全部选中"RES2"，复制器件到"RPOT1"中；再到"RPOT"中选中"→"并复制到"RPOT1"中。

图 4-19　"Open Integrated Library"对话框

图 4-20　显示打开的已有库

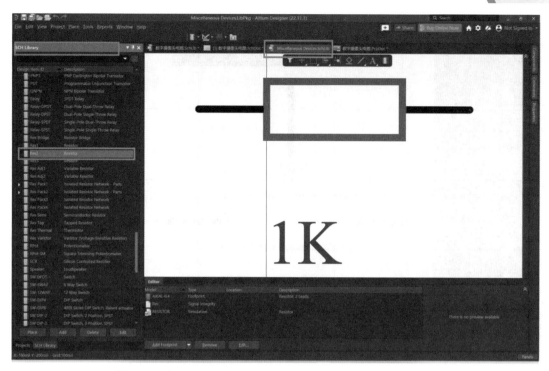

图 4-21　在"Miscellaneous Devices.SchLib"原理图库中的操作

（·小提示）

在打开"Miscellaneous Devices.IntLib"库的时候有可能会弹出"Error"弹窗，上面显示"Invalid file name - %s"，造成这个问题的原因是要打开的库保存在 C 盘中，而要打开 C 盘中的文件，应以管理员身份运行。解决的方法是把要打开的库先复制到其他盘中，再打开其他盘中的库文件。

（2）绘制元器件图形：选中"→"，单击鼠标并拖住，按空格键旋转角度，让箭头方向向下，调整栅格尺寸为 10 mil，细调将箭头放到电阻的上面，如图 4-18 所示。这里请设计者注意，原理图库中的器件引脚都要在栅格上，也就是要满足 10 mil 的倍数关系，并且引脚末端要在栅格的交叉点上，这样才能保证之后在原理图连线时不会出现接触不良或无法连接电气节点的问题。同时这里也要提醒设计者，栅格不是设置得越小越好，而是要根据实际情况进行调整，一般不要小于 10 mil，如果为了精细调整文本位置，可将栅格调小，但之后要注意再及时调整回来。

（3）修改引脚属性：双击元器件的引脚，从左到右将 3 个引脚的"Designator"和"Name"依次修改为"1""3""2"，"Electrical Type"均为"Passive"。

（4）设置元器件属性：选中"RPOT1"，单击"Edit"按钮，将"Designator"栏设置为"Rp?"，"Comment"设置为"RPOT1"，属性设置完毕，如图 4-22 所示。保存元器件，元器件设计完毕。

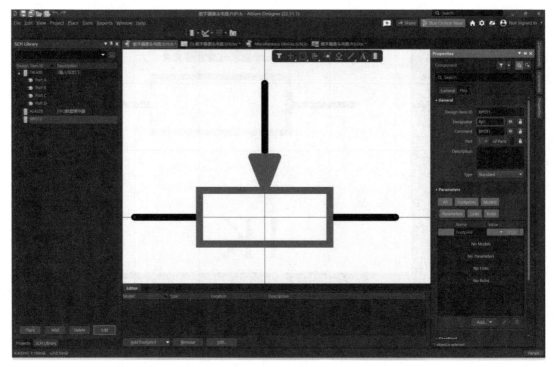

图 4-22　电位器元件属性设置

4.2.3　采用设计向导设计元器件

在 Altium Designer 22 中系统提供了元器件符号的设计向导，利用设计向导可以快速设计规则的元器件，并可以通过复制粘贴的方式设置元器件的引脚信息，这种方法特别适合集成 IC 等元器件的创建，为引脚较多的集成芯片提供了快捷的设计方法。

采用设计向导
设计元器件

下面以设计 STC8H1K16 为例介绍设计向导的使用。通常先上网查找芯片的具体资料，在资料中可以了解元件的引脚信息、引脚排列和封装信息等原理图元件设计中所需的信息，通过复制这些信息快速设计元件。

执行菜单"Tools"→"Symbol Wizard"命令，弹出"Symbol Wizard"对话框。在"Number of Pins"栏设置引脚数，本例设置为"32"；在"Layout Style"栏选择器件式样，本例选择"Quad side"，选择后在右侧显示器件图形；在"Display Name"区设置引脚名；在"Designator"区设置引脚号；在"Electrical Type"区设置引脚电气类型；在"Side"区设置引脚的区域。根据查找到的芯片资料，将引脚的相关信息依次复制到对应的引脚中，并设置好相关信息。

图 4-23 所示为设置好信息的"Symbol Wizard"对话框。至此元器件符号设计就完成了。从图 4-23 中可以看到设计好的元件图形，单击"Place"按钮，选择"Place New Symbol"创建新元件，元器件名默认为"Component_1"。单击"SCH Library"区的"Edit"按钮，将弹出的"Properties"面板中的"Design Item ID"栏修改为"STC8H1K16"，"Designator"栏改为"U?"，"Comment"栏改为"STC8H1K16"。在"Footprint"区单击

"Add"按钮添加元器件封装为"LQFP32"，至此元器件设计完毕。

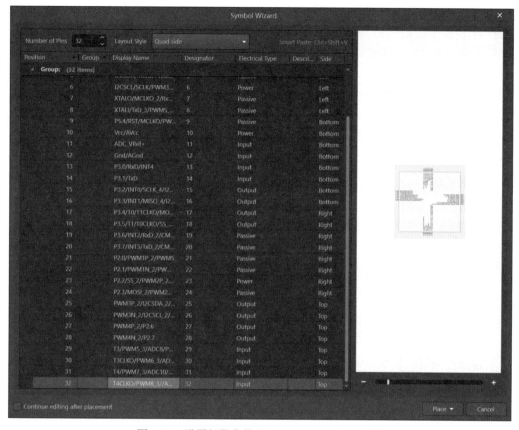

图 4-23　设置好信息的"Symbol Wizard"对话框

（小提示）

　　在 PCB 设计中，如绘制原理图时发现元器件符号的引脚参数有误，则需要返回原理图库中进行修改。元器件符号修改后需手动更新到原理图中，方法是：在"SCH Library"面板中找到要修改的元器件，右击元器件名称，在弹出的菜单中执行"Update Schematic"命令，在弹出的对话框中单击"OK"按钮。

4.3　元器件封装设计

4.3.1　封装设计的准备工作

　　在设计封装之前，首先要做的准备工作是收集元器件的封装信息。我们绘制完 PCB

板后一般会将它交付制板，制板之后再将我们设计的电路图上的元器件焊接在 PCB 板上，如果在此期间发现设计的元器件封装和购买的器件封装不符则要考虑修改。一方面，如果绘制的 PCB 图中的器件封装是标准的，并且确实有这种封装的元器件，那么可以重新购买该封装的元器件，再焊接，这样的损失比较小；另一方面，如果设计中的器件封装通过各种渠道都购买不到，或者本身就是因为操作者封装绘制失误而导致封装尺寸或外形不对，那么只能重新修改 PCB 设计，再次制板了，这样的过程极大地损耗了时间和经济成本，造成不必要的损失。所以在封装设计的这个环节要格外谨慎，搜集具体切实的芯片数据，并要考虑选择的这种封装的芯片的产量和成本情况，避免因缺少供货或价格过高而导致再次修改。元器件的封装信息主要可以通过以下途径获得。

1. 数据手册

一般元器件的数据手册 (Datasheet) 来源于厂家，数据手册中包含引脚信息、封装尺寸、推荐使用的电路等各种详细的元器件数据，是最官方、最准确的数据来源。作为电子专业的从业人员，要具备快速查找数据手册的能力，一般可以登录元器件厂家官网，或者在一些比较大的器件供应商的官网上下载。

2. 游标卡尺精确测量

如果有些元器件找不到相关资料，则只能依靠实际测量，一般需要配备游标卡尺。测量时要准确，特别是引脚间距。

3. 搜索引擎进行查找

对于一些常用的元器件，应用的人比较多，搜索引擎上能够搜索出的数据也比较多，但由于个人认知都是不同的，因此就需要设计者去甄别有效信息。

在封装设计时，要注意元器件的外形轮廓设计和引脚焊盘间的位置关系必须严格按照实际的元器件尺寸进行设计，否则在装配电路板时可能会因焊盘间距不正确而导致元器件不能安装到电路板上，或者因为外形尺寸不正确而使元器件之间发生相互干涉。若元器件的外形轮廓画得太大，则会浪费 PCB 的空间；若画得太小，则元器件可能无法安装。

在 PCB 设计中，封装的选用不能局限于系统提供的库，实际应用时经常会根据 PCB 的具体要求自行设计元器件封装。例如对于电阻的封装，库中提供的 AXIAL-0.3～AXIAL-1.0 都是卧式封装，但在有些 PCB 中为了节省空间，可以采用立式封装，这时就需要自行设计 AXIAL-0.1 的封装了。当设计比较紧急、某个元器件的指定封装找不到时，也可以在库中找到尺寸相符的其他元件封装来暂时使用，这种情况针对各种贴片元器件使用较多，但使用时一定要谨慎，要将焊盘尺寸、轮廓、元器件极性等因素都考虑进去。如果设计时间充足，则可以在原有的封装上进行修改并重新命名封装。

4.3.2　创建元器件封装库

设计印制电路板时需要用到元器件的封装，虽然 Altium Designer 22 中提供了元器件原理图库和元器件封装库，也可以到官网中下载更新，但随着电子技术的迅速发展，新型元器件层出不穷，元器件库不可能包含全部新型元器件，这就需要用户自己设计元器件的封装了。元器件封装有标准封装和非标准封装之分，标准封装可以采用设计向导进行设计，非标准封装则通过手工测量进行设计。

　　进入 Altium Designer 22，创建 PCB 工程文件，执行菜单"File"→"New"→"Library"，在出现的如图 4-24 所示的"New Library"弹窗中选择"PCB Library"，再单击"Create"，则软件会打开 PCB 封装库编辑窗口，可以在左侧"Projects"面板中看到自动生成了一个名为"PcbLib1.PcbLib"的元器件封装库。切换左侧面板下面的选项卡到"PCB Library"面板，可以看到在面板中也创建了一个新的元器件封装"PCBCOMPONENT_1"，如图 4-25 所示。当前工作区面板的标签为"PCB Library"，再次单击左侧面板下面的"Projects"选项卡，则又会切回工程导航栏面板，在工作区面板中显示当前新建的 PCB 库文件"PcbLib1.PcbLib"。

图 4-24　"New Library"弹窗

图 4-25　PCB 封装库编辑界面

单击选中图 4-25 中系统默认的新建的元器件封装"PCBCOMPONENT_1"，执行菜单"Tools"→"Footprint Properties…"命令，或在左侧"PCB Library"面板中单击该元器件封装"PCBCOMPONENT_1"，然后单击下面的"Edit"按钮，都会弹出"PCB Library Footprint [mil]"(PCB 封装库) 对话框 (如图 4-26 所示)，在此可以修改元器件封装的名称。

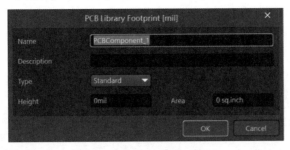

图 4-26　PCB 封装库对话框

采用封装向导
设计封装

4.3.3　采用封装向导设计封装

Altium Designer 22 中提供了封装设计向导，常见的标准封装都可以通过这个工具来设计。下面以 2 输入与非门 SN74LS00 芯片的封装为例，采用"封装向导"的方法来完成该元件的封装制作。制作时应特别注意引脚数、同一列引脚的间距及两排引脚间的间距等参数。

1. 查找 SN74LS00 的封装信息

元器件封装信息可以通过元器件手册查找。由器件手册可以看出该元器件有贴片式、通孔式两种封装类型，本节以设计"SN74LS00"通孔式封装 (即双排直插式 (DIP14)，如图 4-27 所示) 为例来展示封装设计向导的使用方法。

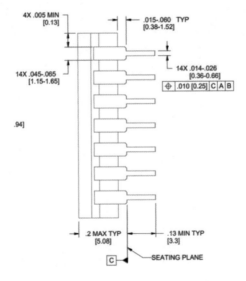

图 4-27　SN74LS00 器件封装形式

2. 使用封装向导设计双排直插式封装 DIP14

SN74LS00 双排直插式封装信息如图 4-28 所示，图中提供了 mm 和 inch 两种单位。

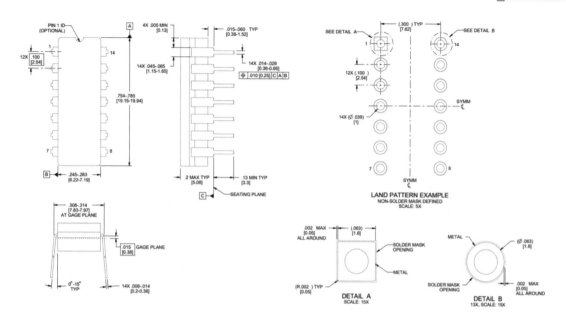

图 4-28　SN74LS00 器件手册中的尺寸信息

从图中可以看出，封装中相邻焊盘的中心间距应该是 2.54 mm；两排焊盘间距离应该是 7.62 mm；焊盘的直径是 1.6 mm，焊盘的孔径至少要大于 0.36 mm，这里取 0.8 mm。在设计焊盘时常常会设定焊盘的直径是孔径的 2 倍，或者是孔径 +1 mm。将数据填入到封装向导中，操作如下：

(1) 进入 PCB 封装库后，执行菜单"Tools"→"Footprint Wizard..."（元器件向导）命令，弹出"Footprint Wizard"弹窗，如图 4-29 所示。

(2) 进入元器件设计向导后单击"Next"按钮，弹出如图 4-30 所示的"Component patterns"对话框，其用于选择元器件的封装类型，共有 12 种选择，包括电阻、电容、二极管、连接器及集成电路常用封装等（详细可参考 3.3.3 节），选中"Dual In-line Packages(DIP)"封装类型，在"Select a unit"的下拉列表框中选择"Metric(mm)"，即公制。

图 4-29　"Footprint Wizard"弹窗

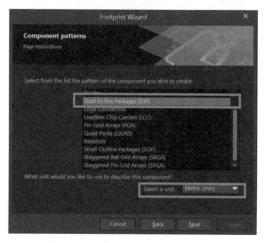

图 4-30　选择封装类型和单位对话框

(3) 选中元器件封装类型后，单击"Next"按钮，弹出如图 4-31 所示的对话框，其用于设置焊盘的尺寸和通孔直径，将孔径设置为 0.8 mm，所有的焊盘直径设为 1.6 mm。这里如果焊盘一个方向的直径大，另一个方向的直径小，焊盘就会变成圆角矩形。

(4) 设置好焊盘的尺寸后，单击"Next"按钮，弹出如图 4-32 所示的对话框，其用于设置相邻焊盘的间距和两排焊盘中心点之间的距离，本例中相邻焊盘间距设置为 2.54 mm，两排焊盘中心间距设置为 7.62 mm。2.54 mm 也就是 100 mil，7.62 mm 也就是 300 mil，今后"2.54"这个数值会经常出现，读者要对它有一定的敏感性。

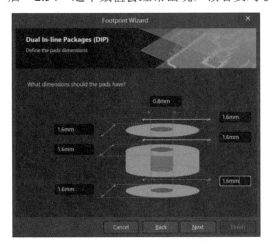

图 4-31　封装向导焊盘尺寸设置

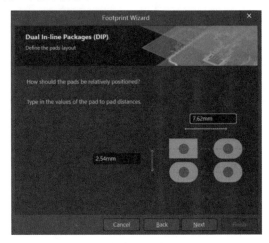

图 4-32　封装向导焊盘间距设置

(5) 焊盘间距设置完毕后，单击"Next"按钮，弹出如图 4-33 所示的对话框，其用于设置封装外框宽度，本例中设置外框宽度为默认的 0.2 mm。

(6) 外框宽度设置完毕后，单击"Next"按钮，弹出如图 4-34 所示的对话框，其用于设置元器件封装的焊盘总数，在本例中芯片有 14 个引脚，故设置焊盘数为 14。

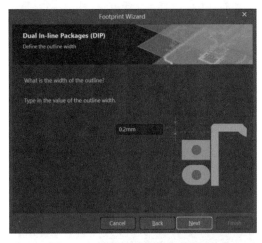

图 4-33　封装向导外框宽度设置

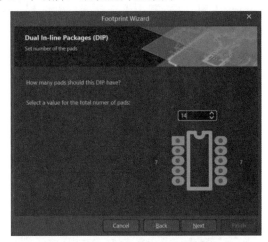

图 4-34　封装向导焊盘个数设置

(7) 焊盘数设置完毕后，单击"Next"按钮，弹出如图 4-35 所示的对话框，其用于设置元器件封装的名称，系统会自动根据焊盘数设置元件封装名为"DIP14"。

(8) 封装名称设置完毕后，单击"Next"按钮，弹出设计结束对话框，单击"Finish"

按钮，结束元器件封装设计。这时屏幕将会显示设计好的元器件封装，如图 4-36 所示，14 个焊盘标号从左上角逆时针依次加 1，图中的矩形焊盘为引脚 1，用于提示操作者芯片的方向。

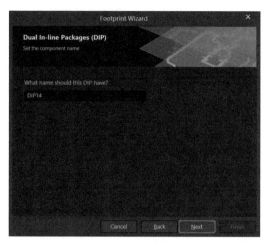

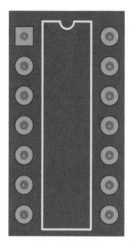

图 4-35　封装向导封装名称设置　　　　　图 4-36　设计完成的 DIP14 封装

从图 4-36 可以看到，此封装是由彩色的焊盘和黄色的边框组成的，外形轮廓一般在丝印层 (Top Overlay) 上绘制，丝印层默认的颜色是黄色；引脚焊盘与元器件的装配方法有关，对于通孔式元器件，焊盘默认放置在多层 (MultiLayer)，颜色是这样的彩色；而对于贴片元器件，焊盘所在层应修改为顶层 (Top Layer)，顶层默认的颜色是红色。

4.3.4　采用 IPC 向导设计封装

Altium Designer 22 支持 IPC(印刷电路组织) 标准的板卡级库和基于向导的组件封装 IPC7351 标准。IPC7351 标准使用 IPC 开发的数学算法，直接使用器件本身的尺寸信息，考虑制造、装配和组件公差情况，创建出准确的真实尺寸的封装模式。除了提供更精确和标准化的封装外，遵从 IPC7351 标准的组件也能更好地支持当今产品的高密度性，同时达到定义的焊接工程目标。

1. IPC 封装主要类型

IPC 封装向导设计的封装类型包括 BGA、BQFP、CFP、CHIP、CQFP、DPAK、LCC、PLCC、MELF、MOLDED、PQFP、QFN、QFN-2ROW、SOIC、SOJ、SOP、SOT223、SOT23、SOT143/343、SOT89 及 WIRE WOUND 等 30 种封装类型。IPC 封装向导主要的特性如下：

(1) 可以设定并查看整体封装尺寸、引脚信息、空间、阻焊层以及尺寸公差。

(2) 可以设置机械尺寸，如围挡大小、装配和元器件体信息。

(3) 向导可以重新进入，以便进行浏览和调整，在每一阶段都能预览封装的 3D 视图。

(4) 在任何阶段都可以单击"Finish"按钮，生成当前预览的封装。

2. 使用"IPC 封装向导"设计双排贴片式封装 SOP28

1) 查找 AL422B 的封装信息

元器件的封装信息可以通过元器件手册查找，本例在前面推荐的"http://www.alldatasheet.com"网站中输入关键词"AL422B"，即可下载搜索到的元器件信息。由器件手册可以看出该元器件的封装类型，如图 4-37 所示，该元器件仅有一种封装形式，即双排贴片式 (SOP28)。

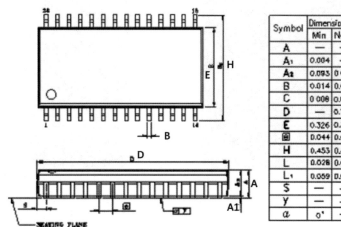

图 4-37　AL422B 器件手册中的尺寸信息

2) 数据填入

将数据填入到封装向导中，操作如下：

(1) 进入 PCB 元器件库编辑器，执行菜单"Tools"→"IPC Compliant Footprint Wizard"命令，弹出"IPC Compliant Footprint Wizard"(IPC 封装向导) 对话框，如图 4-38 所示。

图 4-38　IPC 封装向导对话框

(2) 单击"Next"按钮，弹出如图 4-39 所示的"Select Component Type"(选择元器件类型) 对话框，其用于选择元器件类型，共有 30 种选择，图中选中的为双排小贴片式元器件封装 SOP/TSOP，系统默认单位制为公制 (mm)。

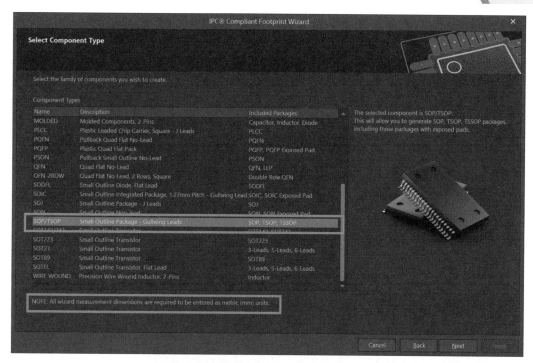

图 4-39　IPC 封装向导中选择封装类型对话框

（3）选中元器件封装类型后，单击 "Next" 按钮，弹出 "SOP 封装尺寸" 对话框，根据图中 "Top View" 和 "End View" 的示例，参考图 4-37 的实际尺寸，设置好相关参数值，具体如图 4-40 所示。

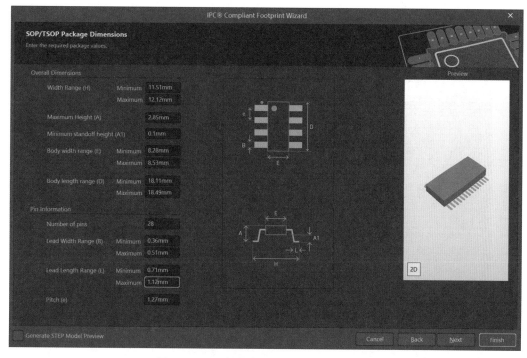

图 4-40　IPC 封装向导封装尺寸设置对话框

　　(4) 封装尺寸设置完毕后，单击"Next"按钮，弹出如图 4-41(a) 所示的"SOP/TSOP Package Thermal Pad Dimensions"（添加热焊盘）对话框，其用于设置热焊盘的参数。在大面积接地铜箔中，元器件的接地引脚与之连接，对连接引脚的处理需要进行综合的考虑，就电气性能而言，引脚的焊盘与铜面满接为好，但对元器件的焊接装配就存在一些不良隐患，如焊接需要大功率加热器，容易造成虚焊点等。兼顾电气性能与工艺需要，做成十字花形焊盘，俗称为热焊盘 (Thermal)。

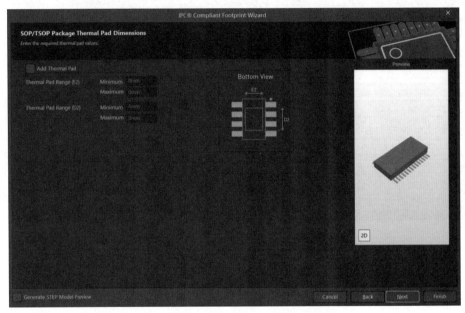

(a) IPC 封装向导中添加热焊盘的对话框

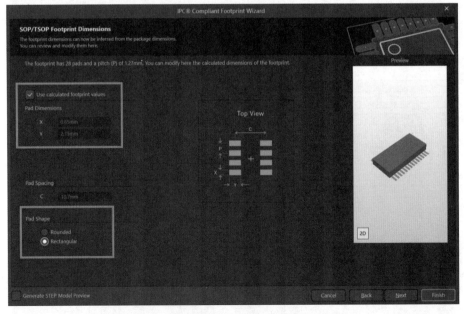

(b) IPC 封装向导中 SOP 封装的焊盘尺寸设置

图 4-41　添加热焊盘对话框与焊盘尺寸的设置

对于一些 SOIC 或 SOP 元器件，由于芯片本身发热量比较大，因此在芯片的下面增加一个长方形的热焊盘区，这个热焊盘区面积较大，通常与芯片的接地引脚连接，用于芯片散热。本例中芯片散热稳定，可以不设置热焊盘。

(5) 热焊盘尺寸设置完毕后，单击"Next"按钮，弹出"SOP/TSOP Package Heel Spacing"对话框，用于设置 SOP 封装引脚脚跟的间距。勾选"Use calculated values"(使用计算值)复选框，由系统自动计算相应参数。引脚脚跟间距设置完毕，单击"Next"按钮，弹出"SOP/TSOP Solder Fillets"对话框，用于设置 SOP 引脚脚尖、脚跟、脚侧填锡，勾选"Use default values"(使用默认值)复选框，采用系统默认参数。填锡参数设置完毕后，单击"Next"按钮，弹出"SOP/TSOP Component Tolerances"对话框，用于设置 SOP 元器件公差，勾选"Use calculated component tolerances"(应用计算元件公差)复选框，由系统自动计算相应参数。元器件公差设置完毕后，单击"Next"按钮，弹出"SOP/TSOP IPC Tolerances"对话框，用于设置 SOP IPC 公差，勾选"Use default values"(使用默认值)复选框，采用系统默认参数。IPC 公差设置完毕后，单击"Next"按钮，弹出"SOP/TSOP Footprint Dimensions"对话框，用于设置 SOP 封装的焊盘尺寸，如图 4-41(b) 所示。勾选"Use calculated footprint values"(使用计算封装值)复选框，由系统自动计算相应参数；选中"Rectangular"复选框，采用矩形焊盘。

(6) 封装尺寸设置完毕后，单击"Next"按钮，弹出"SOP Silkscreen Dimensions"对话框，其用于设置 SOP 封装的丝印尺寸。设置"Silkscreen Line Width"(丝印线宽)为 0.2 mm，勾选"Use calculated silkscreen dimensions"(使用适当丝印尺寸)复选框，由系统自动计算相应参数。

(7) 丝印尺寸设置完毕后，单击"Next"按钮，弹出"SOP/TSOP Courtyard, Assembly and Component Body Information"对话框，用于设置 SOP 封装 3D 模型的围挡、组装和元件体信息，用系统默认设置确定 3D 模型参数。

(8) 3D 模型参数设置完毕后，单击"Next"按钮，弹出"SOP/TSOP Footprint Description"对话框，其用于设置封装名称和封装描述，取消"Use suggested values"(使用建议值)的选中状态，在"Name"栏中将封装名设置为"SOP28"，设置完毕后单击"Next"按钮，弹出"Footprint Destination"对话框，用于选择保存封装的元器件库，勾选"Current PcbLib File"复选框，即可保存在当前的元器件库中。

(9) 元器件库选择完毕后，单击"Next"按钮，弹出"The IPC Compliant Footprint Wizard is complete"(IPC 封装向导已完成)对话框，单击"Finish"按钮完成元器件封装设计，此时屏幕显示设计好的图形封装，如图 4-42 所示。

IPC 封装向导为设计者提供了适合各种贴片类型的封装设计优化方案，在设计中如果设计者不愿进行后面的通用设置可以随时选择"Finish"完成封装设计，这极大地方便了用户，特别是对刚入门的设计者很友好。如果设计者有一定的经验也可以采用普通的封装向导

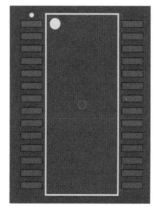

图 4-42　用 IPC 封装向导完成的 SOP28 封装

方法快速设计 AL422B 的双排贴片式封装。器件的信息如图 4-37 所示，图中提供了 inch 和 mm 两种单位，普通封装向导在设计封装时采用任意一种都可以，其中的英制单位 inch 要换算成 mil 才能在软件中使用，1 inch = 1000 mil，从图中可以看出，封装中相邻焊盘的中心间距应该是 ⒠ 图标对应的数字，可以看到中等值是 0.05 inch，也就是 50 mil；两排焊盘间距在 E 和 H 之间，可以设定为 430 mil；焊盘的宽度要大于 B 小于 ⒠，这里取 25 mil，焊盘的长度可以取比 $\dfrac{H-E}{2}$ 略小一点的值，这里取 100 mil。打开 4.3.3 节中介绍的普通封装向导，将数据输入其中，就能得到一个新的 SOP28 封装。上面设定的数值中有的值是固定，如相邻焊盘的中心间距 ⒠，这个值决定了每个相邻引脚之间的纵向距离，如果有偏差后续的引脚差值会越来越大，最终导致数据不准；有的取值可以根据经验估计大致合理的范围，这是由于我们在焊接贴片式集成芯片的时候只确保每个芯片引脚在放置时有更大的活动空间，即使焊盘稍微长出一点也不会影响电路性能，而芯片上内收一点，会更方便焊接，但如果焊盘过长也会影响布局美观还会占用空间，所以在设定贴片焊盘大小和中心间距时要综合考虑，设计多了就能积累更多的经验。

封装设计完成后，可以将元器件封装放置到 PCB 图纸上，方法与 4.2 节中介绍的将原理图库符号放置到原理图中的操作类似。在 PCB 封装库编辑界面左侧的 "PCB Library" 中单击选中要放置的封装，然后单击下面的 "Place" 按钮，界面会跳转到 PCB 编辑界面，在合适的位置单击鼠标左键就可放置封装了。这时如果把采用两种封装向导绘制的 SOP28 放到一起就可以验证封装正确与否了。此外，如果还是不能确定绘制的封装是否正确可以将封装放置到 PCB 中，然后设置打印机以实际的封装尺寸打印出来，将元器件放置到打印纸上，对比元器件的每个引脚是否都能与封装对上即可确定。

4.3.5　手工绘制元器件封装

手工绘制元器件封装的方式一般用于不规则或不通用的元器件，如果设计的元器件符合通用标准，则大都通过设计向导进行快速设计。手工设计元器件封装实际就是利用 PCB 元器件库编辑器的放置工具，在工作区按照元器件的实际尺寸放置焊盘，外框连线等各种图件。手工绘制封装可以是设计者全部绘制所有内容，也可以是利用已有的封装进行简单的修改。下面分别举例介绍。

手工绘制元器件封装

1. 全部手工绘制

1) 立式电阻封装的手工绘制

立式电阻封装采用通孔式设计，如图 4-43 所示，封装名称 AXIAL-0.1，焊盘间距 160 mil，焊盘形状与尺寸为圆形 60 mil，焊盘孔径 30 mil。

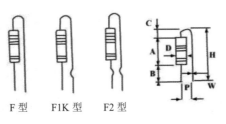

F 型　　F1K 型　　F2 型

图 4-43　立式电阻图示

(1) 创建新的元器件封装 AXIAL-0.1。在当前元器件库中，执行菜单"Tools"→"New Blank Footprint"命令，或者在左侧"PCB Library"面板中单击"Add"，系统将自动创建一个名为"PCBCOMPONENT_1"的新元件。执行菜单"Tools"→"Footprint Properties"命令，或在左侧"PCB Library"面板中单击"Edit"按钮，在弹出的"PCB Library Footprint [mm]"对话框中将"Name"修改为"AXIAL-0.1"。

(2) 设置单位制为英制。执行菜单"View"→"Toggle Units"命令 (快捷键 Q)，将单位制设置为英制。

(3) 设置栅格尺寸。按下快捷键 Ctrl + G，在弹出的"Cartesian Grid Editor [mil]"对话框中设置"Step X"为 10 mil；设置"Fine"和"Coarse"均为"Lines"；设置"Multiplier"为"5x Grid Step"。如果设计中仅要改变栅格尺寸，也可以使用快捷键 G、GG 直接实现。

(4) 执行菜单"Edit"→"Jump"→"Reference"命令，将光标调回坐标原点 (0，0)。

(5) 放置焊盘。执行菜单"Place"→"Pad"命令或在主工具栏里单击⬛按钮，放置焊盘，按下 Tab 键，弹出"Properties"对话框，在"Properties"区域设置"Designator"为 1，"Layer"保持"Multi-Layer"；在"Pad Stack"区域设置"Shape"为"Round"，"X/Y"均为 60 mil，"Hole Size"为 30 mil，其他默认。设置完毕后关闭对话框，将光标移动到原点⬛处，单击将焊盘 1 放下，水平平移光标，距离原点 160 mil 处单击放置焊盘 2，如图 4-44 所示，右击退出放置焊盘状态。

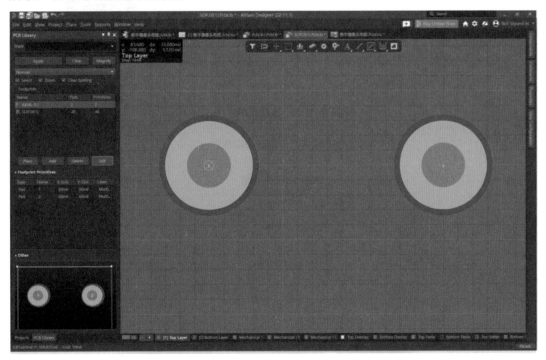

图 4-44　AXIAL-0.1 封装的焊盘设计

(6) 绘制元器件轮廓。将工作层切换到 Top Overlay，执行菜单"Place"→"Arc(Center)"命令放置中心圆，将光标移到焊盘 1 的中心，单击确定圆心，移动光标拉大圆弧略大于焊盘时单击确定圆的半径，在圆弧上任意处单击确定圆的起点，同一位置再次单击确定圆的终点，至此就完成圆的放置。放置圆时，也可以随意放置一段圆弧，然后双击该圆弧，弹出圆弧属性对话框，将"Radius"(半径)设置为 40 mil，将圆弧的"Start Angle"(起始角度)设置为 0，"End Angle"(终止角度)设置为 360，其他默认，关闭对话框完成设置。执行菜单"Place"→"Line"命令，如图 4-45 所示放置直线，放置后双击直线，在弹出的对话框中将"Width"(线宽)设置为 10 mil，至此元器件轮廓设计完毕。

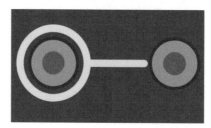

图 4-45　AXIAL-0.1 封装的轮廓设计

(7) 设置参考点为焊盘 1。封装的参考点是在 PCB 设计中放置元器件时光标停留的位置，执行菜单"Edit"→"Set Reference"→"1 脚"命令，将元器件参考点设置在焊盘 1。

(8) 保存元器件。执行菜单"File"→"Save"命令，保存当前元器件参数设置，完成立式电阻封装设计。

2) 贴片晶体管封装 SOT-23 的手工绘制

NUP2105L 是一种双向线性 CAN 总线保护器，芯片外观如图 4-46 所示。从图 4-46 可以看出 NUP2105L 的封装采用了贴片式，图 4-47 是 NUP2105L 器件手册中有关封装的数据图，可以看到该芯片采用了 SOT-23 封装，图 4-48 是该芯片数据手册中推荐的封装设计。

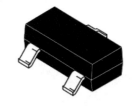

图 4-46　NUP2105L 芯片外观

NUP2105L, SZNUP2105L

PACKAGE DIMENSIONS

SOT–23 (TO–236)
CASE 318–08
ISSUE AR

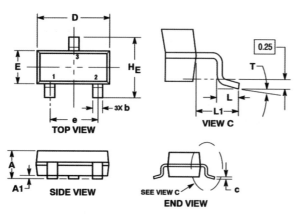

NOTES:
1. DIMENSIONING AND TOLERANCING PER ASME Y14.5M, 1994.
2. CONTROLLING DIMENSION: MILLIMETERS.
3. MAXIMUM LEAD THICKNESS INCLUDES LEAD FINISH.
   MINIMUM LEAD THICKNESS IS THE MINIMUM THICKNESS OF
   THE BASE MATERIAL.
4. DIMENSIONS D AND E DO NOT INCLUDE MOLD FLASH,
   PROTRUSIONS, OR GATE BURRS.

DIM	MILLIMETERS			INCHES		
	MIN	NOM	MAX	MIN	NOM	MAX
A	0.89	1.00	1.11	0.035	0.039	0.044
A1	0.01	0.06	0.10	0.000	0.002	0.004
b	0.37	0.44	0.50	0.015	0.017	0.020
c	0.08	0.14	0.20	0.003	0.006	0.008
D	2.80	2.90	3.04	0.110	0.114	0.120
E	1.20	1.30	1.40	0.047	0.051	0.055
e	1.78	1.90	2.04	0.070	0.075	0.080
L	0.30	0.43	0.55	0.012	0.017	0.022
L1	0.35	0.54	0.69	0.014	0.021	0.027
H$_E$	2.10	2.40	2.64	0.083	0.094	0.104
T	0°	----	10°	0°	----	10°

STYLE 27:
PIN 1. CATHODE
2. CATHODE
3. CATHODE

图 4-47　NUP2105L 器件手册中的封装数据

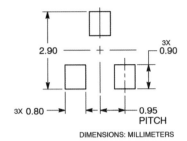

图 4-48　数据手册推荐的封装设计

SOT-23 封装的绘制过程如下：

(1) 在当前元器件库中，执行菜单"Tools"→"New Blank Footprint"命令，或者在左侧"PCB Library"面板中单击"Add"，系统将自动创建一个名为"PCBCOMPONENT_1"的新元件。执行菜单"Tools"→"Footprint Properties"命令，或在左侧"PCB Library"面板中单击"Edit"按钮，在弹出的"PCB Library Footprint [mm]"对话框中将"Name"修改为"SOT-23"。

(2) 设置单位为公制。执行菜单"View"→"Toggle Units"命令 (快捷键 Q)，将单位制设置为公制。

(3) 设置栅格尺寸。按下快捷键 Ctrl + G，在弹出的"Cartesian Grid Editor [mil]"对话框中设置"Step X"为 10 mil；设置"Fine"和"Coarse"均为"Lines"；设置"Multiplier"为"5x Grid Step"。

(4) 执行菜单"Edit"→"Jump"→"Reference"命令，将光标调回坐标原点 (0，0)。

(5) 放置焊盘。执行菜单"Place"→"Pad"命令或在主工具栏里单击 ⬤ 按钮，放置焊盘，按下 Tab 键，弹出"Properties"对话框，在"Properties"区域设置"Designator"为 1(绘制封装从第一个焊盘开始绘制，从图 4-47 可以看到左下角的焊盘是 SOT23 的 1 号引脚)，"Layer"设置为"Top Layer"；在"Pad Stack"区域设置"Shape"为"Rectangular"，"X/Y"中 X 为 0.8 mm、Y 为 0.9 mm，其他默认。设置完毕后关闭对话框，将光标移动到原点 ▨ 处，单击将焊盘 1 放下，水平平移光标，在原点附近单击放置焊盘 2、3，根据图 4-48 所示，如果左下角第一个焊盘的中心坐标是 (0，0)，那右下角的第二个焊盘的中心坐标就是 (1.9，0)，上面的第三个焊盘的中心坐标就是 (0.95，2)。分别双击第二、三个焊盘，在弹出的"Properties"对话框的"Properties"区域的"X/Y"中分别填入两个焊盘中心点的坐标值，得到如图 4-49 的焊盘放置状态。

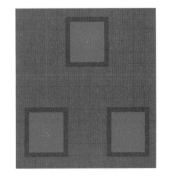

图 4-49　SOT-23 封装的焊盘放置

(6) 绘制元器件轮廓。将工作层切换到"Top Overlay",执行菜单"Place"→"Line"命令,按下 Tab 键,弹出"Properties"对话框,将"Width"设置为 0.2 mm(丝印层宽度不会影响电气效果,此项可以根据需要选择性修改),参照图 4-50 所示放置 1 和 3 焊盘之间的轮廓线。选中完成的轮廓线,执行 Ctrl + C,这时光标变成了一个绿色的大十字光标,这是为粘贴准备参考点,将光标在 3 号焊盘中心点单击一下设定参考点,然后执行 Ctrl + V,这时发现没有变化是因为复制出的轮廓线与原来的处于重合状态,这时一定要确保鼠标不要有任何移动,在键盘上单击 X 键执行水平翻转,就可以看到在对称位置出现了一个新的轮廓线,再单击鼠标左键放置复制的轮廓线,这样就可以画出完全对称的轮廓线了,如图 4-51 所示。

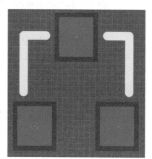

图 4-50　绘制轮廓 (1)　　　　　图 4-51　绘制轮廓 (2)

以上的操作是通过熟练使用复制、粘贴和翻转的功能实现的对称绘图,在操作中可能会发现光标无法准确地移动到三号焊盘的中心点,原因是当前设置的栅格是 10 mil,而 3 号焊盘的横坐标是 0.95,光标无法捕捉,这时可以在键盘上单击 G 键,调整栅格尺寸为 1 mil,这样就能单击到 3 号焊盘的中心点了。在 1 号焊盘的旁边放置引脚指示标记,执行"Place"→"Arc(Center)"(其他画圆工具也能实现),按 Tab 键,在"Properties"中确定板层在"Top Overlay","Width"是 0.2 mm,之后画一个小圆,美观即可没有硬性要求,如图 4-52 所示。轮廓图中加入小圆的原因是 PCB 板设计完之后可以方便设计者快速找到这个元件的 1 号引脚,确认芯片方向。

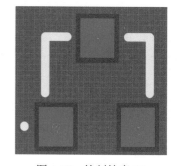

图 4-52　绘制轮廓 (3)

(7) 设置参考点为器件中心。封装的参考点是在 PCB 设计中放置元器件时光标停留的位置,执行菜单"Edit"→"Set Reference"→"Center"命令,将元器件参考点设置在器件中心。

(8) 保存元器件。执行菜单"File"→"Save"命令,保存当前元器件参数设置,至此就完成了 SOT23 的封装设计。

2. 利用原有封装设计新封装

在 PCB 设计中,为了设计方便,设计者有时会将多个库中元器件封装集中到一个库中来,如果一个一个重新设计将会耗费大量时间,在实际应用中可以直接将其他库中已有的封装复制到当前库中。下面以复制集成元器件库"Miscellaneous Devices.IntLib"中的直插晶振元器件封装"R38"为例介绍从其他库中复制封装的方法。

(1) 实现将需要的器件符号从"Miscellaneous Devices.IntLib"库中复制到"Schlib1.Schlib"库中：执行菜单"File"→"Open"命令，弹出"Choose Document to Open"对话框，修改路径找到 Altium Designer 22 的"Library"文件夹打开选择集成元器件库"Miscellaneous Devices.IntLib"，单击"打开"按钮，弹出"Open Integrated Library"对话框，单击"Extract"调用该库，之后会弹出"File Format"的弹窗询问加载格式，这个弹窗可以忽略不做修改，单击"OK"。此时在"Projects"面板中可以发现新出现了"Miscellaneous Devices.PcbLib"和"Miscellaneous Devices.SchLib"两个库，选择"Miscellaneous Devices.PcbLib"，操作方式与 4.2.2 节中的在原理图库中打开复制的方法类似。

(2) 选择要复制的封装库。单击元器件库管理器窗口下方的"Projects"标签，显示当前打开的文件，选中 PCB 封装库"Miscellaneous Devices.Pcblib"，单击"PCB Library"标签，显示当前库中的所有封装。

(3) 选中要复制的封装。按住 Ctrl 键，在元器件库管理器窗口的"Footprint"区单击选中封装"R38"。

(4) 复制封装。选中封装后，执行"Copy"命令，复制上述封装。注意这里依然不要动原始库中的内容，将封装粘贴到自己的库中再行修改。

(5) 粘贴封装。单击元器件库管理器窗口下方的"Projects"标签，选中前面设计的元器件库"PcbLib.PcbLib"，然后单击"PCB Library"标签，在"Footprint"区右击，弹出一个菜单，执行粘贴命令将"R38"封装粘贴到当前库中。

(6) 保存元器件库完成设计。

小提示

> (1) 在 PCB 元器件库中如需测量两个对象之间的距离，可执行菜单栏中的"Report"→"Measure Distance"命令，或者按快捷键 Ctrl + M 测量距离。
> (2) PCB 中测量距离后产生了报告信息，按快捷键 Shift + C 即可清除测量报告信息。

4.3.6　创建元器件的 3D 模型

鉴于现在所使用的元器件的密度和复杂度，PCB 设计人员除了必须考虑元器件间隙外，还应考虑其他设计需求，如元器件高度的限制和多个元器件空间叠放的情况等，此外，还应能将最终的 PCB 转换为机械 CAD 可用的文件类型以便用虚拟产品装配技术全面验证元器

创建元器件
的 3D 模型

件封装是否合格，这已逐渐成为一种趋势。Altium Designer 22 的 3D 模型可视化功能就是为这些不同的需求而研发的，其模型一般建立在机械层 (Mechanical Layer) 上。添加 3D 模型的方法有 2 种，下面分别介绍。

1. 放置 3D Body 创建 3D 模型

3D 模型的创建一般适用于比较简单的元器件，以创建 SN74LS00 元器件 (DIP14 封装) 的 3D 模型为例，创建过程如下：

(1) 放置 3D 元件体。进入 PCB 元器件库编辑器，打开前面设计的 DIP14 封装。将工作层切换到"Mechanical 1"，执行菜单"Place"→"3D Body"命令，沿着元件的丝印边框绘制一个闭合的矩形，放置完毕后右击退出，此时元件封装上就添加了元件体信息，如图 4-53 所示。

(2) 设置元件体的高度。从参考图 4-28 可以看出 SN74LS00 的高度为 5.08 mm，器件身体下面到 PCB 板的距离是 0.38～1.52 mm。双击粉色元件体，弹出"3D Body"对话框，如图 4-54 所示，选中"3D Model Type"区的"Extruded"选项卡，将"Overall Height"设置为 5.08 mm，"Standoff Height"设置为 0.5 mm，关闭对话框完成设置。

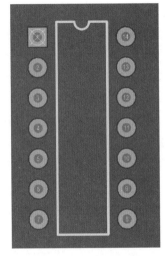

图 4-53　添加元件体

(3) 观察 3D 效果。按下键盘上数字 3 键，观察 3D 模型是否合理，如图 4-55 所示，如有问题按下数字 2 键返回修改，直至符合要求为止。保存元器件封装的参数设置，完成设计。

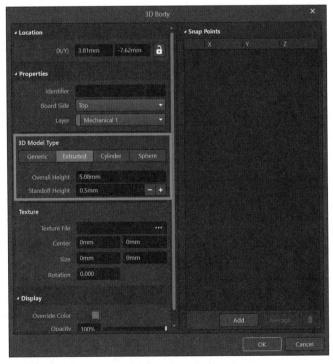

图 4-54　3D 身体的设置

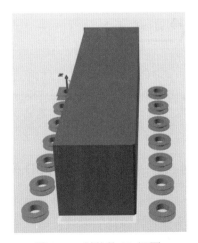

图 4-55　封装的 3D 视图

2. 使用 3D 管理器创建 3D 模型

本例以创建 AL422B 元器件 (SOP28 封装) 的 3D 模型为例，介绍使用 3D 管理器创建 3D 模型的过程如下：

执行 "Tools" → "Manage 3D Bodies for Current Component...", 弹出 "Component Body Manager for component: SOP28[mm]" 对话框, 如图 4-56 所示。在图中的 "Body State" 中有 4 个选项可供选择, 分别单击每一行, 可以看到 3D 元件体添加的不同状态, 根据数据手册中提供的芯片真实数据, 选择其中一种符合要求的设计即可。这里选择如图 4-56 所示的第二种 3D 类型, 输入来自图 4-37 的芯片高度数据, 将 "Standoff Height" 设置为 0.1 mm, "Overall Height" 设置为 2.85 mm, 单击 "Close", 关闭对话框, 此时可看到芯片封装上出现了粉色的元件体。切换到 3D 试图, 即可看到如图 4-57 所示的 3D 效果图。

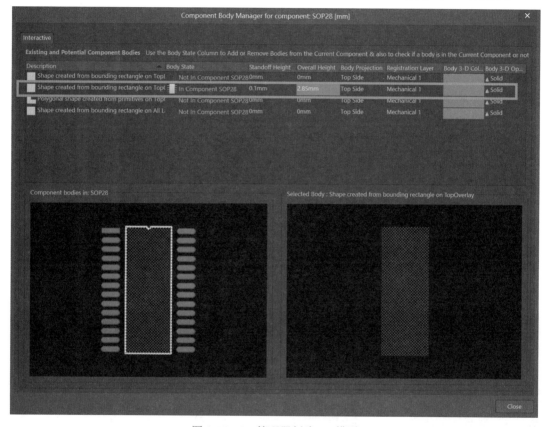

图 4-56　3D 管理器创建 3D 模型

图 4-57　SOP28 封装的 3D 效果图

4.4　集成库的生成

4.4.1　集成库的简介

集成库的生成
与维护

集成库文件的扩展名为"INTLIB"，在 Altium Designer 22 软件中，软件自带的库按照生产厂家的名字分类，存放于软件安装路径下的"Library"文件夹中。如前面章节介绍的原理图库文件的扩展名为"SchLib"，部分原理图库文件包含在集成库文件中，使用者打开集成库文件时用"Extract"将其提取出来以供编辑使用；相同的，PCB 封装库的扩展名是"PcbLib"，如果该封装库文件也包含在集成库文件中也可以提取出来使用，具体参考本书 4.2.2 节和 4.3.5 节。

集成库的优点在于元器件的封装方式等信息已经通过集成库文件与元器件相关联，所以只要信息足够，在后续的印制电路板制作、仿真及信号完整性分析时，就不需要另外再加载相应的库了。

4.4.2　集成库的生成与维护

在 PCB 设计中，有时想把某个工程中的元器件原理图符号与 PCB 封装关联起来，以便集中管理，则可以使用生成集成库的方法进行，但在生成集成库前需要先把原理图文件和 PCB 文件放置在同一个工程中，如图 4-58 所示。

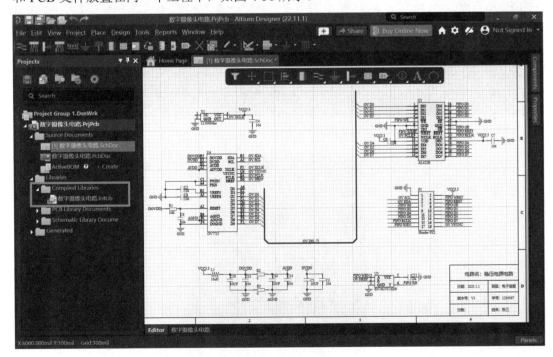

图 4-58　生成集成库

1. 集成库的生成

执行菜单"Design"→" Make Integrated Library"（生成集成库命令）；系统自动生成一个以工程文件命名的集成元器件库，如"数字摄像头电路 .IntLib"，并显示在工作区面板的"Libraries"文件夹中。在这个集成库中把原理图上的元器件与 PCB 上同标号的元器件封装一一对应，建立集成元器件库。

2. 集成库的维护

集成库不可以直接编辑，如果要维护集成库，需要先编辑源文件库，再重新编译。维护集成库的步骤如下。

(1) 打开集成库文件 (*.IntLib)。如果一个集成库是在某个工程中创建的，在工程打开状态时可以直接双击打开集成库；如果一个集成库是从其他方法获得的，可以按前面讲过的方法提取库，执行菜单"File"（文件）→"Open"（打开）命令并找到需要修改的集成库，单击"打开"按钮。弹出"Open Integrated Library"对话框，单击"Extract"（提取）按钮调用该库，软件创建与集成库同名的库项目，并将其显示在工程导航面板上，软件在集成库所在的路径下自动生成与集成库同名的文件夹，同时组成该集成库的"*.SchLib"文件和"*.PcbLib"文件会出现在工程面板上以供用户修改，如图 4-59 所示。

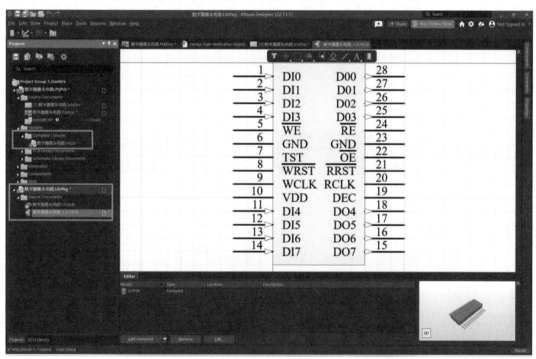

图 4-59　从集成库提取的原理图库和封装库

(2) 编辑源文件。在项目导航面板上打开原理图库文件 (*.SchLib)，编辑完成后，执行"File"（文件）→"Save As"（另存为）命令，保存编辑过的文件及库项目。需要注意的是，提取的源文件经过编辑后的自动保存路径与原始集成库的文件路径并不一致。

(3) 执行菜单"Project"（工程）→"Compile Integrated Library"（编译库）命令，编译库项目。注意：编译后生成的集成库并不会自动覆盖原来的集成库。若想覆盖原集成库，则需执行菜单"Project"（工程）→"Project Options"（工程选项）命令，打开如图 4-60 所示的对话框，单击"Options"选项卡，修改生成集成库的保存路径即可。

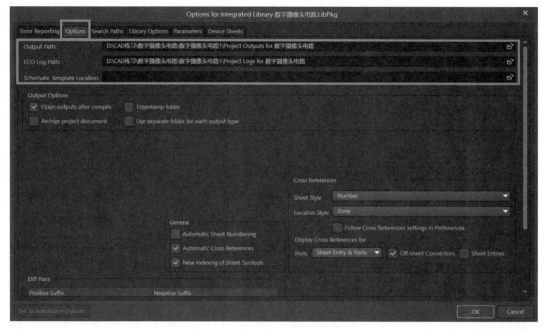

图 4-60　修改集成库生成的路径

4.5　数字摄像头电路的原理图设计

4.5.1　放置网络标签

网络标号的使用

在原理图绘制过程中，元器件之间的电气连接除了使用导线外，还可以通过放置网络标签来实现。网络标签实际上就是一个具有电气属性的网络名，具有相同网络标签的导线或总线表示电气网络相连。在连接线路较远或走线复杂时，使用网络标签代替实际走线可使电路简化、美观。

放置网络标签可以通过 4 种方法实现：① 执行菜单"Place"→"Net Label"命令；② 单击布线工具栏上的 Netl 按钮实现；③ 在原理图图纸空白区域右击，在弹出的快捷菜单中执行"Place"→"Net Label"命令；④ 快捷键 P + N。单击网络标签后光标上黏附着一个默认网络标签"Netlabel1"，按 Tab 键，软件会在右侧弹出"Properties"面板，如图 4-61 所示，修改"Net Name"和"Rotation"等，将网络标签设置为"OV SCL"，将网络标签移动至需要放置的导线上方，当网络标签和导线相连处光标上的"×"变为红色，表明与该导线建立了电气连接，如图 4-62 所示，放置第一个标签之后软件仍处于放置网络标签状态，移动光标到其他位置继续放置网络标签。一般情况下，放置完第一个网络标签后，如果网络标签的末尾是数字，那么后面放置的网络标签的数字会递增。右击或按 Esc 键退出放置网络标签状态。

图 4-61　修改网络标签

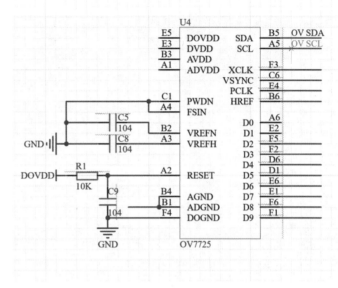

图 4-62　网络标签的放置

这里请读者注意网络标签和文本字符串看起来有些类似，但两者是不同的，前者具有电气连接功能，后者只是说明文字，不能混淆使用。一般在各种引脚位置上的都是网络标签，如不确定可以双击看它的属性。

在同一工程下有多页原理图时，不同页原理图之间可以通过"Net Label"（网络标签）进行连接，而 Altium Designer 22 默认的"Net Label"作用范围为"Automatic"，即当原理图中有"Sheet Entry"（图纸入口）或"Port"（端口）时，Net Label 的作用范围为单张图纸。在实际设计中，如果工程存在 Port，又要求"Net Label"作用范围为全局则就要修改"Net Label"的作用范围。执行菜单栏中的"Project"→"Project Options"命令，在工程参数设置对话框中选择"Options"选项卡，将"Net Identifier Scope"（网络识别符范围）设置为 Global(Netlabels and ports global)，单击"OK"按钮完成，如图 4-63 所示。

Net Label 的作用范围有以下 4 种：

(1) Automatic：默认选项，表示系统会检测项目图纸内容，从而自动调整网络标签的范围。检测及自动调整的过程如下，如果原理图里有"Sheet Entry"标识，则网络标签的范围调整为"Hierarchical"；如果原理图里没有"Sheet Entry"标识，但是有"Port"标识，则网络标签的范围调整为"Flat"；如果原理图里既没有"Sheet Entry"标识，又没有"Port"标识，则"Net Label"的范围调整为"Global"。

(2) Flat：代表扁平式图纸结构。这种情况下，"Net Label"的作用范围仍是单张图纸以内，而"Port"的作用范围扩大到所有图纸，各图纸只要有相同的"Port"名，就可以实现信号传递。

(3) Hierarchical：代表层次式结构。这种情况下，"Net Label""Port"的作用范围是单张图纸以内。当然，Port 可以与上层的"Sheet Entry"连接，以纵向方式在图纸之间传递信号。

(4) Global：最开放的连接方式。这种情况下，"Net Label""Port"的作用范围都扩大到所有图纸。工程内的各图只要有相同的"Port"或者相同的"Net Label"，就可以发生信号传递。

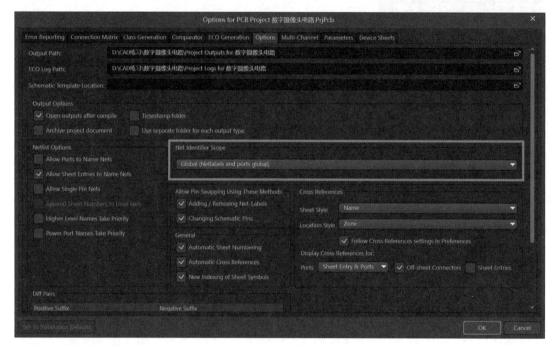

图 4-63　Net Label 的作用范围设置

4.5.2　放置总线

总线是若干条具有相同性质的信号线组合，如数据总线、地址总线、控制总线等，在原理图绘制中，为了简化图纸，可以使用一根较粗的线条来表示，这就是总线。

使用总线来代替一组导线时，需要与总线入口相配合。总线本身并没有实质的电气连接意义，而是必须由总线接出的各个单一入口导线上的网络标签来完成电气意义上连接的，具有相同网络标签的导线在电气上是相连的。

1. 放置总线

在放置总线前，一般通过布线工具栏上的布线按钮 先绘制引脚的引出线，然后再绘制总线。执行菜单"Place"→"Bus"命令或单击布线工具栏上的按钮 ，进入放置总线状态，将光标移至合适的位置，单击鼠标左键，定义总线起点，将光标移至另一位置，再次单击鼠标左键，定义总线的终点，连线完毕后，双击右键退出放置状态。一般在绘制总线时会习惯性地把总线的折角绘制成 45° 的走线形式，改变走线形式的方法是通过 Shift + 空格键来进行切换的（这里使用 90° 的方式也不影响电路功能），一般总线与引脚引出线之间间隔 100 mil，以便放置总线入口。在绘制总线状态时，按 Tab 键，弹出总线属性对话框，可以修改线宽和颜色，如图 4-64 所示。

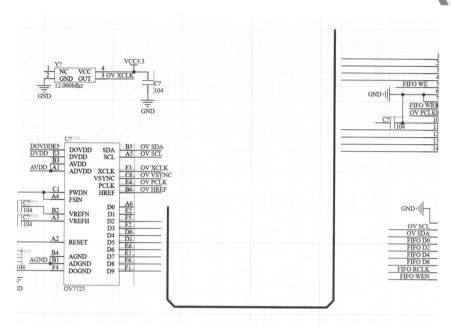

图 4-64　总线的绘制

2. 放置总线入口

元器件引脚的引出线与总线的连接通过总线入口实现，总线入口是一条倾斜的短线段。执行菜单"Place"→"Bus Entry"命令，或单击布线工具栏上的按钮，进入放置总线入口的状态，此时光标上带着悬浮的总线入口，将光标移至总线和引脚引出线之间，按Space 键变换倾斜角度，单击放置总线入口，如图 4-65 所示，右击退出放置状态。

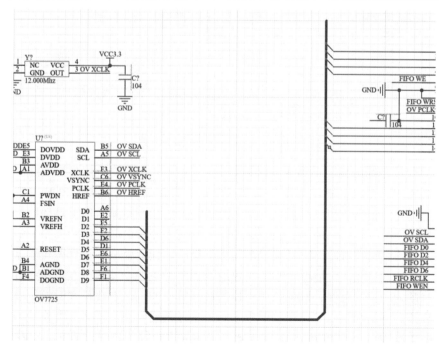

图 4-65　总线入口的放置

3. 放置网络标签

虽然从图上看绘制的总线把两个芯片需要连接的引脚都连接在了一起，但这并不代表它们的连接具备了电气连接属性，为了能让每个芯片引脚都有明确的电气连接对应关系，我们还要在每个引脚的连线上再加上网络标签，带有相同的网络标签的引脚才是真正连接在一起的，属于相同的电气网络。

在图 4-66 中，U1 的 1 脚和 U4 的 F5 脚网络标签均为"OV D0"，在电气特性上它们是相连的，以此类推，其他在总线上的网络标签一致的引脚也都是相连的。这里提醒设计者，往芯片引脚上放置网络标签的时候要注意看连接点上是否出现红色的"×"，如果不小心把网络标签放在了芯片本身引脚的上面是不会导通的，芯片本身的引脚只有最外侧的一点是具备电气连接属性的，所以这里建议设计者绘制网络标签前先将芯片引脚绘制一段引出线，将网络标签放在自己画的引出线的任意一点上都没问题。芯片引脚添加好网络标签后，一般也会给总线加一个网络标签，名字的命名规则是看每个引脚的共同名字加上线的数量范围，它的基本格式为"*[N1..N2]"，其中"*"为该类网络标签中的共同字符，如 OV D0～OV D7 中共同字符为 OV D，N1 为该类网络标签的起始数字如 0，N2 为该类网络标签的终止数字，所以本例中总线的网络名是"OV D[0…7]"。

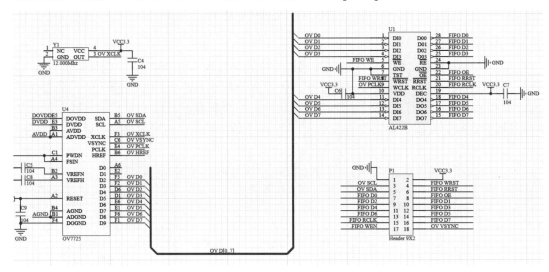

图 4-66　总线上网络标签的放置

到这里有设计者可能会提出疑问，如本书 4.5.1 节中介绍的，具有相同网络标签的引脚都会具有相同的电气网络，即使在原理图中看不到连线，但在绘制 PCB 时它们也是连在一起的，那再绘制总线和总线入口有什么意义。一般绘制不复杂的原理图时，为了提高画图效率都采取少画总线的原则。但当原理图十分庞大复杂的时候，会面临着每个器件引脚上都有很多的网络标签，网络标签过多而且不集中，读图就成了一件困难的事。如果在设计中适当地加入总线，就能够让读者快速地看到信号走向，特别是在电路中存在很多并行通信的时候，如数据总线、地址总线、控制总线等。所以，在我们平时绘制普通小型电路的时候直接用网络标签就可以了，但总线的画法还是要掌握，毕竟工程实践中可能会用得到。如图 4-66 所示，可以看到 U1 和 U4 之间的连接绘制了总线，而 U4 和 P1 的连接没有绘制总线，两种方案都没有问题，都能实现有效的电气连接。

4.5.3　智能粘贴

从上面的操作可以看出，放置引脚引出线、总线入口和网络标签需要多次重复，如果采用智能粘贴，就可以一次完成重复性操作，这将大大提高绘制原理图的速度。智能粘贴通过执行菜单"Edit"→"Smart paste"(快捷键 Shift + Ctrl + V)命令实现。

(1) 在元器件 U4 的 F5 脚，放置引线、总线入口及网络标号 OV D0。

(2) 用光标拉框选中要剪切的连线和网络标签等，如图 4-67 所示。

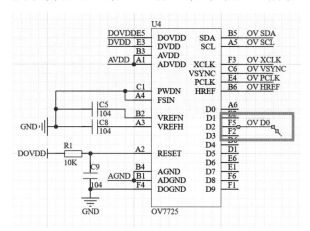

总线的使用
与智能粘贴

图 4-67　选中要粘贴的对象

(3) 执行菜单"Edit"→"Cut"命令，将要粘贴的内容剪切。

(4) 执行菜单"Edit"→"Smart Paste"命令(快捷键 E + Y)，屏幕上弹出如图 4-68 所示的"Smart paste"对话框，主要设置如下：①"Choose the objects to paste"区：显示当前复制或剪切的对象，如不需要粘贴某项，可将其前面对应的复选框去除。②"Choose Paste Action"区：选择"Themselves"选项，表示本身类型，粘贴时不进行类型转换。③"Paste Array"区：勾选"Enable Paste Array"复选框并设置粘贴的主要参数，其中："Columns"用于设置粘贴对象在列方向的参数，"Count"设置粘贴的列数，"Spacing"设置相邻两列的间距。本例中只有 1 列，故"Count"设置为"1"，"Spacing"设置为"0 mil"；"Rows"用于设置粘贴对象在行方向的参数，"Count"设置粘贴的行数，"Spacing"设置相两行的间距。本例中有 8 行，故"Count"设置为"8"，元器件引脚间距默认为"100 mil"，依次从上往下间隔放置，故"Spacing"设置为"-100 mil"；"Text Increment"用于设置文本增量参数，其中"Direction"有 3 种选择，"None"(不设置)、"Horizontal First"(先从水平方向开始)和"Vertical First"(先从垂直方向开始)，本例中选择"Vertical First"。"Primary"用于指定相邻两次粘贴之间相关标识数字的递增量，正值表示递增，负值表示递减。本例设置为 1，即网络标签依次递增 1，即为 OV D0、OV D1、OV D2 等。"Secondary"用于指定相邻两次粘贴之间元器件引脚号数字的递增量，本例中该项对电路的粘贴没有影响，可任意设置，如图 4-68 所示。

图 4-68　智能粘贴对话框

（5）设置参数后，单击"OK"按钮关闭"Smart Paste"对话框，此时光标变为十字形，并黏附着智能粘贴的全部对象，如图 4-69 所示，将光标移动到粘贴的起点，单击即可完成粘贴，如图 4-70 所示。

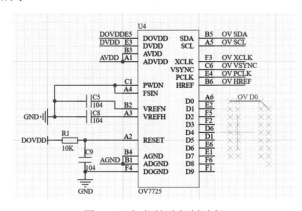

图 4-69　智能粘贴复制过程

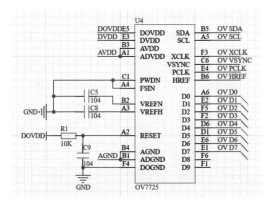

图 4-70　智能粘贴复制结果

采用相同的方法绘制其他部分，放置好连线、总线、其他网络标签及总线网络标签，完成电路连接。

4.5.4　通用 NO ERC 标号的使用

在 PCB 设计的过程中，系统进行原理图的电气规则检查 (ERC) 时，有时会产生一些可忽略的错误报告。例如，出于电路设计的需要，一些元器件的个别引脚可能会被空置，但在默认情况下，所有的引脚都必须进行连接，否则在 ERC 检查时系统会默认空置的引脚使用错误，并在引脚处放置一个错误标记。

为了避免 ERC 因检测这种"Error"而浪费时间，可以放置通用"NO ERC"标号，让系统忽略对此处的 ERC 检测，不再产生错误报告。放置通用 NO ERC 标号的具体步骤如下：

(1) 执行菜单栏中的"Place"→"Directives"→"Generic NO ERC"命令；或单击工具栏中的▨ (放置通用"NO ERC") 按钮；也可以按快捷键 P + V + N，光标将变成十字形，并带有一个红色的 ×(通用"NO ERC"标号)。

(2) 将光标移动到需要放置"NO ERC"标号的位置，单击即可完成放置。

4.5.5　数字摄像头的原理图绘制

参考前面讲过的原理图设计内容，完成如图 4-71 所示的数字摄像头电路的原理图。

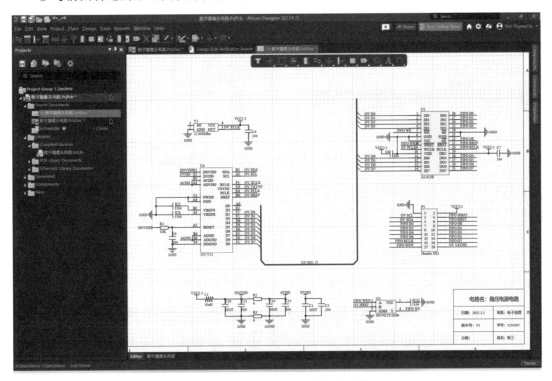

图 4-71　数字摄像头电路的原理图

在前面的章节中讲述了 U1(AL422B) 芯片的原理图和封装的绘制方法，设计者可以在自己的软件中搜索库中是否包含 U3(SN74LVC1G00)、U4(OV7725)、Y1(12M 有源晶振) 的原理图符号，如果没有搜索到，那可以参照本章的 4.2.2 节自行绘制，然后参考图 4-71 所示完成原理图的绘制。根据图 4-72 所示器件清单中的封装型号修改原理图器件封装，大部分封装是标准型号能搜索到，但 U4(OV7725) 摄像头的封装不是标准的，设计者可以在封装库中练习绘制，该器件的封装尺寸请查看数据手册，如图 4-73 所示。全部封装修改完后进行 ERC 检测，及时修改问题，直到"Message"面板中没有错误为止，原理图部分就完成了。

	Comment	Description	Designator	Footprint	LibRef	Quantity
1	10UF		C1, C10, C14	0805	C	3
2	104		C2, C4, C5, C6, C7, C8, C9, C11, C12, C13	0805	C	10
3	10uH		L1	0805	L	1
4	Header 9X2	Header, 9-Pin, Dual row	P1	HDR2X9	Header 9X2	1
5	10K		R1	0603P	R_1	1
6	0		R2, R3	0603P	R	2
7	AL422B	FIFO数据缓存器	U1	SOP28	AL422B	1
8	SN74LVC1G00	2输入与非门	U3	SOT-23-5	SN74LVC1G00	1
9	OV7725		U4	OV7725-28	OV7725	1
10	12.000Mhz	有源晶振	Y1	XTAL3225	XTAL_S	1

图 4-72   数字摄像头电路的器件清单

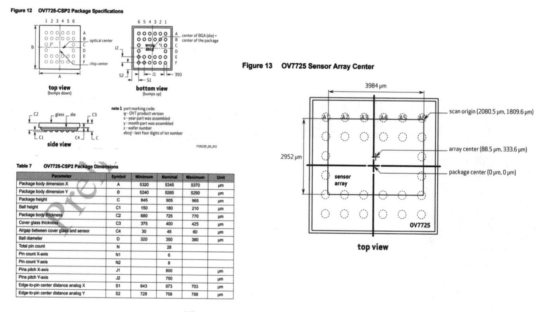

图 4-73   OV7725 摄像头封装尺寸

4.6   PCB 元器件布局及双面布线

4.6.1   多窗口显示设置

在 PCB 设计中，为保证设计的准确性，经常要返回原理图中查看元器件的连接关系，实际操作中可以使用 Altium Designer 22 多窗口显示模式来提高设计效率，为保证联动性，原理图文件和 PCB 文件必须放置在同一个项目工程文件中。

执行菜单"Window"→"Tile Vertically"命令，系统将打开的原理图和 PCB 文件分别放置到 Altium Designer 22 界面的左右两侧，如图 4-74 所示，这样方便用户进行交互式布局布线。这里请注意操作垂直分屏时如果在工作中打开了多个文件，就会变成多个文档共同垂直分屏，所以在操作前建议把多余的文件和主页 (Home Page) 关闭掉，仅让原理图和 PCB 分屏。若希望重新合并，直接将其中一个界面拖动到另一个界面形成重叠效果即可，或按如图 4-75 所示，鼠标右键单击文件选项卡标题，执行"Merge All"命令。

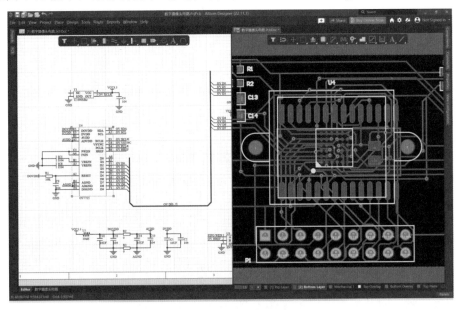

图 4-74　垂直分屏显示

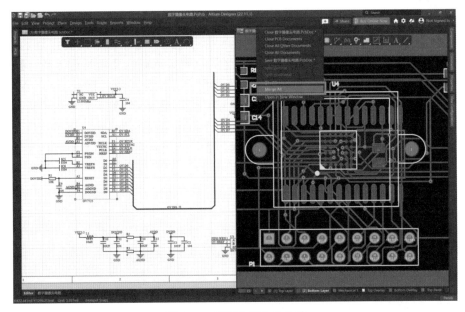

图 4-75　垂直分屏合并方法

4.6.2　数字摄像头电路的 PCB 设计

绘制数字摄像头电路的 PCB 板可以按下面的步骤来设计。

1. 规划 PCB 板尺寸

首先创建一个 PCB 文件，在工程路径下名字以数字摄像头电路保存。在 PCB 编辑界面中确定绘制的单位：执行菜单 "View" → "Toggle Unit" 命令或者快捷键 Q，将单位切换成公制单位；设置栅格尺寸：按下快捷键 Ctrl + G，在弹出的 "Cartesian Grid Editor" 对话框中设置栅格尺寸为 10 mm；设置坐标原点：执行 "Edit" → "Origin" → "Set" 命令，在板图左下角定义相对坐标原点；确定禁止布线线径：首先单击工作区下方标签中的 "Keep-Out Laver"，将当前工作层设置为 "Keep-Out Layer"。然后执行菜单 "Place" → "Keep Out" → "Track" 命令（或快捷键 P + K + T），绘制禁止布线边框，尺寸是 50 × 30 mm；重新定义 PCB 板外形：按住鼠标左键拉框选中所用边框，执行菜单 "Design" → "Board Shape" → "Define Board Shape from Selected Objects" 命令（或快捷键 D + S + D），可以看到工作区中的板子将按禁止布线线径裁剪了。保存 PCB 文件，这样 PCB 板尺寸就规划好了。

2. 导入元器件

打开设计好的原理图文件 "数字摄像头电路 .SchDoc"，执行菜单 "Design" → "Update PCB Document 数字摄像头电路 .PcbDoc" 命令，或在 PCB 界面中执行菜单 "Design" → "Import Changes From 数字摄像头电路 .PcbDoc" 命令，都可以弹出 "Engineering Change Order" 对话框，单击 "Validate Changes" 按钮，系统将自动检测各项变化是否正确有效，再单击 "Execute Changes" 按钮，系统将接受工程参数的变化，当看到 "Check" 和 "Done" 两列全部都是 "√" 时，说明软件已将元器件封装和网络表正确添加到 PCB 编辑器中了，可以看到系统自动建立了一个 Room 空间——"数字摄像头电路"（红色的方框），同时加载的元器件封装和网络表放置在规划好的 PCB 边界之外，相连的焊盘间通过网络飞线连接。

3. 元器件布局

元器件布局可以采用先自动后手动的方式，进入 PCB 界面后可以看到元器件分散在 PCB 板边框之外，此时可以通过 Room 空间布局的方式将元器件移动到规划的边框中，然后通过手工调整的方式将元器件移动到适当的位置。用鼠标左键按住 "数字摄像头电路" 的 Room 空间，将 Room 空间移动到电气边框内。执行菜单 "Tool" → "Component Placement" → "Arrange Within Room" 命令，移动光标至 Room 空间内单击，元器件将自动按类型整齐排列在 Room 空间内，右击结束操作。元器件在 Room 空间排列后，单击选中 Room 空间，按键盘上的 Delete 键将其删除。手工布局就是根据信号流向和元器件布局的基本原则，通过移动和旋转元器件将元器件移动到合适的位置上，同时尽量减少元器件间网络飞线的交叉。用鼠标左键按住元器件不放，拖动光标可以移动元器件，在移动过程中按下 Space 键可以旋转元器件，一般在布局时不进行元器件的翻转，以免造成引脚无法对应。这步操作需要经常对应原理图查看信号的走向，为了能快速执行建议采用垂直分屏的方式，执行菜单 "Window" → "Tile Vertically" 命令。

4. 自动布线及手工调整

1) 自动布线

布线前应再次检查元器件之间的网络飞线是否正确，如果没有问题，执行菜单

"Design"→"Rules"命令，弹出"PCB Rules and Constraints Editor[mm]"对话框，设置布线的最小宽度为 0.254 mm、最大宽度为 0.508 mm、首选宽度为 0.254 mm；安全间距规则设置全部对象为 10 mil；不允许短路；布线转角规则设为 45°；双面布线；其他规则选择默认。执行菜单栏中的"Route"→"Auto Route"→"All"命令，软件会根据当前的布局和计算为设计者给出设计的布线，在下面的"Message"面板中会有布线的状态反馈，当自动布线结束时注意看信息是否存在没有布的线，放大 PCB 图全面了解布线情况。

2) 手动调整

自动布线会存在一定的问题，比如过孔的位置摆放不当，布线绕得过长等问题，这就需要设计者根据布线原则耐心地修改，如果在布线过程中出现元器件之间的间隙不足，无法穿过所需连线的情况时，可以适当微调元器件的位置以满足要求。完成手工调整的 PCB 如图 4-76 所示。

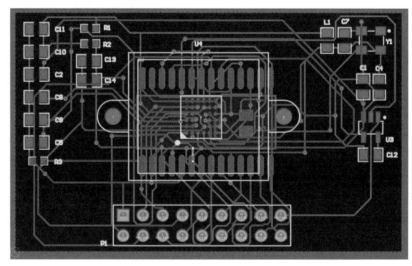

图 4-76　数字摄像头电路的 PCB 设计参考图

5. 调整丝印文字

PCB 布线完毕后，要调整好丝印层的文字，以保证 PCB 的可读性，一般要求丝印层文字的大小、方向要一致，不能放置在元器件框内或压在焊盘上。在设计中，可能会出现字符偏大，不易调整的问题，此时可以双击该字符，在弹出的对话框中减小"Text Height"的数值。

调整 PCB
丝印文本

如果想要部分元器件的标号同时出现在元器件的同一方向，可以选中要调整的元器件，进行对齐操作 (快捷键 A)，然后选择"Position Component Text…"，就会出现如图 4-77 所示的对话框，按图中选择下面的复选框单击"OK"后，可以看到选中的元器件的标号都移动到了器件的正下方了。

设计者完成了 PCB 设计后如果想在板子上留下个人信息，可以在丝印层中放入文本。单击主工具栏中的 A 按钮，在未放置状态下按 Tab，在文本框中输入内容，板层切换到"Top Overlay"，如果输入的文本是汉字则要将"Font Type"栏选择到"True Type"选项卡上，如图 4-78 所示，否则会出现乱码，但如果输入的文本是数字和字母则不会出现这种问题。

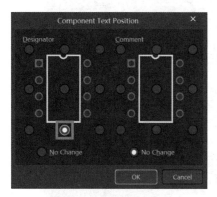

图 4-77　调整元器件标号位置

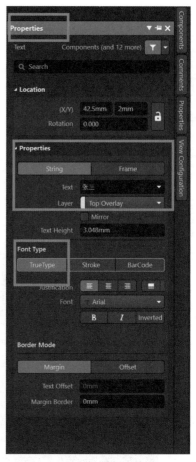

图 4-78　丝印层放置文本的设置

4.6.3　PCB 设计中的快捷键

在用 Altium Designer 22 做设计时常常会用到快捷键，软件的快捷键是有一定规律的，细心的读者会发现软件中大部分操作的英文单词中的某个字母加了下划线，这个下划线其实就是对应的快捷键，比如要在 PCB 中设置坐标原点的位置，用鼠标单击执行的操作是"Edit"→"Origin"→"Set"，可以看到 3 个单词中有下划线的字母分别是"E"→"O"→"S"，直接在 PCB 编辑界面输入"EOS"就能实现坐标原点的设置。

1. 常用的快捷操作

在 PCB 设计中，除了在软件中能直接看到的字母快捷键外，系统还提供了若干快捷操作，可以提高设计效率，常用的有以下几个：

(1) Ctrl + 鼠标滚轮：连续放大或缩小工作区窗口。

(2) Shift + 鼠标滚轮：左右移动工作区窗口。

(3) 鼠标滚轮：上下移动工作区窗口。

(4) Alt + *：* 代表主菜单后的字母 (如"Place"快捷键 P)，打开相应的"Place"主菜单，可执行 Alt + P，就可以弹出"Place"主菜单。

(5) 数字 2 键和 3 键：按键盘上的 3 键显示 3D 模型，按键盘上的 2 键显示 2D 模型。

2. 自定义快捷键的方法

Altium Designer 22 软件提供了多种快捷键的操作，熟练使用快捷键进行 PCB 设计可以提高设计效率。用户也可以根据自己的设计习惯自定义快捷键。

(1) 打开 Altium Designer 22 软件，双击菜单栏的空白位置，打开"Customizing Sch Editor"(自定义快捷键) 对话框，如图 4-79 所示。

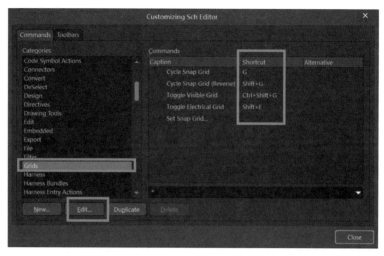

图 4-79　"Customizing Sch Editor"对话框

(2) 在"Customizing Sch Editor"对话框中可以查看 Altium Designer 22 软件默认的所有快捷键组合。选择需要更改的快捷键，然后单击"Edit"按钮。

(3) 弹出"Edit Command"对话框，在"Alternative"下拉列表框中自定义快捷键 ("Primary"快捷键为系统设置的快捷键)，单击"确定"按钮，如图 4-80 所示。

图 4-80　"Edit Command"对话框

(4) 还可以通过 Ctrl + 单击对应的命令图标设置快捷键，更为快捷方便。具体实现方法为按住 Ctrl 键，单击工具栏中的按钮或者菜单栏中的命令，即可弹出如图 4-80 所示的"Edit Command"对话框。

(5) 当前设置的快捷键与之前设置的快捷键冲突时，可以将之前设置的快捷键重置为 None。自定义快捷键时，需要注意不要与系统设置的快捷键冲突。

小提示

部分特殊的 PCB 设计需要让元器件以任意角度旋转，按快捷键 O + P 打开"Preferences"对话框，在"PCB Editor"选项下的"General"选项中修改"Rotation Step"值即可。

思政小课堂

1. 案例材料

"中国芯"崛起——华为 14 纳米芯片实现量产

华为公司最近宣布 14 纳米芯片已经正式开始量产。这个消息在科技界引起了轰动，各大媒体也纷纷报道了这一消息。随着技术的发展，芯片制造的精度和效果越来越高。华为公司的这款 14 纳米芯片就是一个很好的例子。相比于以前的芯片，这款芯片拥有更高的性能和更低的功耗，这意味着消费者可以在使用手机时获得更长的续航能力，并且应用程序也可以更加流畅地运行。此外，这款 14 纳米芯片还支持 5G 网络和 AI 技术，这使得华为公司在业界的竞争地位更加稳固。目前，5G 网络已经成为全球范围内的热门话题，而华为公司的这款芯片可以为消费者提供更快速、更可靠的 5G 网络连接。

印制电路板 (PCB) 是芯片的载体，芯片又称为集成电路 (IC)，自 20 世纪 50 年代以来，我国印制电路板产业在国际市场上从无到有，并已逐渐掌握了印制电路板的制造工艺。通过数码科技领域的不断进步和创新，单靠进口国外芯片的方式已经远远不能满足市场的发展了，为此，我国芯片的研制需加紧步伐。过去我国在数码科技领域一直处于滞后状态，原因在于我国在芯片研发方面得不到技术支持，所以一直以来都是依靠国外进口来满足市场需要。这样一来，就经常受到一些国家的限制，如果遇到其他国家的技术封杀，国内某些行业就会出现停滞状态。为了改变这种被动局面，国内不少企业都投入到了芯片研发的项目上。

研发芯片说起来容易做起来难，因为一个芯片一旦研发成功，就意味着将要批量生产，如果性能达不到要求，就有可能功亏一篑。所以要研发成功一个芯片，要经过无数次的试错，而这些试错需要大量的时间和金钱，粗略估算下来，一个小小的芯片一次投片费用高达几十万,制造工序多达几千道,历时近十个月才能完成。这样的成本,不是随便一个企业都能承担得起的。芯片是一种高科技产品,虽然体积小到容易掉落,但是芯片上面的晶体管多达上亿个,任何一个小晶体管出了问题,都会导致产品研发失败,所以必须经过无数次的试错,而且试错的难度也是非常大。除了试错难题,芯片制造的关键设备,如光刻机这些东西因为受到国际上某些国家的控制,所以无法采用这些先进设备进行研发,也是导致我国芯片研发滞后的原因。

　　面对以上的种种困境,华为公司的行动证明了他们对未来的信心和决心。在过去的几年里,华为公司一直在不断地钻研探索、推陈出新,得到了消费者的广泛认可和好评。

2. 话题讨论

(1) 为什么华为芯片的崛起备受关注?

(2) 请查阅资料了解一块集成芯片的研发究竟有多难?

(3) 作为我国年轻一代电子专业人才,我们应该怎么做?

实训拓展题

1. 创建一个原理图库,分别绘制如图 4-81 所示的 8051AH、NE555、74LS04 和 LED 原理图库符号,并将符号在原理图中放置。

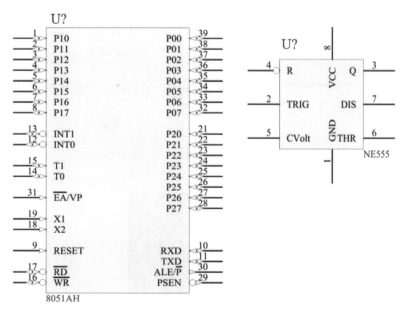

(a)　　　　　　　　　　　　　(b)

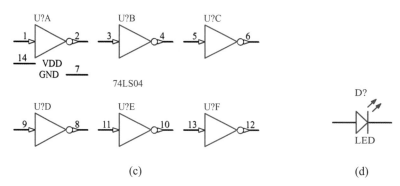

(c)   (d)

图 4-81   要求绘制的原理图符号

2. 根据 Micro USB 的数据手册 (见图 4-82)，参考图 4-83 完成 Micro USB 的封装设计。

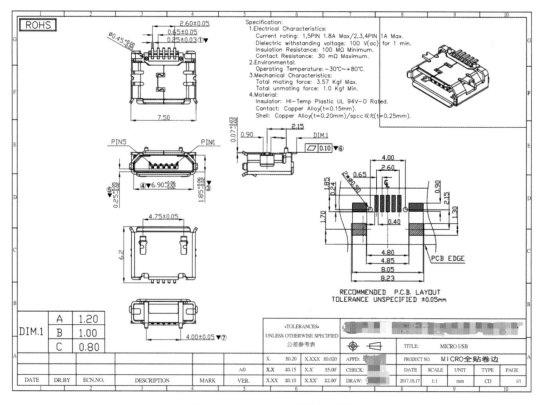

图 4-82   Micro USB 的数据手册

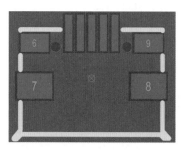

图 4-83   Micro USB 封装参考图

第 5 章　层次原理图的设计——双向彩灯流动电路

5.1　电路的基础分析

　　图 5-1 是一个 5 路彩灯双向流动电路，图中的 5 个发光二极管代表 5 个彩灯，SE555D 连接成多谐振荡器，通过改变 R、C 的值可以输出频率在 1～10 Hz 内的时钟脉冲信号。再把脉冲信号接入 SN74LS160AN(八进制加法计数器) 的 CLK 引脚上，SN74LS160AN 就有了工作节拍。在图 5-1 中，每当计数器检测到一个时钟上升沿时，它就从 0000 开始计数，到 0111 时进行异步置数使其再变为 0000，也就是在 0000～0111 八个状态中循环切换，时序状态如图 5-2 所示，实现了八进制循环计数。再通过译码器 SN74LS138SN 和逻辑门组成电路，将 SN74LS160AN 这个八进制循环计数器的输出接到译码器的 A_2、A_1、A_0 引脚上作为输入，就会在输出 $\overline{Y_7}$～$\overline{Y_0}$ 引脚上得到每个时钟节拍只有一个输出引脚低电平有效的状态。例如，第一个时钟计数器输出 0000，译码器会输出 1111110；第二个时钟计数器输出 0001，译码器会输出 1111101；第三个时钟计数器输出 0010，译码器会输出 1111011；依次类推。

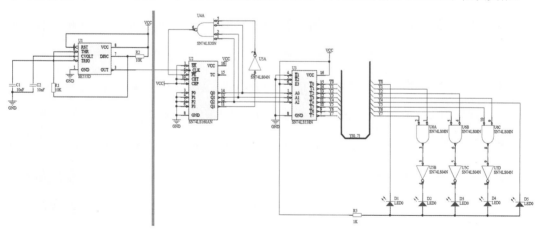

图 5-1　双向彩灯流动电路原理图

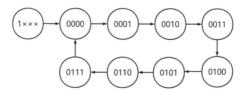

图 5-2　八进制计数器的状态图

将译码器的输出接入下一级由逻辑门和发光二极管组成的显示电路可以看到，当译码器输出 1111110，即 $\overline{Y_0}$ 引脚为 0 时，发光二极管 D1 就被点亮了，以此类推，八进制计数器输出 0000 控制彩灯 1，输出 0001 和 0111 控制彩灯 2，输出 0010 和 0110 控制彩灯 3，输出 0011 和 0101 控制彩灯 4，输出 0100 控制彩灯 5，由此就实现了五路彩灯双向流动功能。电路的系统框图如图 5-3 所示。

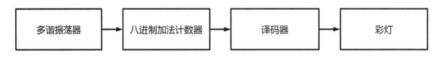

图 5-3　双向彩灯流动电路的系统框图

5.2　层次原理图的概念

当电路图比较复杂，用一张原理图来绘制整个电路比较困难，或者一个工程电路图需要多人按功能分模块协同工作时，可以考虑采用层次原理图的画法。一个较为复杂的电路原理图可以按照功能分成若干模块，每个模块还可以再继续分成几个基本模块，这样在工程设计中每个基本模块都可以由工作组成员分工完成，这样就能大大提高设计效率。

图 5-1 是双向彩灯流动电路的原理图。通过 5.1 节的分析我们知道，这个电路是由时钟电路脉冲部分和彩灯流动控制部分组成的。如图 5-1 所示，可以把电路按功能分成两个部分，左侧为时钟脉冲电路，右侧为彩灯流动控制电路。本章以双向彩灯流动电路为例来介绍层次原理图的实现。

层次原理图将一个庞大的电路按功能分成若干个子电路，再通过主图连接各个子电路，这样就可以使电路图变得更简洁。层次电路图按照结构来划分，主图相当于顶层原理图（也称父电路图），子图模块代表某个特定的功能电路，相当于底层原理图（也称子电路图）。实现层次原理图的层次关系有两种方法：一种是自下向上的设计方法，即先设计好子电路图，再通过子电路的端口建立起子电路图与顶层电路框图的关系；第二种是自上向下的设计方法，即先做好顶层电路的框架规划，然后由原理图图纸符号进入子电路图，完成子电路的设计。下面分别介绍这两种层次关系的实现方法。

自下向上的层次原理图设计

5.3　自下向上的层次原理图设计

要实现自下向上的层次原理图设计，首先要完成该层次原理图中的所有子电路图的绘制，绘制的方法与前面介绍的原理图的绘制方法一致，即先创建一个工程，命名为"双向

彩灯流动电路",在它的工程内容里面创建两个原理图文件,分别命名为"时钟电路"和"双
向彩灯控制电路",根据图 5-4 和图 5-5 分别完成这两个子原理图的设计。

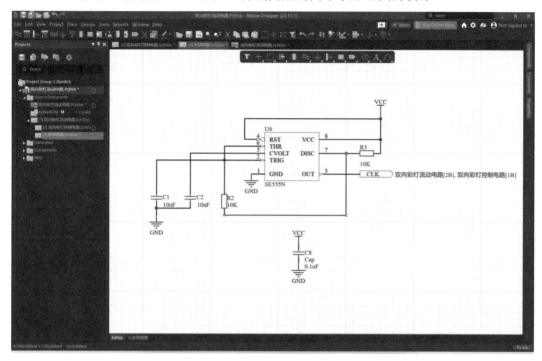

图 5-4　时钟电路子原理图

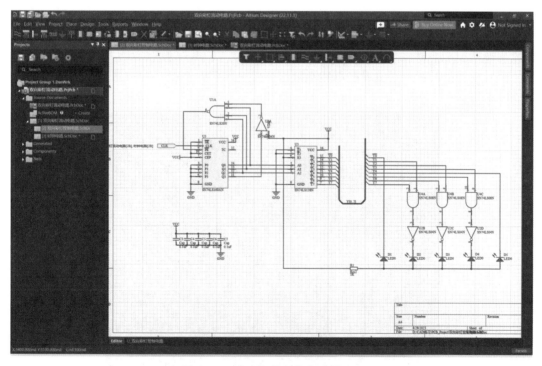

图 5-5　双向彩灯控制电路子原理图

5.3.1　放置电路的 I/O 端口

I/O 端口通常表示电路的输入或输出端，通过导线与元器件引脚相连，具有相同名称的 I/O 端口在电气上是相连接的。

执行菜单"Place"→"Port"命令 (快捷键 P + R)，或单击布线工具栏中的 ▣ 按钮，进入放置电路的 I/O 端口状态 (光标上带着一个悬浮的 I/O 端口)，将光标移动到所需的位置并单击，定下端口的起点，拖动光标可以改变端口的长度，调整到合适的长短后，再次单击，即可放置一个 I/O 端口，如图 5-6 所示，右击退出放置状态。

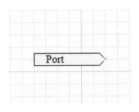

图 5-6　放置 Port 端口

要修改 Port 端口的属性，既可以在元器件处于悬浮状态下按 Tab 键，也可以在 Port 端口处于放置状态时双击它，屏幕会弹出如图 5-7 所示的端口属性对话框。下面对图 5-7 所示对话框中的主要参数进行说明。"Name"用于设置 I/O 端口的名称，图中设置为"CLK"(时钟)。若名称中要放置低电平有效的端口 (即名称上有上画线)，如 $\overline{\text{RD}}$，则输入"R\D\"。"I/O Type"下拉列表框中可以设置 I/O 端口的电气特性，共有 4 种类型，分别为 Unspecified(未指明或不指定)、Output(输出端口)、Input(输入端口) 及 Bidirectional(双向型)。可以看到，选择不同的电气特性时 Port 端口的箭头指向是不同的。在本例中，时钟电路输出的脉冲信号是要传递给双向彩灯控制电路用作时钟的，所以将时钟子电路图中的 Port 端口设置为"Output"，命名为"CLK"；相对应的双向彩灯控制电路则需要时钟信号的接入，所以将双向彩灯控制电路图中的 Port 端口设置为"Input"，命名为"CLK"。

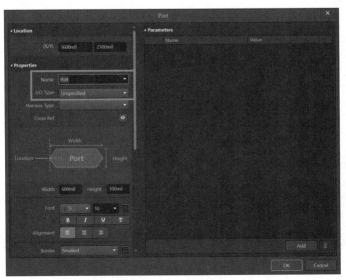

图 5-7　Port 端口的属性设置

5.3.2　实现层次图的上下层切换

要实现自下向上生成层次图，仅有子电路图是不够的，在本例中绘制完时钟电路和双向彩灯控制电路两个子电路后还要再绘制一个顶层原理图。操作过程如下：

1. 创建顶层原理图

在当前的工程里创建一个名为"双向彩灯流动电路"的原理图。创建好后，可以在左侧的工程导航面板中看到，在当前的工程下已经包含"双向彩灯流动电路""时钟电路"和"双向彩灯控制电路"三个原理图了。

2. 生成原理图图纸符号

双击"双向彩灯流动电路"的原理图，进入原理图编辑界面，此时原理图里应该是空的。执行"Design"→"Create Sheet Symbol From Sheet"，弹出"Choose Document to Place"对话框，如图 5-8 所示，单击选择其中的一个文件后返回到原理图界面，此时光标上会悬浮一个如图 5-9 所示的原理图图纸符号，单击左键确定放置原理图图纸符号的位置。再次单击原理图图纸符号，会出现调整框图大小的八个调整点，将框图调整到合适的大小即可。有些版本的软件在生成框图时，框图上面的文本是重叠的，此时选中文本框进行拖曳调整即可。双击原理图图纸符号，会弹出"Sheet Symbol"的对话框。其中："Location"代表框图的位置；"Properties"下面的"Designator U_ 时钟电路图"代表子电路的名字，"File Name 时钟电路 .SchDoc"说明这个原理图图纸符号代表了"时钟电路 .SchDoc"这个子电路文件；对话框下面还可以设置原理图图纸符号框图的大小、颜色、线型等。采用上面的操作为"双向彩灯控制电路"的子电路也创建一个原理图图纸符号，再用"Wire"把两个原理图图纸符号的 Port 端口连接起来，如图 5-10 所示。

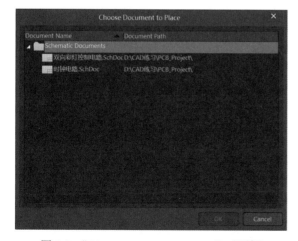

图 5-8　"Choose Document to Place"对话框

图 5-9　原理图图纸符号

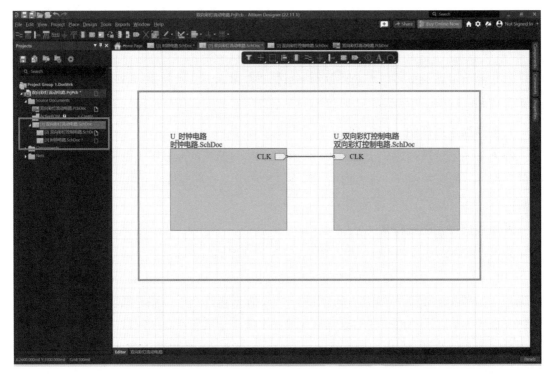

图 5-10　顶层电路图设计

操作完成后，可以看到左侧的工程导航栏中的 3 个原理图生成了层次关系，在顶层电路图的前面有一个█按钮，单击这个按钮就能看到子电路被回缩隐藏了，再点击又会出现。层次电路图的结构与工程文件目录的结构相似，在这个工程中，处于最上方的为主电路图，一个工程只有一个主电路图，在主电路图下方的所有电路图均为子电路图。

3. 实现层次电路的切换

在层次电路设计中，有时需要在各层电路图之间相互切换。切换的方法主要有 2 种。

(1) 利用左侧的工程导航面板，单击所需文档，便可在右边工作区中显示该电路图。

(2) 执行菜单"Tools"→"Up/Down Hierarchy"（上 / 下层次）命令，将光标移至需要切换的子电路图符号上并单击，即可将上层电路切换至下一层的子电路图；若从下层电路切换至上层电路，则单击下层电路的 I/O 端口即可。

自上向下的层次原理图设计

5.4　自上向下的层次原理图设计

通过自下向上设计层次原理图的方法我们认识了层次原理图实现的结构关系，本节将介绍自上向下的层次原理图设计，设计好的层次图关系应与上面的实现结果一致，通过选择"Tools"→"Up/Down Hierarchy"都能够快速实现上下层的切换。

5.4.1　放置页面符

在层次电路图中，通常主电路图中是由若干个方块图组成的，每一个方块图都对应着一个子电路图，它们之间的电气连接通过 I/O 端口、连线和网络标签来实现。

在 Altium Designer 22 主窗口下，执行菜单"File"→"New"→"Project"命令，弹出创建项目对话框，创建 PCB 工程，并将其另存为"双向彩灯流动电路 .PrjPcb"；执行菜单"File"→"New"→"Schematic"命令，创建原理图文件并将其另存为"双向彩灯流动电路 .SchDoc"，以此作为主电路图。

执行"Place"→"Sheet Symbol"命令 (快捷键 P + S)，也可以单击布线工具栏中的 ■ 按钮，之后会看到在光标上悬浮了一个原理图图纸符号，移动光标到合适的位置后单击确定框图位置，这时会发现框图的尺寸可以进行调整，再次单击确定框图大小。双击绿色框图，或者在框图还处在悬浮状态时按 Tab 键即可进行原理图图纸符号的属性调整，对话框如图 5-11 所示。在右侧"Properties"面板中的"Properties"区里，在"Designator"中输入子电路图的名字，如"时钟电路"；在"Source"区的"File Name"中填写文件的名字，如"时钟电路 .SchDoc"；其余的属性选项可以修改框图的线宽、颜色等内容。完成一个框图后将刚才的操作再执行一遍，将第 2 个子电路图也设计成绿色的原理图图纸符号，如图 5-12 所示。

图 5-11　原理图图纸符号属性对话框

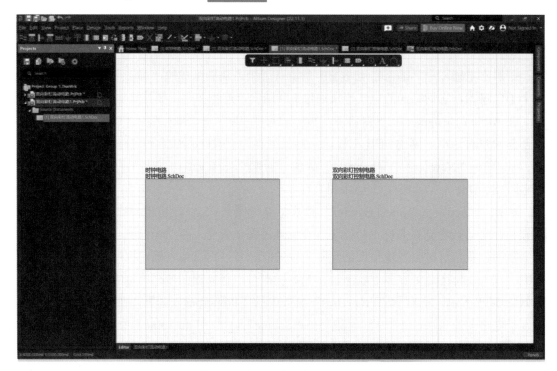

图 5-12　原理图图纸符号放置示例

5.4.2　放置图纸入口

执行菜单"Place"→"Sheet Entry"命令 (快捷键 P + E),或单击布线工具栏上的 ■ 按钮，将光标移至子电路图符号内部，在其边界上单击，此时光标上会出现一个悬浮的 I/O 端口，该 I/O 端口被限制在子电路图符号的边界上，将光标移至合适位置后，再次单击，放置 I/O 端口，此时可以继续放置其他 I/O 端口，右击退出放置状态。

双击 I/O 端口，弹出"Sheet Entry"对话框。其中，"Name"栏设置端口名称，这里填入"CLK"；"I/O Type"栏设置端口的电气特性，"时钟电路"子电路图框图的 Port 端口设置为"Output"，"双向彩灯控制电路"子电路图框图的 Port 端口设置为"Input"。

根据图 5-10 设置子电路图符号的端口，再执行菜单"Place"→"Line"命令，将两个端口连接起来。

5.4.3　生成子电路图

执行菜单"Design"→"Create Sheet From Sheet Symbol"命令，将光标移到要生成子图文件的子电路图符号上并单击，软件会自动生成一张新的电路图，电路图的文件名与原理图图纸符号中的文件名相同，同时在新电路图中，已自动生成了对应的 I/O 端口。本例中依次在 2 个原理图图纸符号上创建图纸，分别生成子电路图"时钟电路 .SchDoc"和"双向彩灯控制电路 .SchDoc"。层次电路中子电路图的绘制与普通原理图的绘制方法相同。

5.5　双向彩灯流动电路的原理图设计

5.5.1　元器件自动标注

元器件自动
标注方法

如果原理图设计中，元器件的位号是由用户自行定义的，而不是遵循某张图纸的，则可以通过元器件自动标注的方式，快速一次性完成原理图位号的设置，这会大大提高工作效率。

若电路中已经进行了部分标注，并且想重新分配标注，可以执行"Tools"→"Annotation"(标注) →"Reset Schematic Designators…"(重置原理图位号)命令，弹出是否重置对话框，单击"Yes"按钮确认将元器件位号重置。

元器件位号自动标注可通过执行菜单"Tools"→"Annotation"→"Annotate Schematics…"命令(或快捷键 T + A + A)来实现，弹出如图 5-13 所示的"Annotate"对话框。图中"Order of Processing"(处理顺序)区的下拉列表框中有 4 种自动标注方式，如图 5-14 所示，本例中选择"Down Then Across"(向下穿过)标注方式。

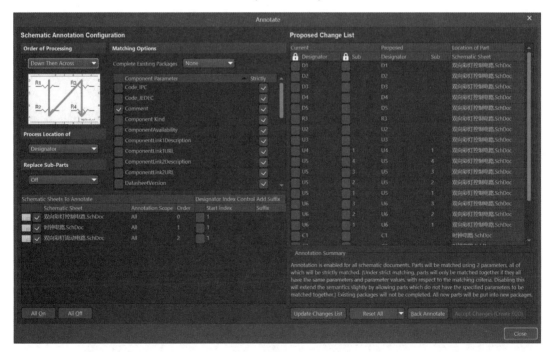

图 5-13　"Annotate"对话框

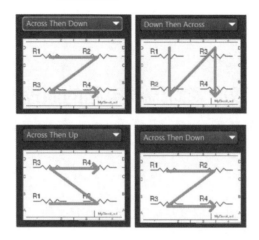

图 5-14　自动注释方式

　　选择自动标注的顺序后，用户还需选择需要自动标注的原理图，在如图 5-13 所示的"Schematic Sheets To Annotate"区中选择要标注的原理图。本例中共有 3 个原理图，系统已自动选定了。

　　"Proposed Change List"（建议更改列表）区中的"Current"显示了当前所有元器件的位号，单击右下角的"Update Changes List"按钮，系统会弹出对话框提示更新的元器件数量，单击"OK"按钮，系统将自动进行标注，并将更新结果显示在"Proposed"栏的"Designator"中，单击"Accept Changes(Create ECO)"按钮确认自动标注，系统弹出"Engineering Change Order"对话框，如图 5-15 所示，图中显示更改的信息。单击"Execute Changes"（执行变更）按钮，系统将自动对标注状态进行检查，检查完成后，单击"Close"按钮退回到"Annotate"对话框，单击"Close"按钮完成自动标注。

图 5-15　"Engineering Change Order"对话框

小提示

在原理图中，若要新增几个元器件，但又想保持原有的元器件位号不变，只为新增的元器件标注的方法是：执行菜单栏中的"Tools"→"Annotation"→"Annotate Schematics…"命令，对原理图重新标注。注意不要修改其他参数，直接单击"更新更改列表"按钮即可，这样原有的位号将不会改变，只对新增元器件的位号重新标注。

5.5.2　相似元器件属性的批量修改

对基本绘制完成的原理图也要不断优化，才会让电路图更简洁美观。例如，原理图中电阻"Res2"和电容"Cap"在图上是多余的，需要将其隐藏，如果逐个修改，将耗费大量的时间。Altium Designer 22 提供有全局修改功能，下面介绍用全局修改方式统一隐藏的方法。

相似元器件属性
的批量修改

1. 批量修改元件属性

右击任意一个电阻的"Cap"或者电容的"Res2"，选择"Find Similar Objects…"子菜单，弹出"Find Similar Objects"对话框，如图 5-16 所示。图中，"Object Specific"区"Value"栏中的"Cap"（这里以电容为例）栏后面有个"Any"按钮，单击该按钮，选择"Same"（即选中所有元器件的"Value"参数）选项，再单击选中"Select Matching"（选择匹配）前的复选框。设置完成后，单击"OK"按钮，可以发现图中所有的"Value"栏的参数都被选中，并高亮显示，此时将弹出如图 5-17 所示的属性对话框，单击"Value"栏后的 ◉ 按钮，元器件的默认标称值将被隐藏。查找相似对象后整个原理图都以灰色显示，在编辑区单击右键，在弹出的菜单中选择"Clear Filter"子菜单，或单击原理图标准工具栏的按钮 ▓（清除过滤器），原理图将恢复正常显示。

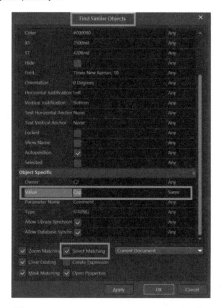

图 5-16　"Find Similar Objects"对话框

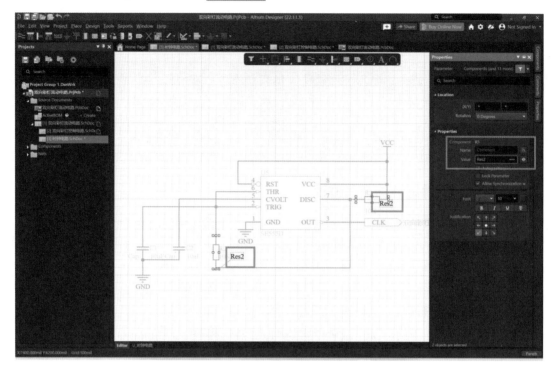

图 5-17   批量修改元件属性

2. 批量修改网络标签

选中一个网络标签并右击，在弹出的菜单栏里中执行"Find Similar Objects"命令。在弹出的"Find Similar Objects"对话框中将该网络标签后面设置为 Same，然后单击"OK"按钮。此时将弹出 Properties 面板，直接在"Name"文本框中修改网络标签名字即可。

批量修改的操作在绘图中常常会用到，这个方法不仅适用于原理图绘图，在 PCB 绘图中也适用。比如，当在 PCB 绘图中发现丝印层的文本信息过大时，采用相同的方法把丝印层文本全部选中，然后在属性面板中修改文本的高度，即可实现批量修改。

5.5.3   元器件封装的批量修改

在 Altium Designer 22 中绘制完原理图后，需要检查原理图中的元器件是否都有封装，这时可以使用封装管理器实现批量添加封装的操作。具体实现方法如下：

封装管理器批量
修改封装

(1) 在原理图编辑界面执行菜单栏中的"Tools"→"Footprint Manager…"(封装管理器)命令(或快捷键 T + G)，如图 5-18 所示，在封装管理器中可以查看原理图中所有元器件对应的封装模型。

(2) 如图 5-18 所示，封装管理器的元器件列表中"Current Footprint"展示的是元器件当前的封装，若元器件没有封装则对应的"Current Footprint"一栏为空，可以鼠标左键单击该元器件，然后单击右侧的"Add"按钮添加新的封装。

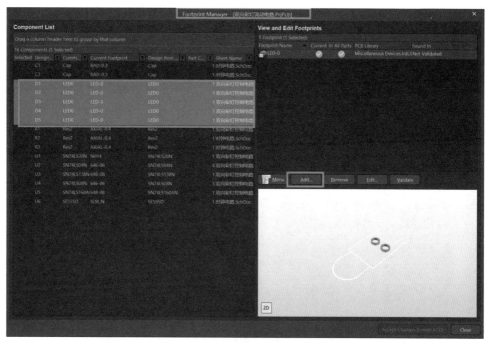

图 5-18　封装管理器对话框

(3) 利用封装管理器不仅可以对单个元器件添加封装，还可以同时对多个元器件进行封装的添加、删除、编辑等操作，同时还可以在右侧实现筛选，局部或全局更改封装名。

(4) 选择要修改封装的一个或多个器件 (多个连选采用 Shift + 鼠标单击；多个间隔选采用 Ctrl + 鼠标单击)，单击封装管理器右侧的"Add"按钮，在弹出的"PCB Model"对话框内，单击"Browse"按钮，选择对应的封装库并选中需要添加的封装，单击"OK"按钮完成封装的添加，如图 5-19 所示。

图 5-19　从库中添加封装

(5) 封装添加完毕后，如果元器件原来就有封装，则在弹窗的右侧框中会出现两个封装选项，这时可以单击选中原来的封装，单击 "Remove" 移除掉，再单击下面的 "Accept Changes(Create ECO)"（接受变化）按钮，如图 5-20 所示。

图 5-20　添加好封装的封装管理器

(6) 在弹出的 "Engineering Change Order"（工程变更指令）对话框中单击 "Execute Changes"（执行变更）按钮，执行变更完成后单击 "Close" 按钮即可完成在封装管理器中添加封装的操作，如图 5-21 所示。

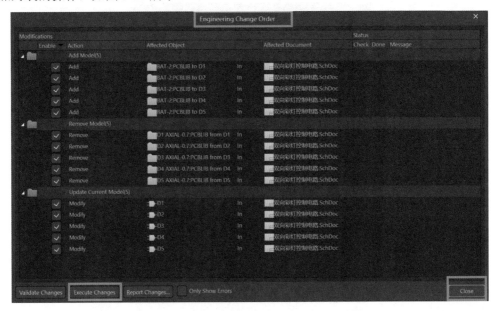

图 5-21　"Engineering Change Order" 对话框

将双向彩灯流动电路的元器件封装修改后如图 5-22 所示，再进行 ERC 检测，没有问题就可以进行 PCB 设计了。

	Comment	Description	Designator ▲	Footprint ▲	LibRef	Quantity
1	Cap	Capacitor	C1, C2	RAD-0.3	Cap	2
2	LED0	Typical INFRARED...	D1, D2, D3, D4, D5	BAT-2	LED0	5
3	Res2	Resistor	R1, R2, R3	AXIAL-0.4	Res2	3
4	SN74LS20N	Dual 4-Input Posi...	U1	N014	SN74LS20N	1
5	SN74LS04N	Hex Inverter	U2	646-06	SN74LS04N	1
6	SN74LS138N	1-of-8 Decoder/D...	U3	648-08	SN74LS138N	1
7	SN74LS08N	Quad 2-Input AN...	U4	646-06	SN74LS08N	1
8	SN74LS160AN	BCD Decade Cou...	U5	648-08	SN74LS160AN	1
9	SE555N	General-Purpose...	U6	DIP8	SE555N	1

图 5-22　修改后的双向彩灯流动电路的元器件封装

5.6　双向彩灯流动电路的 PCB 设计

(1) 创建一个 PCB 文件，保存在工程的路径下并命名为"双向彩灯流动电路"。

(2) 在 PCB 编辑界面确定绘制的单位：执行菜单"View"→"Toggle Unit"命令或者快捷键 Q，将单位切换成英制单位 mil。

(3) 设置栅格尺寸：按下快捷键 Ctrl + G，在弹出的"Cartesian Grid Editor"对话框中设置栅格尺寸为 100 mil。

(4) 设置坐标原点：执行"Edit"→"Origin"→"Set"命令，在板图左下角定义相对坐标原点。

(5) 确定禁止布线线径：首先单击工作区下方标签中的 (Keep-Out Laver)，将当前工作层设置为 Keep Out Layer，然后执行菜单"Place"→"Keep Out"→"Track"命令 (或快捷键 P + K + T)，绘制禁止布线边框，尺寸为 2500 mil × 2500 mil。

(6) 重新定义 PCB 板外形：按住鼠标左键拉框选中所用边框，执行菜单"Design"→"Board Shape"→"Define Board Shape from Selected Objects"命令 (或快捷键 D + S + D)。可以看到，工作区中的板子按禁止布线线径裁剪了。

(7) 保存 PCB 文件，这样 PCB 板尺寸就规划好了。

打开设计好的原理图文件——"双向彩灯流动电路 .SchDoc"，执行菜单"Design"→"Update PCB Document 双向彩灯流动电路 .PcbDoc"命令，或在 PCB 界面执行菜单"Design"→"Import Changes From 双向彩灯流动电路 .PcbDoc"命令，弹出"Engineering Change Order"对话框，单击"Validate Changes"按钮，将元器件封装导入 PCB 编辑界面。

5.6.1　原理图与 PCB 的交叉探测

执行菜单"Tools"→"Cross Select Mode"(交叉选择模式) 命令 (或快捷键 Shift + Ctrl + X)，打开交叉选择模式，将原理图和 PCB 图在画面上垂直分屏，这时选中左侧原理图中的部分元器件，右侧的 PCB 中相应的元器件也将被选中，这种方式便于进行布局布线。具体操作如下：

　　将工作区只保留剩下两个要观察的文件，执行菜单"Window"→"Tile Vertically"命令，或者在需要进行分割的文件名称上或旁边空白位置右击，在弹出的快捷菜单中执行"Split Vertical"命令，即可完成垂直分屏的操作。

　　为了方便在布局时快速找到元器件所在的位置，需要将原理图与 PCB 对应起来，使二者之间能相互映射，简称交互。利用交互式布局可以在元器件布局时快速找到元器件所在位置，这会大大提升工作效率。打开交叉选择模式，在原理图编辑界面和 PCB 编辑界面均执行菜单栏中的"Tools"→"Cross Select Mode"命令，将交叉选择模式使能。打开交叉选择模式后，在原理图上选择元器件时，PCB 中对应的元器件将同步被选中；反之，在 PCB 中选中器件时，原理图中对应的元器件也会被同步选中，如图 5-23 所示。

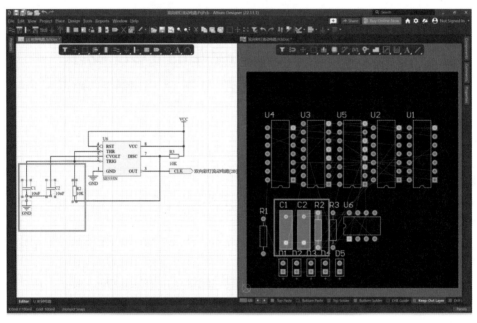

图 5-23　使能交叉选择模式的效果

5.6.2　PCB 模块化布局及手工调整

1. 元器件区域内自动布局

　　如果元器件较多，则在布局时要快速找到元器件，可以利用 5.6.1 节介绍的使能交叉选择模式显示元件，利用这个功能就可以使指定的元器件在区域内排列。操作方法如下：在原理图中选定要布局的元器件（这时可以看到在 PCB 中这些元器件已经处于选中状态），使用

交叉探测下的
元器件区域内
自动布局操作

PCB 中的元件布局功能（注意上一个动作是在原理图中选中元器件，软件当前的菜单栏是针对原理图的），即首先用鼠标单击一下 PCB 编辑区上面的"双向彩灯流动电路 .PcbDoc"选项卡（可以看到在单击瞬间软件的菜单栏发生了变化，当前的菜单栏就是针对 PCB 操作的了），然后执行"Tools"→"Component Placement"→"Arrange Within Rectangle"，

光标变成了十字后移动到想要布局的区域，拉出一个合适的矩形框，在完成的瞬间可以看到时钟电路中所有的元器件已经整齐地排列到指定的位置上了，如图 5-24 所示。利用这一功能可以在预布局之前将一堆杂乱无章的器件按照模块进行划分开并排列整齐。

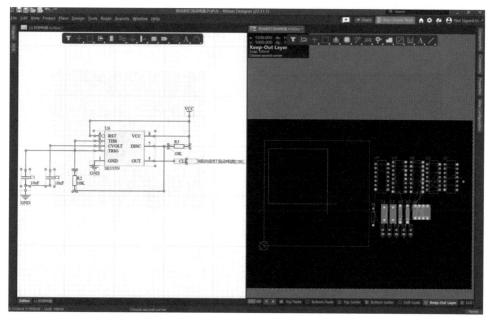

图 5-24　区域内元器件排列

2. 手动调整

自动布局完成之后再手动布局，布局前注意要再次调整栅格尺寸，采用 10 mil 即可。布局时首先应按照信号流向，保证整个布局的合理性，要求模拟部分和数字部分分开，尽可能做到关键高速信号走线最短，其次考虑电路板的整齐、美观。

3. 批量修改标号尺寸

布局时若观察到元器件的标号尺寸过大，不仅会占用空间，还会妨碍布局，这时可以用 5.5.2 节的批量修改来快速实现修改。在任意标号上右击，选择"Find Similar Objects…"子菜单，弹出"Find Similar Objects"对话框，将"Designator"栏修改为"Same"，单击选中"Select Matching"(选择匹配)前的复选框，单击"OK"按钮。可以发现，图中所有的"Designator"都被选中并高亮显示，在弹出的属性对话框中将"Properties"的"Text Height"值修改为 30 mil，批量设置完成。

4. 元器件快速对齐

在给元件布局时为了让 PCB 板整齐、美观，就要注意元器件排列的整齐程度，人为的手动对齐不仅会消耗很多时间，也无法做到十分精准，这时可以考虑用对齐工具，具体操作如下：选中要执行对齐的几个元器件，执行菜单"Edit"→"Align"(快捷键 A)，也可以单击实用工具栏中的■按钮，出现的弹窗中有各种对齐方式。要将图 5-25

PCB 元器件
快速对齐

中的 C1、R2、R3 对齐成图 5-26 中的样子，先用光标框选它们，然后按快捷键 A，此时会弹出如图 5-27 所示的弹窗 (其中常用的操作有 Align…(对齐)、Position Component Text…

(元件文本位置)、Align Left(左对齐)、Align Right(右对齐)、Align Horizontal Centers(水平中心对齐)、Distribute Horizontally(水平分散对齐)、Align Top(顶部对齐)、Align Bottom(底部对齐)、Vertical Centers(垂直中心对齐)、Distribute Vertically(垂直分散对齐)、Align To Grid(以栅格对齐) 等。在这里选择 "Align Left"，再点击 "Position Component Text…" 选项，在弹出的对话框中选择右侧中间的复选框。操作结束就能实现如图 5-26 所示的布局。按照这样的方法将电路的其他部分对齐。

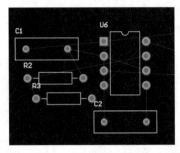

图 5-25　元器件未对齐效果

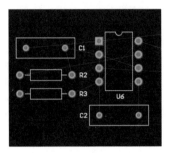

图 5-26　元器件对齐效果

布线前应再次检查元器件之间的网络飞线是否正确，如果没有问题，执行菜单 "Design" → "Rules" 命令，弹出 "PCB Rules and Constraints Editor[mm]" 对话框。在该对话框中，设置信号线的布线宽度为 10 mil，VCC 线和 GND 线的最小宽度为 10 mil，推荐宽度为 20 mil，最大宽度为 20 mil，安全间距规则设置全部对象为 10 mil，不允许短路，布线转角规则为 45°，双面布线，其他规则选择默认。在布线时，要按照一定的优先顺序来操作，保证关键信号线优先，如模拟小信号、高速信号、时钟信号和 VCC 等关键信号优先布线。本例中元器件都是直插式封装 (THT)。由于直插式封装其焊盘连通了顶层和底层，因此在双面布线时极大地方便了设计者。当布线较为密集时可以暂时忽略 GND 网络，除 GND 网络以外的布线完成后，可以通过铺铜的方法将所有的 GND 网络连接到铜皮上 (详细参考 5.6.5 节)，这样可以减少 GND 网络的布线。本例的参考 PCB 布局布线如图 5-28 所示，图中暂时没有连接 GND 网络。

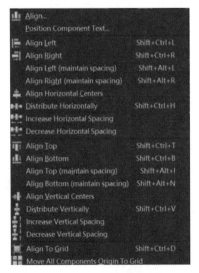

图 5-27　对齐操作类型

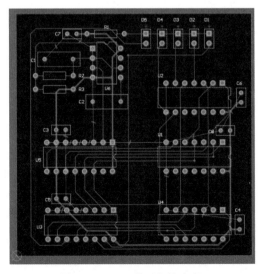

图 5-28　PCB 布局布线参考

5.6.3　泪滴设置

补泪滴是指在导线连接到焊盘或过孔时要逐渐加大导线的宽度，因为其变化的形状像泪滴，所以称为补泪滴。采用补泪滴的最大优势是提高了信号的完整性，因为在导线与焊盘尺寸差距较大时，采用补泪滴连接可以使这种差距逐渐减小，减少信号损失和反射；在电路板受到巨大外力的冲撞时，还可以降低导线与焊盘或导线与过孔的接触点因外力而断裂的风险。

在进行 PCB 设计时，如果需要进行补泪滴操作，可以执行菜单栏中的"Tools"→"Teardrops…"命令，在打开的"Teardrops"对话框中进行泪滴的添加与删除，如图 5-29 所示。设置完毕后单击"OK"按钮，即完成对象的泪滴添加操作。补泪滴前后焊盘与导线连接的变化如图 5-30 所示，可以看到焊盘和连线连接的地方变成了泪滴状。

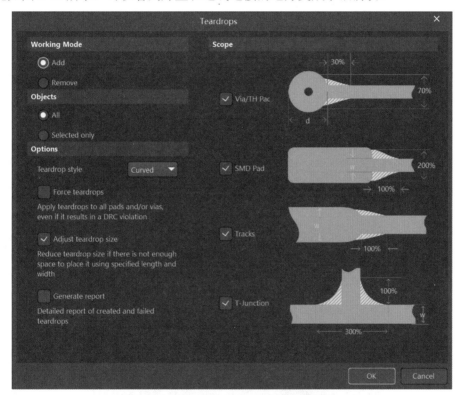

图 5-29　"Teardrops"对话框

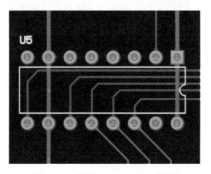

图 5-30　添加 Teardrops 效果

5.6.4 制作螺丝孔

泪滴及螺丝孔
的制作

在电路板中，经常要用螺钉来固定散热片和 PCB，需要设置螺丝孔，它们与焊盘或过孔不同，一般无须导电部分。在实际设计中，可以采用放置焊盘或过孔的方法来制作螺丝孔。

下面以图 5-31 所示的在板四周放置 4 个 3 mm 螺丝孔为例介绍螺丝孔的制作过程。图中以放置焊盘的方式制作螺丝孔。利用焊盘制作螺丝孔的具体步骤如下：

执行菜单"Place"→"Pad"命令，进入放置焊盘状态，按下 Tab 键，在右侧出现"Properties"对话框。在"Properties"区域，在"Designator"中输入焊盘号 (任意数字)，"Layer"选择"Multi-Layer"，"Net"选择"No Net"；在"Pad Stack"区域，将焊盘及孔的"Shape"都设置成"Round"，并设置焊盘尺寸和孔的 X、Y 值都为 3.1 mm(这里需要插入的螺丝孔直径是 3 mm，孔径要在螺丝的直径的基础上加大 0.1 mm，这是为了防止因 PCB 生产商的制板偏差或螺丝孔直径公差而导致螺丝放不进孔)。取消勾选"Plated"前的复选框，目的是取消在孔壁上的铜。关闭对话框，移动光标到合适的位置放置焊盘，此时放置的就是一个螺丝孔，如图 5-31 所示。螺丝孔也可以通过放置过孔的方法来制作，具体步骤与利用焊盘制作螺丝孔的方法相似，只要在"过孔属性"对话框中设置"Hole Size"和"Diameter"为相同值即可。

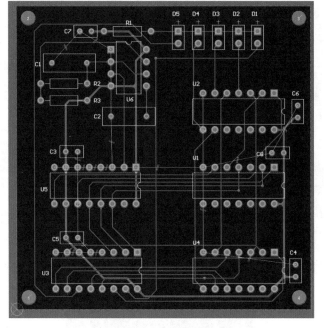

图 5-31 带有螺丝孔的 PCB

铺铜设计

5.6.5 铺铜设计

在 PCB 设计中，有时需要用到大面积铜箔，其原因如下：

(1) EMC 的要求。对于大面积的地或电源进行铺铜，会起到屏蔽作用。

(2) PCB 工艺的要求。一般为了保证电镀效果，或者层压不变形，对于布线较少的 PCB 板层会进行铺铜。

(3) 信号完整性的要求。为了给高频数字信号一个完整的回流路径，并减少直流网络的布线，可进行铺铜。

(4) 散热的要求。对特殊器件，如一些大功率驱动管、可控硅等，其安装要求铺铜。

大面积铺铜接地可以降低地线阻抗 (在数字电路中存在大量尖峰脉冲电流，因此降低地线阻抗很有必要)。普遍认为，对于由数字器件组成的电路，应该大面积铺地；而对于模拟电路，铺铜所形成的地线环路反而会引起电磁耦合干扰 (高频电路例外)。因此，并不是所有电路都要铺铜。

1. 设置铺铜的显示效果

在 Altium Designer 22 中，放置铺铜后可能会出现空心铺铜或者铺铜的颜色偏浅的问题，可以通过适当的设置来解决这些问题。

1) 空心铺铜

系统默认不自动更新铺铜，因此会导致出现空心铺铜，此时可以执行菜单 "Tools" → "Preferences" 命令，或单击页面右上角的 ⚙，弹出 "Preferences" 对话框，在左侧 "PCB Editor" 中选择第一个 "General" 项，在对话框右侧的 "Polygon Rebuild" (铺铜重建) 区选中 "Repour Polygons After Modification" (铺铜修改后自动重铺) 和 "Repour all dependent polygons after editing" (在编辑过后重新铺铜复选框)，完成相关设置，如图 5-32 所示。

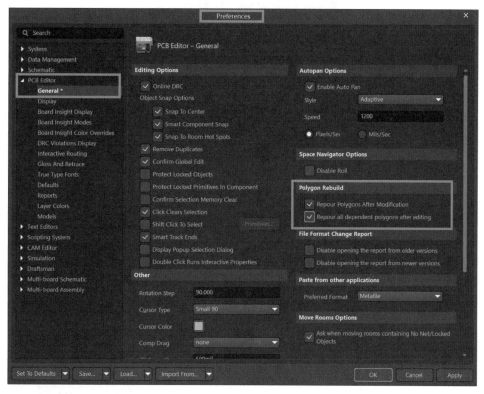

图 5-32　自动更新铺铜设置

2) 铺铜颜色偏浅

当铺铜颜色偏浅时，单击工作区右下角的 "Panels" 标签，弹出一个菜单，选中 "View Configuration" (视图配置) 子菜单，如图 5-33 所示，单击 "View Options" 选项卡，在对话框中设置"Polygons"可见，"Transparency"（透明性）为 0%，这时铺铜就会显示正常。

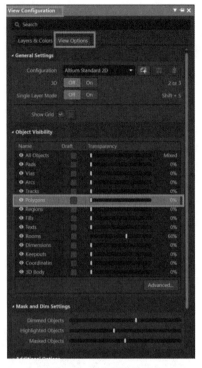

图 5-33　透明性设置

2. 放置铺铜

下面以放置 GND 网络铺铜为例介绍铺铜的使用方法。将工作层切换到 Bottom Layer，执行菜单"Place"→"Polygon Pour…"命令，或者单击主菜单栏中的■按钮，按 Tab 键，弹出如图 5-34 所示的"Properties"对话框，在其中可以设置铺铜的参数。

在本例中放置底层实心铺铜，操作过程如下：在"Properties"区域设置铺铜连接的网络"Net"为"GND"，工作层"Layer"设置为"Bottom Layer"。下面的选项卡选中"Solid"（实心），单击底部的下拉框，将连接方式设置为"Pour Over All Same Net Objects"（铺盖所有相同网络的目标）。设置完毕后，关闭对话框，单击工作区中心的■按钮，进入放置铺铜状态，拖动光标到适当的位置，单击确定铺铜的第一个顶点位置，然后根据需要移动并单击绘制一个封闭的铺铜空间。铺铜放置完毕，在空白处右击退出绘制状态。铺铜放置的效果如图 5-35 所示。在本例中可直接底层全板铺铜，所以在铺铜状态时单击禁止布线层的四个顶点即可。在铺铜设置的选项卡中本例选择的是"Solid"，是实心铜，如果选择"Hatched"的话就会变成网格状的铜。网格状的铺铜会降低铜的受热面，能让铜更牢

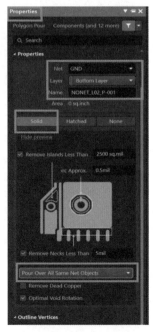

图 5-34　铺铜设置

固地贴在板子上，但对于电路来说，走线的宽度对于电路板的工作频率是有其相应的"电长度"(实际尺寸除以工作频率)的，当工作频率不是很高的时候，网格铜的作用并不是很明显，反而当电长度和工作频率匹配时，网格铜还会产生干扰系统工作的信号，让电路无法正常工作。所以一般对高频电路、抗干扰要求高的设计多采用网格铜，对低频、有大电流的电路等常采用实心铜，本例采用实心铜。

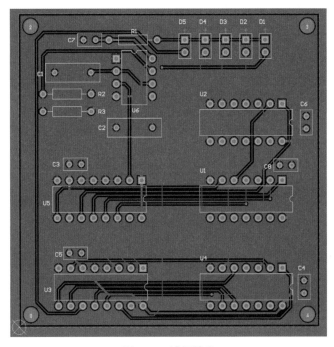

图 5-35　铺铜效果

铺铜结束后，对 PCB 板进行 DRC 检测 (详见本书 3.7 节)，如有错误提示，则按错误提示进行改正。从图 5-36 中可以看出，铜皮与 GND 焊盘的连接是通过十字线实现的，前面在布线中没有连接的 GND 网络飞线也不见了。此外，不是 GND 的网络铜皮会把焊盘和连线包围起来，但并不相交。

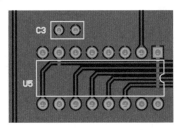

图 5-36　铺铜完成的细节

3. Fill、Polygon Pour、Solid Region、Polygon Pour Cutout 的区别

(1) Fill：填充区域，用于将区域中的所有不同网络的连线和过孔连接在一起，其形状无法任意修改。假如所绘制的区域中有 VCC 和 GND 两个网络，则用 Fill 命令会把这两个网络的元素连接在一起，将出现短路。

(2) Polygon Pour：铺铜，其作用与 Fill 相近，也是绘制大面积的铜皮。Polygon Pour

与 Fill 的区别在于铺铜能主动区分铺铜区域中的过孔和焊点的网络。如果过孔与焊点同属于一个网络，则铺铜将根据设定好的规则将过孔、焊点和铜皮连接在一起，并自动与不同网络保持规定的安全距离。

(3) Polygon Pour Cutout：铺铜挖空，用于在特定的条件下对某一区域铜皮进行移除。某些重要的网络或元器件底部需要作挖空处理，如常见的 RF 信号、变压器下方区域、RJ45 下方区域等，通常都需要作铺铜挖空处理。

(4) Solid Region：实心区域，类似于 Fill 与 Polygon Pour 的结合，可以画成任意形状，但在该区域无法自动避开不同网络的信号，容易造成短路。

在电路板设计过程中，将这几个工具互相配合使用可大大提高设计效率。对于一般简单的设计，用 Polygon Pour 足以实现铺铜操作。

印制板图的输出

5.7　印制板图输出

5.7.1　印制板图打印输出

PCB 设计完成后，一般需要输出 PCB 图，以便进行人工检查和校对，同时也可以生成相关文档保存或进行制板。Altium Designer 22 可以打印输出一张完整的混合 PCB 图，也可以将各个层面单独打印输出，用于制板。PCB 打印的设置与原理图打印的设置基本类似。

执行菜单"File"→"Page"命令，弹出如图 5-37 所示的"Preview PCB[双向彩灯流

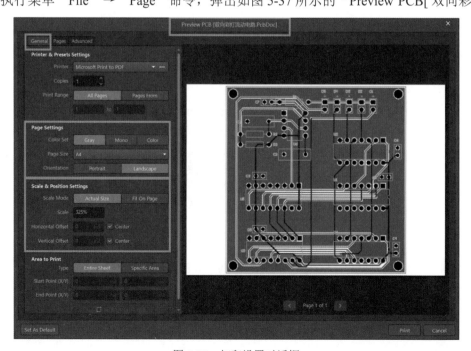

图 5-37　打印设置对话框

动电路 .PcbDoc]"打印设置对话框。在"General"选项卡中,"Page Settings"区用于设置打印的颜色、纸张尺寸和打印方向;在"Scale & Position Settings"区,选择"Actual Size",调整"Scale"值,可以设置打印比例,选择"Fit On Page",将按打印纸大小打印。一般打印图纸时,可以设置为"Fit On Page","Color Set"设置为"Gray",这样可以将 PCB 按图纸大小打印,并便于分辨不同的工作层。在打印用于 PCB 制板的图纸时,应选择"Actual Size",并将"Scale"设置为"100%","Color Set"设置为"Mono",这样打印出来的图纸可以用于热转印制板。

5.7.2　印制板的 PDF 文件输出

在 PCB 生产调试期间,为了方便查看文件或者查询元器件信息,可以通过智能 PDF 输出的方式将 PCB 设计文件转换成 PDF 文件,具体步骤如下:

(1) 执行菜单"File"→"Smart PDF"命令,弹出"Smart PDF"对话框,如图 5-38 所示。

图 5-38　"Smart PDF"对话框

(2) 单击"Next"按钮进入下一步,在"Choose Export Target"对话框设置输出文件的名称,如图 5-39 所示。

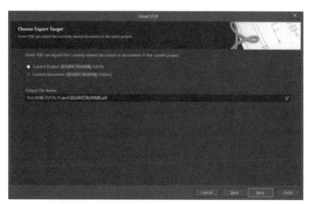

图 5-39　"Choose Export Target"对话框

(3) 单击"Next",出现"Choose Project Files"对话框,选择要导出的文件。

(4) 单击"Next"按钮进入下一步,在"Export Bill of Materials"对话框输出物料清单。

由于 Altium Designer 22 中有专门的输出 BOM 表的功能，此处一般不选中"Export a Bill of Materials"复选框。

(5) 单击"Next"按钮进入下一步，出现"PCB Printout Settings"对话框，如图 5-40 所示，系统默认输出一张混合图，包含目前使用到的层。如果想要输出顶层装配图和底层装配图等其他图纸，可以重新进行输出设置。在图 5-40 中的"Printouts & Layers"栏右击，弹出一个对话框，选择"Create Assembly Drawing"（创建装配图纸）选项，弹出一个对话框确认是否创建装配图，单击"Yes"按钮确认创建装配图，系统自动创建"Top Laver Assembly Drawing"和"Bottom Layer Assembly Drawing"两张装配图。

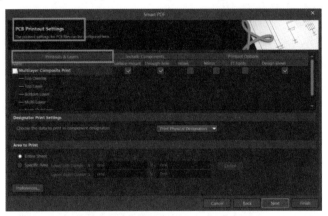

图 5-40 "PCB Printout Settings"对话框

(6) 单击"Next"按钮，进入下一步，出现"Additional PDF Settings"对话框，如无特殊需求可以直接单击"Next"按钮，出现"Structure Settings"对话框，直接单击"Next"按钮，出现"Final Steps"对话页。

(7) 单击"Finish"按钮完成设置，至此智能 PDF 输出完成。

5.7.3 Gerber 文件输出

Gerber 文件是一种符合 EIA 标准、用于驱动光绘机的文件。该文件把 PCB 中的布线数据转换为能被光绘图机处理的文件格式，能用于生产 1：1 高度胶片的光绘数据。几乎所有 CAD 系统都将 Gerber 格式作为其输出数据的格式。这种数据格式可以直接输入绘图机，然后绘制出图 (Drawing) 或者胶片 (File)，因此 Gerber 格式成为业界公认的标准格式，生产厂家拿到 Gerber 文件就可以方便地、精确地读取制板信息了。用 Altium Designer 22 绘制好 PCB 文件后，需要打样制作，但又不想提供给厂家原始工程文件时，也可以直接生成 Gerber 文件提供给 PCB 生产厂家供其打样制作 PCB 板。

输出 Gerber 文件时，建议在工作区打开工程文件，生成的相关文件会自动输出到 OutPut 文件夹中。操作步骤如下：

在 PCB 设计界面中执行菜单"File"→"Fabrication Outputs"（制造输出）→"Gerber Files"命令，弹出"Gerber Setup"对话框，如图 5-41 所示，在"Units"区通常选择"Inches"，在"Decimal"区通常选择 0.1mil。在"Others"里将"Include unconnected midlayer pad"（包括未连接的中间层焊盘）和"Generate Reports"前的复选框勾上。

图 5-41　"Gerber Setup"对话框

　　观察右侧的"Layers to plot"选项卡，可以看到有一些层后面的"Plot"栏打了"√"。对比自己的设计，将用到的所有层都勾选上，在其后面打"√"。注意这里出现了"Drill Drawing"层，它的上面有具体的打孔信息，包括开孔的样式和尺寸等，交给 PCB 制板商生产时这个层一定要选择，再参考图 5-42 选择所用到的层，其他设置保持默认。

图 5-42　"Layers to plot"选项设置

在右侧界面上点击切换到"Advanced"选项卡，其中的选项可以保持默认不变，额外勾选最后一个"Generate DRC Rules export file(.RUL)"也是可以的。最后单击"Apply"，即可完成 Gerber 文件输出的操作。

5.7.4　钻孔文件输出

设计文件上放置的安装孔和过孔需要通过钻孔文件进行输出设置，在 PCB 设计界面中，执行菜单"File"→"Fabrication Outputs"（制造输出）→"NC Drill Files"命令，弹出"NC Drill Setup"对话框，如图 5-43 所示，在"Units"区中选择"Inches"，在"Format"区中选择"2：5"，其他默认。参数设置完毕后单击"OK"按钮，弹出"Import Drill Data"对话框，采用默认设置，直接单击"OK"。系统输出 NC 钻孔图形文件，如图 5-44 所示。

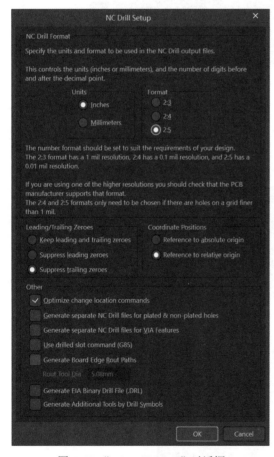

图 5-43　"NC Drill Setup"对话框

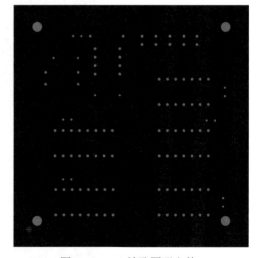

图 5-44　NC 钻孔图形文件

至此，Gerber 文件输出完成，在输出过程中产生的 2 个扩展名为 .cam 的文件可以直接关闭不用保存。在工程目录下的"Project Outputs for…"文件夹中的文件即为 Gerber 文件，如图 5-45 所示。将其重命名后，打包发给 PCB 生产厂商制作即可。

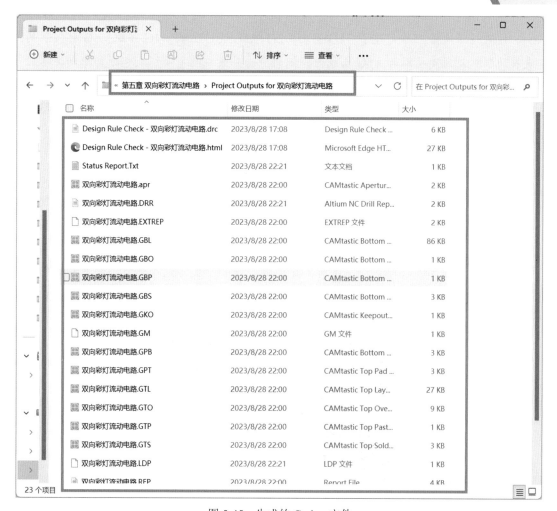

图 5-45　生成的 Gerber 文件

 思政小课堂

1. 案例材料

飞速发展的通信技术——杭州亚运会场馆里的"黑科技"

杭州亚运会场馆里藏着哪些"黑科技"？可以同时满足 8 万观众上网需求的亚运专网、能够帮助外国选手无障碍交流的 5G 新通话、助力亚运村内物流车辆实时监控调度的无源物联……你听说过这些酷炫的"黑科技"吗？当前全球有近 500 家运营商投资 5G 网络，已投入商用的超 200 张，5G 终端接近 1500 款；185 万个 5G 基站覆盖了我国所有地级市、县城和绝大部分乡镇，5G 用户达 4.55 亿户，5G 流量占比已超四分之一，5G 消息、5G 新通话等面向消费者的应用不断涌现，5G 应用案例数超过 2 万个。

　　我国移动通信产业走过了"1G 空白、2G 跟随、3G 突破、4G 并跑、5G 引领"的发展历程。商用 4 年以来，5G 已成为我国新型基础设施的重要组成部分和推动实体经济数字化转型升级的关键驱动力，并为 6G 发展打下了良好基础。工业和信息化部总工程师赵志国曾在国务院新闻办公室举行的新闻发布会上表示，将大力推动 6G 技术研究，开展技术试验，深化交流合作，加快 6G 创新发展。图 5-46 为 2023 中关村论坛中"下一代 6G 通信技术"的展台。

　　作为 5G 建设的主力军，我国三大运营商也都在积极开展针对 6G 技术的研究工作。在 6G 网络架构研究方面，中国电信牵头承担了国家项目——"6G 网络架构及关键技术"，提出了"三层四面"的数据驱动分布自治的新型网络架构，并联合产业链开展原型系统的技术攻关。在全球最早布局 6G 研究的中国移动主导了愿景与需求制定，攻关了多项标志性技术，协同产业上下游共建开放的联合研发与试验环境，培育和孵化了一系列原创技术。中国联通负责搭建 6G 网络仿真平台，攻关 6G 网络架构、6G 内生安全等关键技术，牵头成立了毫米波太赫兹联合创新中心。

图 5-46　2023 中关村论坛中"下一代 6G 通信技术"的展台

2. 话题讨论

(1) 我国移动通信产业能有今天辉煌的成就原因有哪些？

(2) 请列举一些你了解的为无线通信发展做出杰出贡献的科学家和工程师。

(3) 请搜索并探讨本课程内容在无线通信技术上的应用，并提出适合通信电路的布局布线方案。

实训拓展题

　　根据图 5-47(a)(b)(c) 所示的电机驱动电路，在合适的路径下新建"姓名＋学号后两位＋电机驱动电路"工程文件，建立"姓名＋学号后两位＋电机驱动电路"顶层原理图文件，并在顶层电路的下面建立"fangbo""MCU"两个子电路图，建立"姓名＋学号后两位＋

电机驱动电路"PCB 文件。

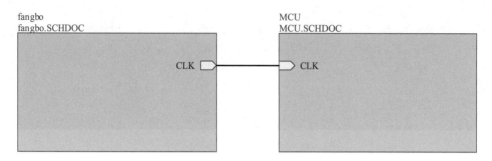

(a) 电机驱动电路顶层原理图

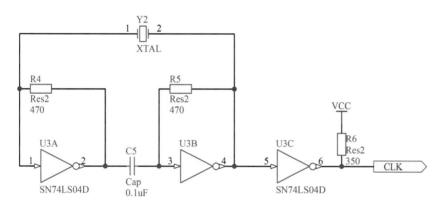

(b) 电机驱动电路底层子电路图 1

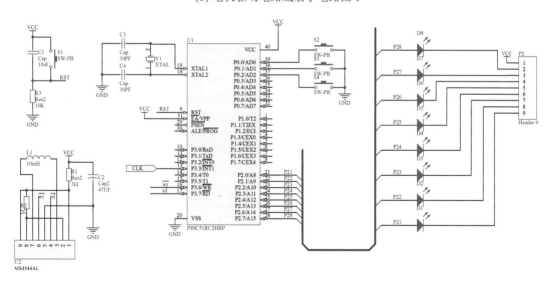

(c) 电机驱动电路底层子电路图 2

图 5-47　电机驱动电路

(1) 在原理图中设定图纸大小为 A4，在标题栏中填入图纸信息，包括电路名称、作者姓名和学号。完成原理图的绘制并修改封装如图 5-48 所示，进行 ERC 检测。

	Comment	Description	Designator	Footprint	LibRef	Quantity
1	Cap	Capacitor	C1, C3, C4, C5	6-0805	Cap	4
2	Cap2	Capacitor	C2	RB7.6-15	Cap2	1
3	LED0	Typical INFRARED GaAs LED	D1, D2, D3, D4, D5, D6, D7, D8	3.2X1.6X1.1	LED0	8
4	Inductor	Inductor	L1	0402-A	Inductor	1
5	Header 9	Header, 9-Pin	P2	HDR1X9	Header 9	1
6	Res2	Resistor	R1, R2, R3, R4, R5, R6	6-0805	Res2	6
7	SW-PB	Switch	S1, S2, S3, S4	SPST-2	SW-PB	4
8	P89C51RC2HBP	80C51 8-Bit Flash Microcontroller Family,...	U1	SOT129-1	P89C51RC2HBP	1
9	M54544L	Header, 9-Pin	U2	IP-9	Header 9	1
10	SN74LS04D	Hex Inverter	U3	DO14_N	SN74LS04D	1
11	XTAL	Crystal Oscillator	Y1, Y2	R38	XTAL	2

图 5-48   电机驱动电路 BOM 清单

(2) 子电路图 2(MCU) 中的 M54544AL 需要在封装库中画出封装，创建一个封装库文件命名格式仍为"姓名 + 学号后两位 + 电机驱动电路"形式，按照所给器件手册数据，如图 5-49 所示，绘制出如图的器件封装 SIP-9，并在 PCB 图中使用。

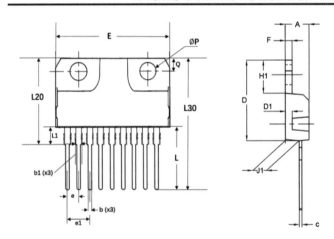

图 5-49   M54544AL 封装尺寸信息

(3) 进行 ERC 检测，并确保 ERC 检测结果无误。同时，在该文件夹内生成 .xls 格式的元器件清单。

(4) 在 PCB 中设定板框大小为 3200 mil × 2800 mil，采用双面布线，电气间距均为 10 mil，普通线宽为 10 mil，VCC 和 GND 线宽为 15 mil，在 PCB 板上写上自己的姓名和学号，完成 PCB 图的绘制，全部焊盘加入补泪滴操作，双面铺铜连接到 GND 网络。

第6章 综合设计——最小系统板的设计

6.1 系统板电路分析

本章以电子专业学习中入门阶段最常见的最小系统板为例，通过两层板的原理图设计、元器件库设计、交互式布局及模块化布局、快速布线等全流程实战项目的演练，使读者对 PCB 设计的基本思路及流程化设计有更全面的理解，让 Altium Designer 22 初学者能将理论和实践相结合，从而掌握电子设计中最基本的操作技巧及思路，全面提升初学者的实际操作技能和学习积极性。

单片机最小系统是指用最少的元器件组成的能让单片机工作的系统。一般来说，最小系统应该包括单片机、晶振电路、复位电路、电源。最小系统板是指在最小系统的基础之上额外加入一些开发 MCU(微控制单元) 所必要的组成部件，如状态指示、引脚接插件等。图 6-1 是本次设计要完成的原理图。可以看到，图中第①部分中的 U1 就是本设计采用的 MCU，该 MCU 为 STM8S103F3，是一个最高工作频率为 16 MHz 的 8 位微控制器。它带有 8 KB 的闪存、EEPROM、10 位的 ADC、3 个定时器、UART、SPI、I²C 等硬件单元，其芯片实物如图 6-2 所示。STM8S103F3 芯片是 TSSOP-20 贴片式封装，要开发使用该芯片应设计一个如图 6-3 所示的最小系统板，为芯片提供最小系统支持并将各个引脚用标准接插件引出，以方便后续的硬件连接。第②部分是复位电路，由电容、电阻、按键组成，由原理图并结合"电容电压不能突变"的性质可知，当系统上电时，NRST 脚将会出现高电平，当按键被按下时，NRST 脚接地，这样就实现了低电平触发复位。第③部分是电源部分，系统板通过 USB 串口供电，输入电源是 5 V，但查看 STM8S103F3 的芯片手册发现该芯片的供电电压是 3.3 V，所以还要在 USB 的后面加一个由 5 V 转 3.3 V 的 AMS1117-3.3 的电源芯片，该芯片输出的 3.3 V 将为 MCU 和 LED 供电。第④部分是 STM8S 系列芯片用于仿真和调试的 SWIM 接口，SWIM 接口具有稳定和简洁的特点，SWD 方式调试时，一般都是采用 4 线，即：VCC 电源、GND 地线、SWIM 数据、NRST 复位接口。第⑤部分是指示部分，当系统板正常供电时，名为 PWR 的发光二极管会点亮；当芯片的 B5 引脚输出低电平时，名为 TEST 的发光二极管会点亮，通过这个 LED 能为数据传输做测试。第⑥部分中的 P1 和 P2 是标准接插件，可以是排针，也可以是排母。STM8S103F3 能实现柔性时钟控制，分别可以通过外接低功率晶体振荡器、输入外部时钟、内部调用 16 MHz RC、内部调用低功耗 128 kHz RC 这 4 个时钟源，为 MCU 控制提供多种工作频率。

一个完整的电路设计是一个从无到有的过程，不过一般的设计流程主要归纳为：① 在图纸上创建元器件；② 设计电气连接；③ 在实物电路板上设计电气图纸的映射；④ 电路板实际电路模块的摆放和电气导线的连接；⑤ 生产与装配成 PCBA。下面就使用 Altium Designer 22 软件完成设计的前 3 个环节，带领读者掌握完成一个电路设计的过程。

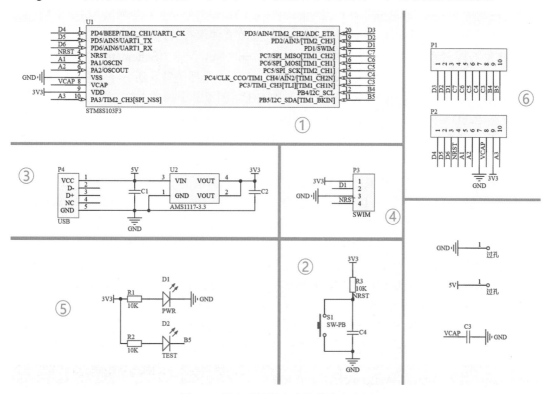

图 6-1　最小系统板包含的模块电路图

图 6-2　STM8S103F3 芯片实物图 　　　　图 6-3　最小系统板实物图

6.2　工程的创建

本设计要绘制电路原理图、PCB 图，绘制的过程中还要绘制部分元器件的原理图符号

和封装，所以在本例中要依次创建工程文件、原理图文件、PCB 文件、原理图库文件、封装库文件，并让它们实现工程管理关系，操作过程如下：

(1) 执行菜单命令"File"→"New"→"Project"，在弹出的"Create Project"对话框中选择左侧的"Local Projects"，并在右侧的"Project Name"文本框中命名为"最小系统板"，保存到某一硬盘目录下，在"Folder"栏中可以修改文件保存的路径。

(2) 在工程创建好后，执行菜单命令"File"→"New"→"Schematic"，创建一页新的原理图，命名为"最小系统板 .SchDoc"。可以看到，原理图默认进入了工程中。

(3) 执行菜单命令"File"→"New"→"PCB"，创建一个新的 PCB 文件，命名为"最小系统板 .PcbDoc"。

(4) 执行菜单命令"File"→"New"→"Library"，这时会弹出一个"New Library"弹窗，选择"Schematic Library"，然后单击下面的"Creat"。系统打开原理图库编辑器，并自动产生一个原理图库文件"Schlib1.SchLib"，同时自动新建元器件"Component_1"。执行菜单"File"→"Save As…"命令，将该库文件保存到指定文件夹中，命名为"最小系统板 .SchLib"。

(5) 执行菜单"File"→"New"→"Library"，出现"New Library"弹窗，选择第 3个"PCB Library"，再单击"Create"，软件会打开 PCB 封装库编辑窗口，在左侧"Projects"面板中可以看到自动生成了一个名为"PcbLib1.PcbLib"的元器件封装库，同时在库中创建了一个新的元器件封装"PCBCOMPONENT_1"。执行菜单"File"→"Save As…"命令，将该库文件保存到指定的文件夹中，命名为"最小系统板.PcbLib"。

如图 6-4 所示，整个电路设计中最重要的几个文件都创建好了。可以看到，4 个操作文件都添加到"最小系统板"这个工程下面了，至此就可以开始进行电路设计了。

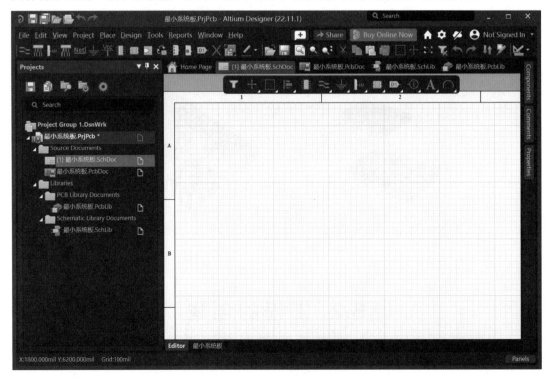

图 6-4　电路设计工程中的文件

6.3　元器件原理图库的设计

在本例的原理图中除了 STM8S103F3、AMS1117-3.3 这两个元器件可能在现有库中找不到外，其余的都是"Miscellaneous Devices"和"Connectors"中已有的元器件。所以本节将完成 STM8S103F3、AMS1117-3.3 以及发光二极管的原理图库设计，同时复习原理图库设计方法。

6.3.1　向导法设计 STM8S103F3 主控芯片

双击左侧"Project"面板中的"最小系统板 .SchLib"文件，进入原理图库编辑界面，再切换左侧面板到"SCH Library"选项卡。

执行菜单"Tools"→"Symbol Wizard"命令，弹出"Symbol Wizard"对话框。在该对话框中，在"Number of Pins"栏设置引脚数，本例设置为 20；在"Layout Style"栏选择器件式样，本例选择"Dual in-line"，选择后将会在右侧显示出该器件的图形；"Display Name"区设置引脚名；"Designator"区设置引脚号；"Electrical Type"区设置引脚的电气类型；"Side"区设置引脚的区域。根据查找到的芯片资料，将引脚的相关信息依次复制到对应的引脚中，并设置好相关信息。

图 6-5 所示为设置完信息的"Symbol Wizard"对话框。从图中可以看到设计好的元

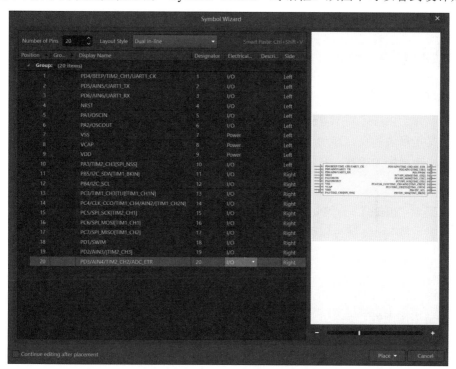

图 6-5　"Symbol Wizard"对话框设置

件图形，单击"Place"按钮，选择"Place New Symbol"创建新元件，元器件名默认为"Component_1"。单击"SCH Library"区的"Edit"按钮，将弹出的"Properties"面板的"General"区域中的"Design Item ID"栏修改为"STM8S103F3"，"Designator"栏改为"U?"，"Comment"栏改为"STM8S103F3"，如图 6-6 所示，这时也可以在"Parameters"区域添加封装"TSSOP20"。至此 STM8S103F3 设计完毕，设计好的原理图符号如图 6-7 所示。

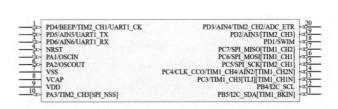

图 6-6　元器件的属性设置　　　　　图 6-7　STM8S103F3 原理图库中的符号

6.3.2　基本法设计 AMS1117-3.3 电源芯片

1. 绘制元器件图形

执行菜单"Place"→"Rectangle"命令，或在绘图工具栏中单击▢按钮，在坐标原点单击定义矩形块起点，移动光标拉出一个合适大小的矩形块，再次单击，确定矩形块的终点，完成矩形块的放置，右击退出放置状态。

2. 放置引脚

执行菜单"Place"→"Pin"命令，或在绘图工具栏中单击按钮，此时光标上会黏附一个引脚，按 Space 键可以旋转引脚的方向，移动光标到要放置引脚的位置，单击放置引脚。本例中在图上相应位置放置引脚 1～4。引脚只有一端具有电气特性，在放置时应将带有引脚名称的一端与元器件图形相连，引脚端口有灰色 × 的就是具有电气特性的一端，应把这端放在对外的方向上。

3. 设置引脚属性

在引脚还未放置且处在浮动状态，或者放置后双击某个引脚时，右侧会弹出"Properties"对话框。在"Properties"区中设置引脚属性，其中"Designator"表示引脚号；"Name"表示引脚名；"Electrical Type"下拉列表框可设置引脚的电气类型，本例中全部引脚的电气类型均设为"Power"或者"Passive"；"Pin Length"设置引脚长度。在这里同样可以设置元器件符号的引脚标识和引脚信息的显示与隐藏，即单击输入栏后面的■即可。

4. 设置元器件属性

单击"SCH Library"区中的"Edit"按钮，打开元器件的"Properties"对话框，设置元器件属性。"Design Item ID"栏修改为"AMS1117-3.3"，"Designator"栏改为"U?"，"Comment"栏改为"AMS1117-3.3"，这时也可以在"Parameters"区域添加封装"SOT223"，至此 AMS1117-3.3 设计完毕，设计好的原理图符号如图 6-8 所示。

用相同的方法设计出原理图中的 USB 符号、过孔符号。

图 6-8　AMS1117-3.3 原理图库中的符号

6.3.3　原有库基础上的 LED 符号的创建

在原理图的"Miscellaneous Devices.IntLib"库中有发光二极管的原理图符号，但如果想使用如图 6-9 所示的发光二极管的器件符号，就要在原来的库中进行简单的修改，这样能够简化设计流程和时间。下面就以设计发光二极管 LED 为例介绍设计方法。

(1) 执行菜单"File"→"Open"命令，弹出"Choose Document to Open"对话框，修改路径找到 Altium Designer 22 的"Library"文件夹打开选择集成元器件库"Miscellaneous Devices.IntLib"，单击"打开"按钮，弹出"Open Integrated Library"对话框，单击"Extract"（提取）按钮调用该库，之后会弹出"File Format"的弹窗询问加载格式，这个弹窗可以忽略不做修改，单击"OK"。然后在"Projects"面板中会发现新出现了"Miscellaneous Devices.PcbLib"和"Miscellaneous Devices.SchLib"两个库，双击其中的"Miscellaneous Devices.SchLib"，就打开了"Miscellaneous Devices.PcbLib"的原理图库。再将面板切换到"SCH Library"就能看到该库中的所有元器件信息了。这里切记不要修改原始库，查找复制完毕后及时关闭"Miscellaneous Devices"库，关闭时注意在是否保存的弹窗上选择"否"。

将面板切换到前面创建的"最小系统板 .SchLib"库的"SCH Library"界面，执行菜单"Tools"→"New Component"命令，修改器件名称为"LED"。再切换到打开的"Miscellaneous Devices.SchLib"中，全部选中"LED0"的原理图符号，复制器件到"LED"中。

(2) 绘制元器件图形：在复制的"LED"中，选中图中的▶蓝色三角形符号进行删除，执行"Place"→"Drawing Tools"→"Line"或单击主工具栏中的，在原来的位置上画一个空心的三角形，如果线的颜色不对，按 Tab 键修改成蓝色。

(3) 修改引脚属性：双击元器件的引脚，确认从左到右 2 个引脚的"Designator"和"Name"依次为"1""2"，"Electrical Type"都为"Passive"。

(4) 设置元器件属性: 单击左侧面板的"Edit"按钮,将"Designator"栏设置为"D?","Comment"栏设置为"LED",属性设置完毕后,如图 6-9 所示。保存元器件,元器件设计完毕。

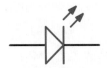

图 6-9　LED 原理图库中的符号

这里绘制的 LED 和"Miscellaneous Devices.IntLib"库中原来的 LED 在本质上没有任何区别。如果只是单纯做到和某个样图一模一样可以进行这样的操作,但在实际操作中,只要在功能上这个符号有与元器件相匹配的器件引脚就可以了。比如一个器件的封装有 4 个引脚,在实际使用时我们只会用到其中 3 个,那在绘制该元器件的原理图符号时也一定要绘制 4 个引脚,原理图符号的引脚要与封装引脚完全对应上,否则后续会出现问题。至于原理图的符号样式,无论像本例中是空心还是实心、是方的还是圆的,都不存在任何问题。不过基于设计的习惯性,常用的元器件符号都有固定的样式,如电阻、电容,各类集成芯片会设计成矩形框,设计时尽量与习惯保持一致。

6.4　原理图设计

原理图是各个功能模块的原理图符号及其电气连接组合而成的结果,本节将完成最小系统板的原理图设计,详细的原理图绘制方法请参考 2.3 节,下面对操作步骤做简单的复习回忆。

6.4.1　元器件的放置

双击打开创建好的"最小系统板 .SchDoc"和"最小系统板 .SchLib"的图纸页。

要在原理图中使用原理图库中绘制好的符号,可以预先将原理图文件保持打开状态,然后回到原理图库编辑界面,在左侧的"SCH Library"面板中找到"Place"按钮单击,如图 6-10 所示。界面自动跳转到了原理图中之后,在原理图中放置元器件 STM8S103F3,这时,除了显示元器件图形外,还会显示"U?"和"STM8S103F3",之后用同样的方法把"AMS1117-3.3"和"LED"放入原理图中。当元器件处于随光标悬浮状

图 6-10　原理图库中元器件的放置

态时，可以先按 Tab 键修改元器件属性。

单击原理图编辑器右上方的"Components"标签，屏幕右侧弹出"Components"控制面板，单击蓝色"Components"标签下的下拉栏，选择"Miscellaneous Devices.IntLib"库，找到原理图中要用到的"RES2""CAP""SW-PB"，双击这些元器件，将其移动到合适位置后单击，修改元器件属性。再次单击"Components"标签下的下拉栏，选择"Miscellaneous Connector.IntLib"库，找到需要的"Header 4""Header 10"，用相同的方法放置元器件，并单击"Comment"后面的 ⊙，将"Comment"隐藏。

6.4.2　元器件的复制

有时候在设计时需要用到多个同类型的元器件，这个时候不需要在库里面再执行放置操作，可以按住"Shift"键，然后从元器件处拖动就可以复制了。如果想多个元器件一起复制时，可以选择多个元器件，然后再执行上述步骤就可以了，也可以同时复制多种类型的元器件，方法相同。根据实际需要放置各类元件，元器件的放置可参考图 6-11 所示。

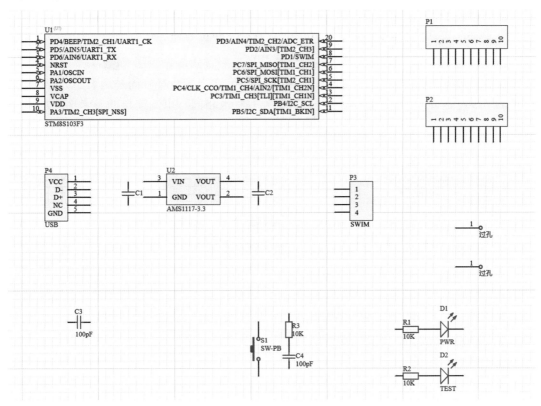

图 6-11　原理图中元器件的放置

6.4.3　电气连接的放置

元器件放置好之后，需要对元器件之间的连接关系进行处理，在这一步一定要认真耐心，不要出现遗漏、网络标号填错等失误，可能因为连接的失误会造成板卡出现短路、开路或者功能无效等问题。另外在绘制时也要注意让电路美观简洁，原理图中尽量以 90°走线，不要出现斜线，尽量不要有多余的连接节点，这样可以增加电路的可读性。

(1) 对于较近距离执行连接的元器件，执行菜单命令"Place"→"Wire"，或者单击主工具栏的▆按钮，放置电气导线进行连接。

(2) 对于要连接较远的导线，可以采用放置网络标签"Net Label"的方式进行电气连接，放置网络标签可以通过 4 种方法实现：① 执行菜单"Place"→"Net Label"命令；② 单击布线工具栏上的▆按钮实现；③ 在原理图图纸空白区域内右击，在弹出的快捷菜单中执行"Place"→"Net Label"命令；④ 快捷键 P + N。单击网络标签后光标上会黏附一个默认网络标签"Net label1"，按 Tab 键，软件会在右侧弹出"Properties"面板，在此处可以修改"Net Name"和方向等，将网络标签移动至需要放置的导线上方，当网络标签和导线相连处的光标"×"变为红色时，表明该网络标签与该导线建立了电气连接，放置第一个标签之后软件仍处于放置网络标签状态，右击或按 Esc 键退出放置网络标签状态。往芯片引脚上放置网络标签的时候要注意看连接点上是否出现了红色的"×"，如果不小心把网络标签放在了芯片本身引脚的上面那么电气是不会导通的，芯片本身的引脚只有最外侧的一点是具备电气连接属性的，所以这里建议读者绘制网络标签前先将芯片引脚绘制一段引出线，将网络标签放在自己画的引出线任意一点上都没问题。

(3) 对于电源和地，采取放置电源端口的全局连接方式，电源图标▆本质上也是一种电气网络，如果图标的名字是"GND"，那即使不用这个接地符号而是用名字为"GND"的网络标签也是可以的，其他电源类型的放置方法也相同。电气连接的参考图如图 6-12 所示。

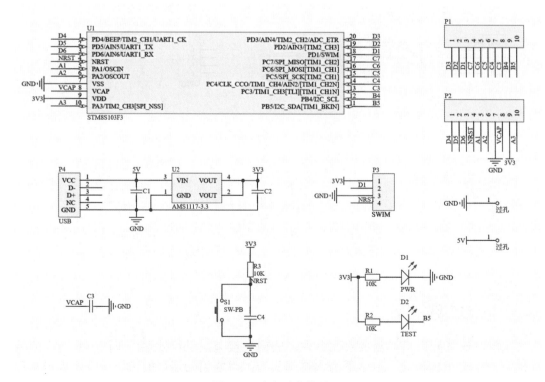

图 6-12　电气连接的放置

6.4.4　非电气性能标注的放置

有时候会需要对功能模块进行一些标注说明，或者添加特殊元器件的说明，从而增强原理图的可读性。执行菜单"Place"→"Text String"命令，或者在主工具栏中单击 A 按钮，这时光标上就会粘着一个文本字符串 (一般为前一次放置的字符)，按 Tab 键，右侧弹出"Properties"对话框，"Location"中的"Rotation"可以控制文本的旋转角度，在下面的"Text"框中输入要写入的文本 (最大为 255 个字符)。例如，在文本框中写入"电源"，下面的"Font"栏可以改变文本的字体、字形和大小。设置完毕后，按回车键，单击工作区的 ⏸ 按钮后就可以看到字符串跟着光标移动，单击把它放到标题栏的相应位置上，右击退出放置状态，如图 6-13 所示。按照上述类似的方法，设计完成该开发板中其他功能模块的标准说明。

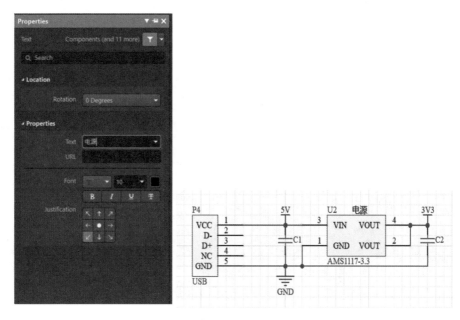

图 6-13　字符标注的放置

此外，还可以修改标题栏信息，设计新的模板，用特殊字符转换的文本格式显示信息等，具体参考本书 2.3.6 节。

6.4.5　元器件位号的重新编号

完成整个产品原理图功能模块的放置和电气连接之后，需要对整体的原理图中元器件位号进行重新编号，以满足元器件标识的唯一性。如果原理图设计中，元器件的位号是由用户自行定义的，而不是遵循某张图纸的规则，则可以通过元器件自动标注的方式，一次性快速完成原理图位号的设置，这将大大提高工作效率。

若电路中已经进行了部分标注，并且想重新分配标注，则可以执行"Tools"→"Annotation" (标注) →"Reset Schematic Designators…" (重置原理图位号) 命令，弹出是否重置对话框，单击"Yes"按钮确认将元器件位号重置。

元器件位号自动标注可通过执行菜单"Tools"→"Annotation"→"Annotate

Schematics…"命令 (快捷键 T + A + A) 实现。在弹出的"Annotate"对话框 (如图 6-14 所示) 的"Order of Processing"(处理顺序) 区的下拉列表框中有 4 种自动注释方式供选择，本例中选择"Down Then Across"(向下穿过) 的注释方式，如图 6-14 所示。单击右下角的"Update Changes List"按钮，系统会弹出对话框提示更新的元器件数量，单击"OK"按钮，系统将自动进行标注，并将更新结果显示在"Proposed"栏的"Designator"中，单击"Accept Changes(Create ECO)"按钮确认自动标注，系统弹出"Engineering Change Order"对话框，图中显示更改的信息。单击"Execute Changes"(执行变更) 按钮，系统自动对标注状态进行检查,检查完成后,单击"Close"按钮退回"Annotate"对话框,单击"Close"按钮完成自动标注。

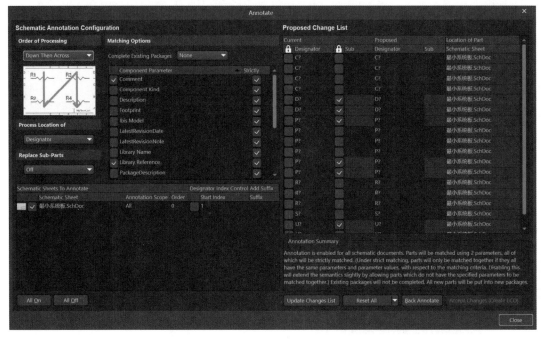

图 6-14　元器件位号的重新编号

6.4.6　原理图的编译与检查

一份合格的原理图，不只是图纸设计完成，更需要保证电路的电气连接正确，因此对工程进行常规性的检查核对是十分必要的。必须对原理图进行电气检查，找出错误并进行修改。

1. 设置检查规则

在进行工程文件中原理图的电气检查之前一般会根据实际情况设置电气检查规则，以便生成方便用户阅读的检查报告。执行菜单"Project"→"Project Options…"命令，打开"Options for PCB Project"对话框,单击"Error Reporting"(错误报告) 选项卡设置相关选项，如图 6-15 所示。报告能够提示的错误项总共有 7 类，每项都有多个条目，即具体的检查规则，在条目的右侧设置违反该规则时的报告模式，有"No Report""Warning""Error"和"Fatal Error"4 种，用户可以根据实际情况修改条目的报告模式。

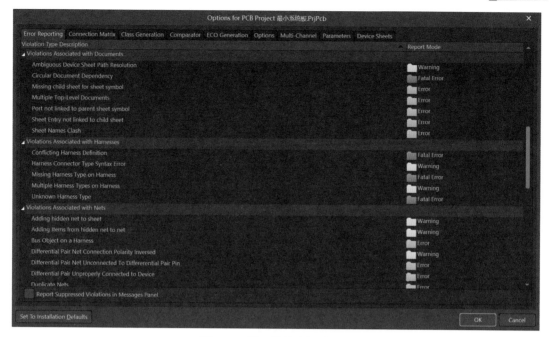

图 6-15　原理图检查规则设置

2. 电气规则检查

执行菜单"Project"→"Validate PCB Project 最小系统板 .PrjPcb"命令，系统自动检查电路，并弹出"Messages"对话框，在对话框中显示当前检查中的违规信息、坐标和元器件位号，双击这些错误可以迅速找到违规元器件并进行修改，修改完成后再次进行编译，直到编译无误为止。如果工程中没有设置的规则存在错误或者提示的是 Warning 的时候，"Messages"对话框就不会弹出，如想看信息可以在"Panels"面板中打开，详细的内容请参考本书 2.3.7 节。

6.5　PCB 封装的制作

PCB 封装是实物和原理图图纸衔接的桥梁。封装制作一定要精准，一般按照元器件芯片手册的尺寸进行封装的创建。在 4.3 节中分别介绍了采用封装向导和手工绘制封装的方法，所以在这一节中将通过完成 STM8S103F3 芯片的 TSSOP20 封装、按键 SW-PB 的贴片封装，来复习之前介绍的两种封装设计方法。

6.5.1　向导法设计 TSSOP20 封装

根据 4.3.1 介绍的内容找到 STM8S103F3 的芯片手册，并且找到其 TSSOP20 封装的尺寸，如图 6-16 所示。

TSSOP20 package information

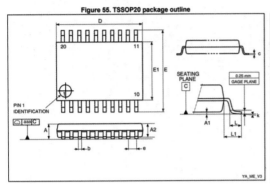

图 6-16　TSSOP20 封装尺寸

从图 6-16 中获取有用的数据，一般都选取最大值来进行计算。焊盘尺寸：长度 = (E－E1)/2 = 1 mm，宽度 = b = 0.3 mm，实际做封装的时候会再考虑一定的补偿量，让焊盘的尺寸比引脚稍微大一点，根据经验值，长度取值 2 mm，宽度取值 0.5 mm；相邻焊盘中心间距 = e = 0.65 mm；对边焊盘中心间距 = E1 + (E－E1)/2 = 5.5 mm；丝印尺寸：D = 6.6 mm，E1 = 4.5 mm。

进入 PCB 封装库后，执行菜单"Tools"→"Footprint Wizard…"（元器件向导）命令，弹出"Footprint Wizard"弹窗。进入元器件设计向导后单击"Next"按钮，弹出"Component patterns"对话框，用于选择元器件封装类型。共有 12 种封装形式供选择，包括电阻、电容、二极管、连接器及集成电路常用封装等。选中"Small Outline Packages(SOP)"封装类型，在"Select a unit"的下拉列表框中选择"Metric(mm)"，即公制。选中元器件封装类型后，单击"Next"按钮，弹出"Small Outline Packages(SOP)"对话框，其是用于设置焊盘的尺寸的，设置焊盘的长度为 1.5 mm，宽度为 0.27 mm。设置好焊盘的尺寸后，单击"Next"按钮，弹出的对话框用于设置相邻焊盘的间距和两排焊盘中心之间的距离，本例中相邻焊盘间距设置为 0.65 mm，两排焊盘中心间距设置为 5.5 mm。焊盘间距设置完毕后，单击"Next"按钮，弹出的对话框用于设置封装外框宽度，本例中设置外框宽度默认为 0.2 mm。外框宽度设置完毕后，单击"Next"按钮，弹出的对话框是用于设置元器件封装的焊盘总数的，本例中芯片有 20 个引脚，故设置焊盘数为 20。焊盘数设置完毕后，单击"Next"按钮，弹出的对话框是用于设置元器件封装名称的，这里设置元器件封装名为"TSSOP20"。封装名称设置完毕后，单击"Next"按钮，弹出设计结束对话框，单击"Finish"按钮结束元器件封装设计，如图 6-17(a) 所示。

核对一下丝印层的轮廓尺寸，单击"Ctrl + M"使光标变成绿色，这就表示进入了测量状态，分别单击丝印边框的两边，测量丝印框的宽度，发现用封装向导自动生的丝印框宽度是 2.4 mm，高度是 6.6 mm。从数据手册上看丝印层的宽度应该是 4.5 mm，单击丝印层将宽度调整到 4.5 左右即可，如图 6-17(b) 所示。丝印层代表的是芯片的轮廓，在本例中芯片的焊盘在外面，丝印层即使宽度不够也没有很大的影响，通过这个丝印轮廓能知道这 20 个焊盘是属于这个芯片的，这里丝印的意义就达到了。但如果有些元器件的丝印轮廓在外面，焊盘在里面，丝印轮廓是代表元器件的投影，是提示元器件布局时占用的面积，这个时候绘制丝印轮廓就要仔细了。

(a) 向导法生成的芯片封装

(b) 调整后的芯片封装

图 6-17　TSSOP20 封装

放置 3D 元件体。进入 PCB 元器件库编辑器，打开前面设计的 TSSOP20 封装。将工作层切换到"Mechanical 1"，执行菜单"Place"→"3D Body"命令，沿着元器件的丝印边框绘制一个闭合的矩形，放置完毕后右击退出，此时元器件封装上就添加了元件体信息。设置元件体的高度，参考图 6-16 所示可以看出 TSSOP20 的高度为 1.2 mm，器件身体下面到 PCB 板的距离是 0.15 mm。双击粉色元件体，弹出"3D Body"对话框，选中"3D Model Type"区的"Extruded"选项卡，将"Overall Height"设置为 1.2 mm，"Standoff Height"设置为 0.15 mm，关闭对话框完成设置。按下键盘中数字 3 键，观察 3D 效果。观察 3D 模型是否合理，如图 6-18 所示，保存元器件封装的参数设置，完成设计。

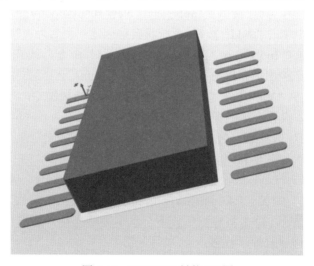

图 6-18　TSSOP20 封装 3D 图

6.5.2　手工设计按键贴片封装

手工设计元器件封装，实际上就是利用 PCB 元器件库编辑器的放置工具，在工作区按照元器件的实际尺寸放置焊盘、外框连线等各种图件。图 6-19 是贴片按钮的封装尺寸，下面以绘制贴片按钮的封装为例，复习 4.3.5 节的手工绘制元器件封装的方法。

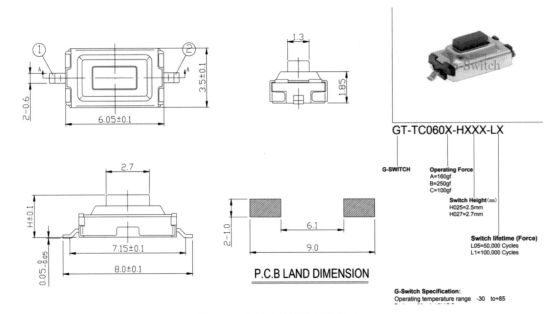

图 6-19　贴片式按钮的封装尺寸

如图 6-19 所示，可以读出尺寸数据如下，焊盘尺寸：长 = 1.45 mm、宽 = 1 mm，两个焊盘的中心距离 = 7.55 mm，元器件高度 = 1.85 mm，器件身体下面到 PCB 板的距离是 0.05 mm，丝印轮廓长 = 6.05 mm，高 = 3.5 mm。

(1) 创建新的元器件封装"SMD-SW"。

在当前元器件库中，执行菜单"Tools"→"New Blank Footprint"命令，或者在左侧"PCB Library"面板中单击"Add"按钮，系统将自动创建一个名为"PCBCOMPONENT_1"的新元件。执行菜单"Tools"→"Footprint Properties"命令，或在左侧"PCB Library"面板中单击"Edit"在弹出的"PCB Library Footprint [mm]"对话框中将"Name"修改为"SMD-SW"。执行菜单"View"→"Toggle Units"命令 (快捷键 Q)，将单位制设置为公制。按下快捷键 Ctrl + G，设置合适的栅格尺寸。执行菜单"Edit"→"Jump"→"Reference"命令，将光标调回坐标原点 (0, 0)。执行菜单"Place"→"Pad"命令或在主工具栏里单击◉按钮，放置焊盘，按下 Tab 键，弹出"Properties"对话框，在"Properties"区域设置"Designator"为 1，"Layer"设置"Top Layer"；在"Pad Stack"区域设置"Shape"为"Rectangular"，"X/Y"中 X = 1.45 mm、Y = 1 mm，其他默认。设置完毕后关闭对话框，将光标移动到原点▨处，单击将焊盘 1 放下，水平平移光标，距离原点 7.55 mm 处单击放置焊盘 2，右击退出放置焊盘状态。

(2) 绘制元器件轮廓。

将工作层切换到 Top Overlay，执行菜单"Place"→"Rectangle"命令放置任意大小的矩形框，双击该矩形框，弹出"Rectangle"属性对话框，将矩形框的长设置为 6.05 mm，宽设置为 3.5 mm，其他默认，关闭对话框完成设置。移动丝印层将其放在两个焊盘的中间即可。

(3) 设置参考点为焊盘 1。

封装的参考点是在 PCB 设计中放置元器件时光标停留的位置，执行菜单"Edit"→"Set

Reference"→"1 脚"命令，将元器件参考点设置在焊盘 1 上。

(4) 放置 3D 元件体。

将工作层切换到"Mechanical 1"，执行菜单"Place"→"3D Body"命令，沿着元器件的丝印边框绘制一个闭合的矩形，放置完毕后右击退出，双击粉色元件体，将"Overall Height"设置为 1.85 mm，"Standoff Height"设置为 0.05 mm，关闭对话框完成设置。

(5) 保存元器件。

执行菜单"File"→"Save"命令，保存当前元器件的参数设置，完成贴片式按钮的封装设计。贴片式按钮的封装 2D 图、3D 图，如图 6-20、6-21 所示。

图 6-20　贴片式按钮的封装 2D 图

图 6-21　贴片式按钮的封装 3D 图

6.6　PCB 设计

6.6.1　元器件封装匹配的检查

在进行 PCB 导入时，经常会出现"Footprint Not Found"或者"Unknown Pin"的现象，这些都是封装匹配上的问题，所以对封装进行检查十分有必要。在 Altium Designer 22 中绘制完原理图后，需要检查原理图中的元器件是否都有封装，且封装是否都按预期设置正确着，这时可以使用封装管理器实现批量处理封装的操作，详细请见 5.5.3 节。如图 6-22 所示，封装管理器元器件列表中"Current Footprint"展示的是元器件当前的封装，若元器件没有封装则对应的"Current Footprint"一栏为空，可以选中空白的一行或是几行，单击右侧的"Add"按钮添加新的封装。在弹出的"PCB Model"对话框内，单击"Browse"按钮，选择对应的封装库并选中需要添加的封装，单击"OK"按钮完成封装的添加。封装添加完毕后，如果元器件原来就有封装，在弹窗的右侧框中将会出现两个封装选项，这时可以单击选中原来的封装，单击"Remove"将其移除掉，再单击下面的"Accept Changes(Create ECO)"（接受变化）按钮，在弹出的"Engineering Change Order"（工程变更指令）对话框中单击"Execute Changes"（执行变更）按钮，执行变更完成后单击"Close"按钮即可完成在封装管理器中添加、修改封装的操作。将最小系统板中的元器件封装修改成如图 6-23 所示，全部修改好后进行 ERC 检测，没有问题就可以进行 PCB 设计了。

图 6-22　有待修改的元器件封装

图 6-23　修改后的元器件封装

6.6.2　PCB 的导入

元器件的封装修改完后，进行 ERC 检测没有任何报错之后就可以执行从原理图加载元器件到 PCB 的操作了，具体步骤如下：

打开设计好的原理图文件"最小系统板 .SchDoc"，执行菜单"Design"→"Update PCB Document 最小系统板 .PcbDoc"命令，或者在 PCB 文件"最小系统板 .PcbDoc"中，执行菜单"Design"→"Import Changes From 最小系统板 .PrjPcb"命令，都会弹出"Engineering

Change Order"对话框，如图 6-24 所示，该对话框中显示了参与 PCB 设计的元器件、网络、Room 等。单击对话框中的"Validate Changes"按钮，系统将自动检测各项变化是否正确有效，所有正确的更新对象，在"Check"栏内显示"√"符号，不正确的显示"×"符号，并在"Message"栏中描述检测不通过的原因。如无错误，再单击"Execute Changes"按钮，系统将接受工程参数变化，当看到"Check"和"Done"两列全部都是"√"时，说明软件已将元器件封装和网络表正确添加到 PCB 编辑器中了，单击"Close"按钮关闭对话框即可。加载元器件后的 PCB 如图 6-25 所示，可以看到系统自动建立了一个 Room 空间"最小系统板"(红色的方框)，同时加载的元器件封装和网络表放置在规划好的 PCB 边界之外，相连的焊盘间通过网络飞线连接。

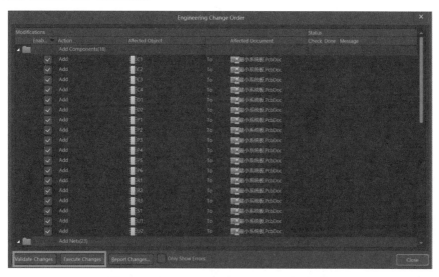

图 6-24 "Engineering Change Order"对话框

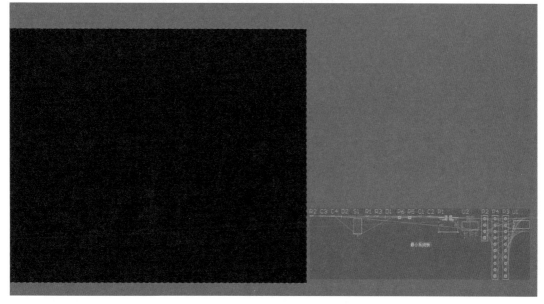

图 6-25 将原理图导入到 PCB 中

6.6.3 板框的绘制

在进行 PCB 设计前首先需要规划 PCB 的板层和尺寸，PCB 默认为 2 层板，本例是设计成 2 层板的，所以板层不需要修改；大多数情况下 PCB 的外形采用矩形，本例中设置板子的尺寸是 30 mm × 20 mm。规划 PCB 板尺寸的步骤如下：

(1) 确定绘制的单位。执行菜单"View"→"Toggle Unit"命令或者快捷键 Q，将单位切换成所需要的单位制。本例采用公制单位规划尺寸，将单位设置为公制 (mm)。

(2) 设置栅格尺寸。按下快捷键 Ctrl + G，在弹出的"Cartesian Grid Editor"对话框中设置栅格尺寸、栅格显示模式、大栅格与小栅格尺寸的倍增系数。

(3) 设置坐标原点。执行"Edit"→"Origin"→"Set"命令，在板图左下角定义相对坐标原点，设定后，沿原点往右为 X 轴正向，往上为 Y 轴正向。

(4) 确定禁止布线线径。首先单击工作区下方标签中的 (Keep-Out Laver)，将当前工作层设置为 Keep Out Layer。然后执行菜单"Place"→"KeepOut"→"Track"命令 (快捷键 P + K + T)，光标会变成一个绿色的十字光标，根据实际 PCB 尺寸需要单击鼠标绘制电气轮廓。一般会将光标首先移到坐标原点 (0，0) 单击，确定线径的起点，向右移动光标到 (30 mm，0 mm) 位置单击，向上移动到 (30 mm，20 mm) 单击，向左移动到 (0 mm，20 mm) 单击，向下移动到 (0 mm，0 mm) 再次单击，使线径围成一个闭合的区域，右击鼠标取消线径绘制即可。按住鼠标左键拉框选中所用边框，执行菜单"Design"→"Board Shape"→"Define Board Shape from Selected Objects"命令 (快捷键 D + S + D)，可以看到工作区中的板子按禁止布线线径被裁剪了。

在没有画线径之前也可以直接用重新定义板子形状来完成剪裁，Altium Designer 低版本的软件可以直接执行菜单栏中的"Design"→"RedefineBoard Shape"命令，然后光标单击边缘点来实现剪裁，方法和上面画线径的方法类似。Altium Designer 18 版本以上的软件，在 2D 模式下"Design"菜单栏是没有"RedefineBoard Shape"这一选项的，需要在 PCB 编辑界面中按数字键 1，进入板子规划模式，然后才能调整板子的外形大小。执行菜单栏中的"Design"→"RedefineBoard Shape"命令 (快捷键 D + R)，光标将变成十字形，重新绘制一个闭合区域即可调整板子的外形大小。保存 PCB 文件。修改完尺寸的 PCB 板子如图 6-26 所示。

图 6-26　板框的绘制

6.6.4 PCB 布局

元器件布局要遵守一定的元器件排列规则，这部分内容在 3.6.1 节有详细的介绍。针对本例，要注意的是在电路中出现的需要交互的元器件，如排针、USB 等，在元器件布局中要考虑到其装配和调试的方便性，一般这类的元器件布局尽量安排在 PCB 板的边缘。规划好后，对应地把相关功能模块的接插件摆放到位，如图 6-27 所示。为了让丝印层的元器件位号不占用过多的空间可以采用相似元器件属性批量修改的方法，将元器件位号的高度改为 0.8 mm(详细操作请查看本书 5.5.2 节)，并将每个元器件的位号位置放入器件的中心位置 (详细操作请查看本书 4.6.2 节)。

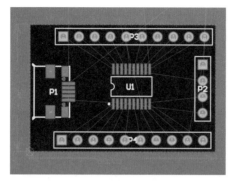

图 6-27　接插件的位置固定

各类接插件放置好后，根据原理图和 PCB 的模块化和交互性，首先可以对界面进行垂直分屏 (参考本书 4.6.1 节)，打开交叉选择模式，在原理图中选中元器件，然后在 PCB 中执行"Tools"→"Component Placement"→"Arrange Outside Board"命令，把其相关的模块都摆放在 PCB 板框的边缘 (参考本书 4.6.2 节)，如图 6-28 所示。布局时先大后小，先放置主控部分的芯片，再放置体积较大的元器件。根据常用的布局原则对剩余的元器件进行布局，注意信号流向，每个模块的元器件都摆放对齐，尽量美观，最终完整的布局参考图 6-29。

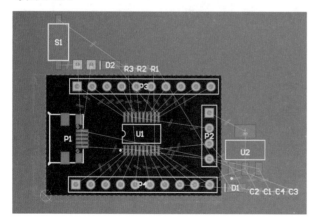

图 6-28　模块化布局

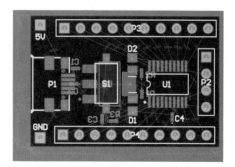

图 6-29　完整的布局

6.6.5　类的创建及 PCB 规则的设置

1. 类的创建

布局完成之后需要对信号进行分类和 PCB 规则设置，一方面可以对信号有明确的认识和清晰的思路，另一方面可以通过软件的规则约束，保证电路设计的性能，例如电源线因为电流相对较大，需要加粗。Altium Designer 22 软件会在布线时，根据不同网络线设定的规则进行限制处理。

"Net Class"是多个网络的集合，可以在"Object Class Explorer"对话框中对其进行编辑管理，具体方法是执行菜单栏中的"Design"→"Classes"命令（快捷键 D + C），将弹出"Object Class Explorer"对话框。在此对话框中，默认存在的网络类为"All Nets"，如需创建新的类，可以在"All Nets"的上面右键单击选择"Add Class"，单击这个"Add Class"，会出现一个"New Class"，在它的上面右击会出现"Rename Class"，可以根据要归类的网络性能修改名字。本例中将 5 V、3.3 V 和 GND 定义为一个类，重新命名为"电源"，然后将他们选中到右侧的方框中，单击"OK"就自定义了一个新的网络类，如图 6-30所示。

图 6-30　类的创建

2. PCB 规则设置

在 PCB 编辑界面中，执行菜单"Design"→"Rules…"（快捷键 D + R）命令，弹出"PCB Rules and Constraints Editor [mil]"对话框。一般在设计时要设置的规则主要集中在"Electrical"（电气设计规则）类别和"Routing"（布线设计规则）类别中。

1) 电气设计规则

电气设计规则是 PCB 布线过程中所遵循的电气方面的规则，其主要用于 DRC 电气校验。

(1) Clearance(安全间距规则) 设置为 8 mil；在"Where The First Object Matches"(第一个匹配对象的位置) 区中，设置规则适用的对象范围为"All"。

(2) Short-Circuit(短路约束规则) 是用于设置 PCB 上的导线等对象是否允许短路的。系统默认的短路约束规则是不允许短路，不用修改。

(3) Un-Routed Net(未布线网络规则) 是用于检查指定范围内的网络是否已布线的，对于未布线的网络，使其仍保持飞线。一般使用系统默认的规则且适用于整个网络。

(4) Un-Connected Pin(未连接引脚规则) 是用于检查指定范围内的元器件封装引脚是否均已连接到网络的，对于未连接的引脚给予警告提示并显示为高亮状态，系统默认状态为不使用该规则。

(5) Modified Polygon(多边形铺铜调整规则) 是用于检查被调整后的多边形铺铜是否进行重铺的，执行"Tool"→"Polygon Pours"→"Repour Modified"命令，可以进行铺铜调整后的自动更新。由于系统设置了自动 DRC 检查，当出现违反上述规则情况时，违反规则的对象将会高亮显示。

2) 布线设计规则

在"PCB Rules and Constraints Editor"的规则列表栏中单击"Routing"选项，展开其所有的布线设计规则，主要的规则设置如下：

(1) 导线宽度限制规则是用于设置自动布线时印制导线的宽度范围的，其可以定义最小宽度、最大宽度和优选宽度，单击宽度栏并键入数值即可对其进行设置。在"Routing"的初始状态中有一个"Width"的规则，单击这个"Width"，在右侧对话框的"Name"栏中将"Width"更改为"All"，在"Where The Object Matches"区的下拉列表框选中"All"，在"Constraints"区设置最小宽度为 8 mil、优选宽度为 8 mil、最大宽度为 8 mil，单击右下角的"Apply"按钮，具体设置如图 6-31 所示。然后回到左侧对话框，右击"All"的子规则，系统将自动弹出一个菜单，选中"New Rule…"子菜单，系统将自动增加一个线宽限制规则"Width"，左键单击"Width"，在"Name"栏中将"Width"更改为"电源"，在"Where The Object Matches"区的下拉列表框中选择"Net Class"，在其后的下拉列表框中选择网络"电源"，在"Constraints"区设置最小宽度为 8 mil、优选宽度为 15 mil、最大宽度为 60 mil，具体设置如图 6-32 所示。由于设置了两个不同的线宽限制规则，所以必须设定它们的优先级，以保证布线的正常进行。单击对话框左下角的"Priorities…"(优先级) 按钮，屏幕弹出"Edit Rule Priorities"(规则优先级) 菜单。调整顺序使优先级高的是"电源"，最低的是"All"。参数设置完毕后单击"Apply"按钮。

手动布线时，交互式布线的线宽也是由线宽限制规则设定的，例如上面所述的线宽设置可以设置最小宽度、最大宽度和优选宽度，设置完成后，线宽只能在最小宽度和最大宽度之间进行切换。不修改布线时，系统默认以优选宽度进行布线。

(2) 过孔规则设置在"Routing"下面的"Routing Via Style…"中，单击"RoutingVias"设置内径大小为 12 mil，外径大小为 24 mil，如图 6-33 所示，设置完成后单击"Apply"按钮。

3) 阻焊设计规则

阻焊设计规则是在左侧对话框中的"Mask"下面的"Solder Mask Expansion"中设置的，单击"Solder Mask Expansion"，在右边的对话框中设置单边开窗为 2.5 mil，如图 6-34 所示。

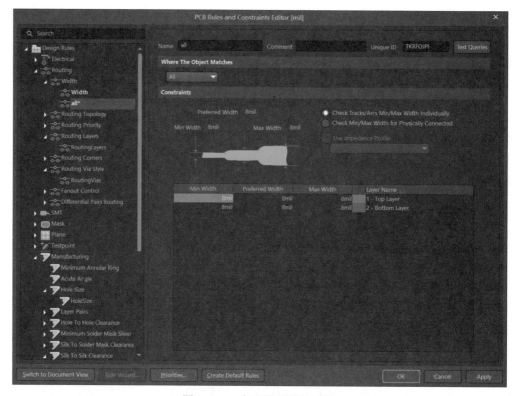

图 6-31　一般网络线宽的设置

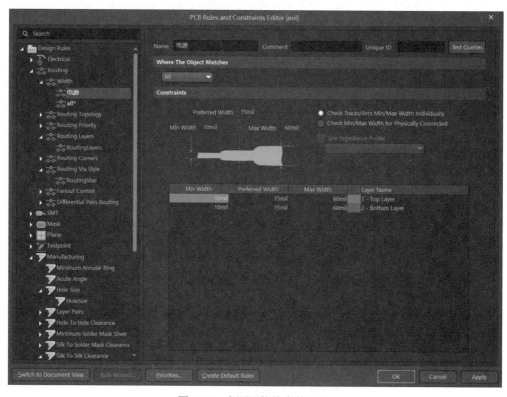

图 6-32　电源网络线宽的设置

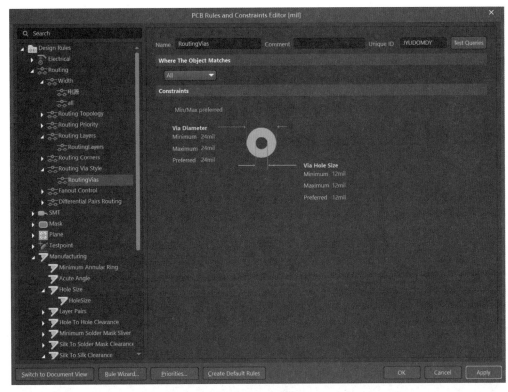

图 6-33 过孔规则设置

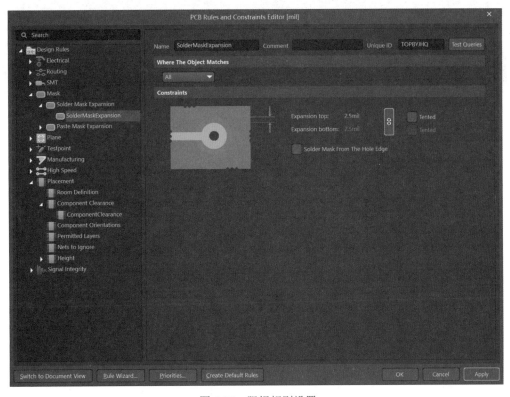

图 6-34 阻焊规则设置

4) 铺铜连接规则

因为本例为 2 层板设计只有正片层，所以只需要设置正片铺铜连接规则。在左侧对话框中的"Plane"下面的"Polygon Connect Style"中设置，单击"Polygon Connect"，在右边的对话框中设置通孔和贴片式焊盘采取花焊盘连接，空气间隙宽度为 15 mil，导体宽度为 20 mil；过孔采取"Direct Connect"（全连接）的方式进行设置，如图 6-35 所示。

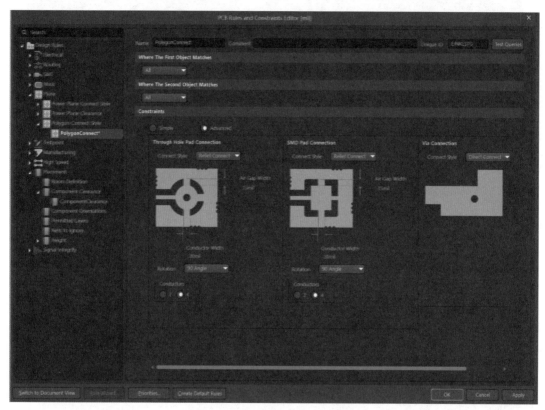

图 6-35　正片铺铜连接规则设置

6.6.6　PCB 布线

1. PCB 布线的总体原则

(1) 遵循优先信号走线的原则，走线间距不要过近。

(2) 对重要的、易受干扰的或者容易干扰其他信号的走线进行包地处理。

(3) 电源主干道加粗走线，根据电流大小来定义走线宽度；信号走线按照设置的线宽规则进行走线。

2. 电源的走线

电源的走线一般是从原理图中找出电源主干道，对主干道根据电源大小进行铺铜走线和添加过孔，不要出现主干道也像信号线一样只有一条很细的走线。这个可以类比于水管通水流：如果水流入口处太小，那么是无法通过很大的水流的，因为有可能因为水流过大造成爆管的现象；也不能入口的地方大，中间小，这种做法也有可能造成爆管的现象。同样，电路板遇到类似情况时就可能造成电路板被烧坏。对于 GND 孔的放置，根据需要打孔换层或者在易受干扰的地方放置 GND 孔，这能加强底层 GND 铺铜的连接。

根据上述布线原则完成布线后，对整板进行大面积的铺铜处理。完成 PCB 的 2D 图如图 6-36 所示，3D 图如图 6-37 所示。

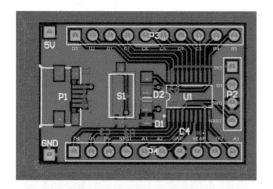
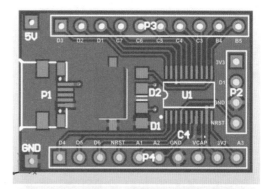
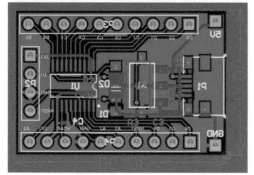
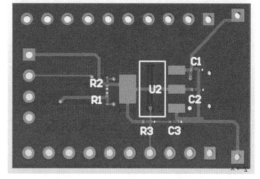

图 6-36　PCB 布局布线参考 2D 图　　　　　　图 6-37　PCB 布局布线参考 3D 图

6.7　DRC

PCB 布线工作结束后，用户可以使用 DRC 功能（设计规则检查）对完成的 PCB 进行检查，以确定布线是否正确、是否符合设定的规则要求，这也是 PCB 设计正确性和完整性的重要保证。运行 DRC 检查时，并不需要检查所有的规则设置，只需检查用户需要比对的规则即可。常规的检查包括间距、开路及短路等电气性能检查，和布线规则检查等。

执行菜单"Tool"→"Design Rule Check…"命令，弹出"Design Rule Checker [mil]"对话框，如图 6-38 所示。该对话框主要由两个窗口组成，左边窗口主要由"Report

Options"（报告内容设置）和"Rules To Check"（检查规则设置）两项内容组成，选中前者则右边窗口中显示 DRC 报告的内容，可自行勾选；选中后者则右边窗口显示检查的规则（在进行自动布线时已经进行设置了），其中有"Online"（在线）和"Batch"（批量）两种方式供选。

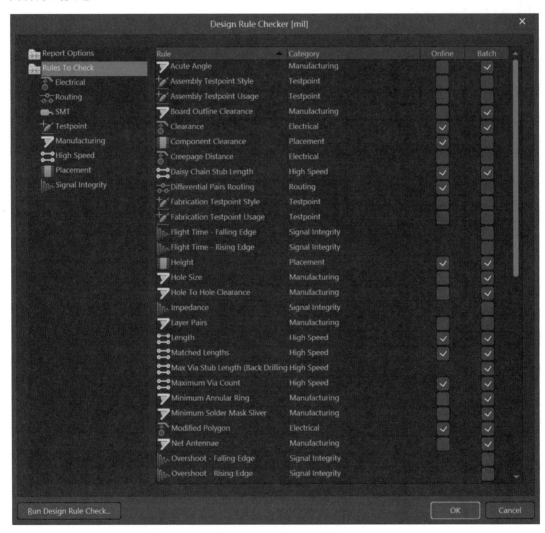

图 6-38　DRC 设置对话框

若选中"Online"的方式，系统将进行实时检查，在放置和移动对象时，系统自动根据规则进行检查，一旦发现违规将高亮显示违规内容。各项规则设置完毕后，单击"Run Design Rule Check…"按钮进行检测（快捷键 T + D + R），系统将弹出"Message"窗口和 DRC 检测结果对话框，如图 6-39 所示。如果 PCB 有违反规则的问题，将在窗口中显示错误信息，并在 PCB 上高亮显示违规的对象，系统同时打开一个页面，显示违规信息，如存在违规的问题，用户可以根据违规信息对 PCB 进行修改。修改完毕之后，按快捷键"TDR"，再次进行 DRC，直到所有的检查都通过为止。

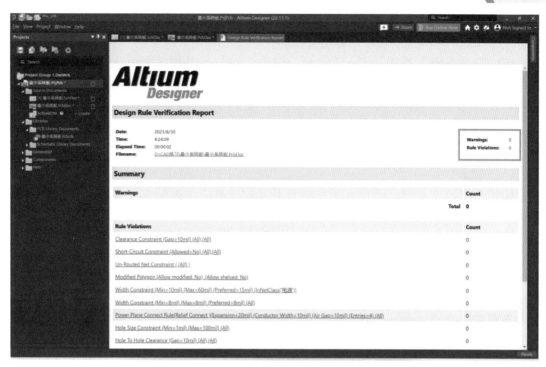

图 6-39　DRC 检测结果对话框

6.8　生 产 输 出

6.8.1　PDF 文件的输出

在 PCB 生产调试期间，为了方便查看文件或者查询元器件信息，可以通过智能 PDF 输出的方式将 PCB 设计文件转换成 PDF 文件，具体步骤如下。

(1) 执行菜单"File"→"Smart PDF"命令，弹出"Smart PDF"对话框。

(2) 单击"Next"按钮进入下一步，弹出"Choose Export Target"对话框，设置输出文件的名称。

(3) 单击"Next"，出现"Choose Project Files"对话框，选择要导出的文件。

(4) 单击"Next"按钮进入下一步，弹出"Export Bill of Materials"对话框，输出物料清单。由于 Altium Designer 22 中有专门输出 BOM 表的功能，此处一般可以不再选中"Export a Bill of Materials"复选框。

(5) 单击"Next"按钮进入下一步，弹出"PCB Printout Settings"对话框，系统默认输出一张混合图，包含目前使用到的层。如果想要输出顶层装配图和底层装配图等其他图纸，可以重新进行输出设置。在"Printouts & Layers"栏右击，弹出一个对话框，选择"Create Assembly Drawing"(创建装配图纸)选项，弹出一个对话框确认是否创建装配图，单击

"Yes"按钮确认创建装配图,此时系统将自动创建"Top Laver Assembly Drawing"和"Bottom Layer Assembly Drawing"这两张装配图。

(6) 单击"Next"按钮,进入下一步,弹出"Additional PDF Settings"对话框,如果无特殊需求可以直接单击"Next"按钮,弹出"Structure Settings"对话框,直接单击"Next"按钮,弹出"Final Steps"对话页。

(7) 单击"Finish"按钮完成设置,至此智能 PDF 输出完成。

6.8.2　Gerber 文件的输出

输出 Gerber 文件时,建议在工作区打开工程文件,生成的相关文件会自动输出到 OutPut 文件夹中。操作步骤如下:

在 PCB 设计界面中执行菜单"File"→"Fabrication Outputs"(制造输出)→"Gerber Files"命令,弹出"Gerber Setup"对话框,在"Units"区通常选择"Inches",在"Decimal"区通常选择 0.1 mil。在"Others"里将"Include unconnected mid-layer pad"(包括未连接的中间层焊盘)和"Generate Reports"前的复选框勾上。

观察右侧的"Layers to plot"选项卡,可以看到有一些层的后面"plot"栏打了"√"。对比自己的设计,将用到的所有层都勾选上,在其后面打"√"。注意这里出现了"Drill Drawing"层,它的上面有具体的打孔信息,包括开孔的样式和尺寸等,交给 PCB 制板商生产时这个层一定要选择,再参考图 5-42 所示选择所用到的层,其他设置保持默认。

在右侧界面中切换到"Advanced"选项卡,其中的选项可以默认保持不变,额外勾选最后一个"Generate DRC Rules export file(.RUL)"也是可以的。最后单击"Apply",即可完成输出 Gerber 文件的操作。本例的 Gerber 文件输出的预览效果如图 6-40 所示。

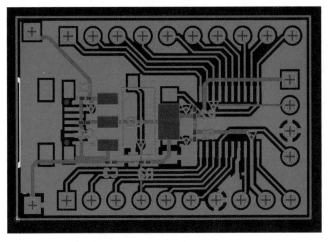

图 6-40　输出的 Gerber 文件

6.8.3　钻孔文件的输出

设计文件上放置的安装孔和过孔需要通过钻孔文件进行输出设置,在 PCB 设计界面中,执行菜单"File"→"Fabrication Outputs"(制造输出)→"NC Drill Files"命令,弹出"NC Drill Setup"对话框,在"Units"区中选择"Inches",在"Format"区中选择"2:5",其他默认。参数设置完毕后单击"OK"按钮,弹出"Import Drill Data"对话框,采用默认设置,直接单击"OK"。系统输出的 NC 钻孔图形文件,如图 6-41 所示。

图 6-41　NC 钻孔图形文件

6.8.4　IPC 网表的输出

如果在提交 Gerber 文件给生产厂家时,同时生成 IPC 网表给厂家核对,那么在制板时就可以检查出一些常规的开路、短路问题,可避免一些损失。

在 PCB 编辑界面中,执行菜单命令"File"→"Assembly Outputs"→"Testpoint Report",进入 IPC 网表的输出设置界面,按照图 6-42 所示进行相关设置即可。

图 6-42　IPC 网表的输出设置

至此,Gerber 文件输出完成,输出过程中产生的扩展名为 .cam 的文件可以直接关闭不用保存。在工程目录下的"Project Outputs for…"文件夹中的文件即为 Gerber 文件,将其重命名,打包发给 PCB 生产厂商制作即可。

思政小课堂

1. 案例材料

中国大型 PCB 制板商——嘉立创

嘉立创全名深圳嘉立创科技集团股份有限公司，成立于 2006 年，是行业内较早实现数字化转型的高新技术企业之一，专注于 PCB 打样 / 小批量、SMT 贴片、激光钢网制造等领域，为海内外企业、电子工程师、科研机构提供"价格优、品质高、交期快"的高性价比服务。2021 年，嘉立创与中信华、立创这两大板块进行战略整合，成立了嘉立创集团，专业提供"EDA 软件 /PCB CAM 软件→PCB 智造→元器件商城→激光钢网 / 治具→SMT 贴片"为一体的电子制造全产业链服务，助力全球硬件创新。

该公司主营业务有：① 在线电路设计：立创 EDA 是一款专业的国产 PCB 设计软件，拥有独立自主的知识产权，其服务于电子工程师、教育者、电子制造商等。该软件已集成了各种免费封装库、3D 模型库以及开源工程等；支持团队协作、电路仿真、3D 模型导出、云端操作等 PCB 设计功能，能满足用户多元化需求；② PCB 打样 / 小批量：嘉立创是 PCB 打样、中小批量模式的开创者，依托前沿的 ERP 在线下单系统、自动化产线和检测设备，致力于打造"高性价比"的产品体系，为用户提供高品质服务；③ PCB 大批量：中信华是主要从事 PCB 大批量生产服务的，坚持以"创建国际化品牌"为企业目标与理想，致力于打造研发及生产印制电路板 (PCB) 的集团化科技企业。公司年产各种单板、双面板、多层印制电路板 500 多万平方米，应用于人工智能、智能家电、仪器仪表、通信设备、照明、电脑、汽车电子、医疗器械、检测控制系统、航空等领域；④ 钢网制造：激光钢网是嘉立创的重点发展项目，依托公司庞大的线路板客户群体，进行规模化、系统化运作，为用户提供高性价比的服务；⑤ SMT：嘉立创于 2015 年开创了 SMT 打样 / 小批量业务，采用全新模式，大力投入研发，提供从 PCB 制作、到元器件购买、到钢网制造、到 SMT 的一站式服务，大幅提高了服务效率，减轻了手动焊接带来的危害。目前，嘉立创 SMT 服务为客户提供了"经济型"与"标准型"两种贴片服务，双面焊接也已开启，用户可以在嘉立创商城直接购买和使用元器件，也可以邮寄物料到嘉立创进行贴片；⑥ 3D 打印：三维猴是嘉立创旗下的 3D 打印品牌，致力于打印 3D 塑胶、金属模型、CNC 模具加工等，服务行业包括工业设计、医疗、电子、汽车、手办、道具、工艺品、五金配件、雕塑等。

嘉立创不定期会发放一些免费打板的优惠券，特别是针对高校学生提供了更多的优惠政策，同时嘉立创也会定期举办一些交流会议、参观工厂等活动，为学生学习实践电路绘图提供了很好的支持。此外在嘉立创的官网和论坛中，能找到很多优秀的开源案例，给学习者能提供更多的参考方案。

嘉立创集团的定位是一站式产业互联智造平台，使命愿景是助力全球硬件创新。它是众多为国家、为行业发展而不断努力的优秀中国企业代表之一，通过了解更多像嘉立创这样优秀的民族企业从兴起到蓬勃发展的过程，会帮助我们树立起勇敢自信、坚忍不拔，自主创新的精神。

2. 话题讨论

(1) 通过观看或参观 PCB 制板厂的视频，可以看到一块 PCB 板从开始到完成大概有哪些步骤？

(2) 谈谈你了解的有关我国优秀企业所具有的特点。你未来想从事哪个行业，哪个方向的工作？

(3) 交付给制板厂打样 PCB 板的主要步骤有哪些？在条件允许的情况下，可尝试打样一块板。

实训拓展题

根据如图 6-43 所示的八路抢答器电路，在合适的路径下新建"姓名＋学号后两位＋八路抢答器电路"的工程文件，新建"姓名＋学号后两位＋八路抢答器电路"的原理图文件，新建"姓名＋学号后两位＋八路抢答器电路"的 PCB 文件。

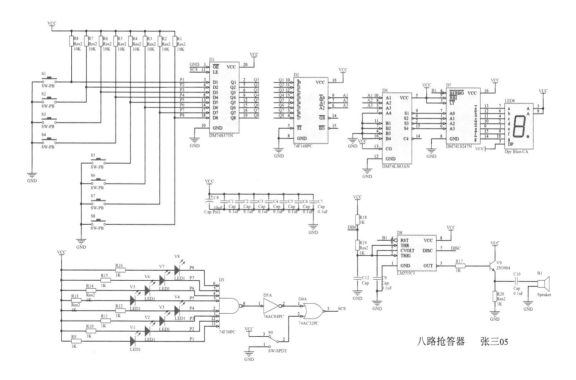

图 6-43 八路抢答器电路

(1) 在原理图中设定图纸大小为 A4，在标题栏中填入图纸信息，其包括电路名称、作者姓名和学号。完成原理图的绘制并修改封装如图 6-44 所示，并进行 ERC 检测。

	Comment	Description	Designator	Footprint	LibRef
1	Speaker	Loudspeaker	B1	BAT-2	Speaker
2	Cap	Capacitor	C1, C2, C3, C4, C5, C6, C7, C9, C10, C12	RAD-0.1	Cap
3	Cap Pol1	Polarized Capacit...	C8	CAPR5-4X5	Cap Pol1
4	DM74S373N	3-State Octal D-T...	D1	N20A	DM74S373N
5	74F148PC	8-Line to 3-Line P...	D2	N16E	74F148PC
6	74F30PC	8-Input NAND G...	D3	N14A	74F30PC
7	74AC32PC	Quad 2-Input OR...	D4	N14A	74AC32PC
8	74AC04PC	Hex Inverter, 14-P...	D5	N14A	74AC04PC
9	DM74LS83AN	4-Bit Binary Adde...	D6	N16E	DM74LS83AN
10	DM74LS247N	BCD to 7-Segme...	D7	N16E	DM74LS247N
11	LM555CJ	Timer	D8	J08A	LM555CJ
12	Dpy Blue-CA	14.2 mm General...	LED8	LEDDIP-10/C15.24RHD	Dpy Blue-CA
13	Res2	Resistor	R1, R2, R3, R4, R5, R6, R7, R8, R9, R10, R11, R12, R13, R14, R15, R16, R17, R18, R19, R20	AXIAL-0.3	Res2
14	SW-PB	Switch	S1, S2, S3, S4, S5, S6, S7, S8	SPST-2	SW-PB
15	SW-SPDT	SPDT Subminiatu...	S9	TL36WW15050	SW-SPDT
16	LED1	Typical RED GaAs...	V1, V2, V3, V4, V5, V6, V7, V8	BAT-2	LED1
17	2N3904	NPN General Pur...	V9	TO-92A	2N3904

图 6-44　八路抢答器电路的 BOM 清单

　　(2) 在 PCB 中设定板框大小为 5000 mil × 3000 mil，将器件导入 PCB 中，采用双面布线，电气间距均为 10 mil，普通线宽为 10 mil，VCC 和 GND 线宽为 15 mil，在 PCB 板上写上自己的姓名和学号，完成 PCB 图的绘制，并输出 PDF 文件、Gerber 文件和钻孔文件。

附　　录

附录 A　Altium Designer 22 的常用快捷键

表 A-1　系统操作通用快捷键

快 捷 键	执行的操作	笔 记 栏
Y	放置元器件时，上下翻转	
X	放置元器件时，左右翻转	
PageDown 或 Ctrl + 鼠标滚轮	以光标为中心缩小画面	
Shift + 鼠标滚轮	左右移动画面	
Ctrl + Z	撤销上一次操作	
Ctrl + A	选择全部	
Ctrl + C	复制	
Ctrl + V	粘贴	
Delete	删除	
V + F	显示所有选中	
Shift + C	取消过滤	
F11	打开或关闭 Properties 面板	
H	打开 Help 菜单	
W	打开软件的 Window 菜单	
T	打开工具菜单	
D	打开设计菜单	
Shift + F4	将所有打开的窗口平均平铺在工作区内	
Alt + F5	全屏显示工作区	
Ctrl + End	跳转到当前坐标原点	
Ctrl + Tab	循环切换所打开的文档	
Esc	退出当前命令	
PageUp 或 Ctrl + 鼠标滚轮	以光标为中心放大画面	

续表

快　捷　键	执行的操作	笔　记　栏
鼠标滚轮	上下移动画面	
Ctrl + Y	重复上一次操作	
Ctrl + S	存储当前文件	
Ctrl + X	剪切	
Ctrl + R	复制并重复粘贴选中的对象	
V + D	显示整个文档	
Tab	编辑正在放置的元器件属性	
Shift + F	查找相似对象	
F12	打开或关闭 Filter 面板	
Fl	打开官网的学习界面	
R	打开报告菜单	
P	打开放置菜单	
C	打开工程菜单	
Ctrl + Alt + O	选择需要打开的文件	
Ctrl + Home	跳转到绝对坐标原点	
Ctrl + F4	关闭当前文档	
Alt + F4	关闭 Altium Designer 22	

表 A-2　原理图操作快捷键

快　捷　键	执行的操作	笔　记　栏
Space bar(空格)	将正在移动的物体旋转 90°	
Backspace	在放置导线、总线和多边形填充时，移除最后一个顶点	
T + C	查询在原理图中对应 PCB 中元器件的位置	
P + W	放置导线	
P + U	绘制总线分支线	
Shift + Space bar	在放置导线、总线和多边形填充时，设置放置模式	
Ctrl + F	查询	
P + P	放置元器件	
P + B	放置总线	
P + N	放置网络标签	

表 A-3　PCB 操作快捷键

快 捷 键	执行的操作	笔 记 栏
Ctrl + G	弹出捕获栅格对话框	
Shift + S	打开或关闭单层模式	
+	切换工作层面为下一层	
Ctrl + M	测量距离	
Spacebar	旋转移动的物体 (逆时针)	
I	打开元器件摆放菜单	
L	打开 Layers & System Colors 菜单	
Ctrl + PgUp	将工作区放大 400%	
Shift + PgUp	以很小的增量放大整张图纸	
S + A	全选	
Shift + F	单击元器件查询元器件信息	
E + S + N	选择网络线	
V + S	最底层出现	
Ctrl + Tab	在打开的各个文件之间的切换	
P + S	放置字符串	
P + V	放置过孔	
U + I	差分布线	
Ctrl + D	配置显示和隐藏	
P + C	放置元器件	
J + L	显示跳转菜单	
Shift + Spacebar	布线时设置拐角模式	
0 + P	显示或隐藏 Preference 对话框	
–	切换工作层面为上一层	
Q	单位切换	
Shift + Spacebar	旋转移动的物体 (顺时针)	
U	打开布线菜单	
F2	打开洞察板子菜单	
Ctrl + PgDn	适合文件显示	

续表

快 捷 键	执行的操作	笔 记 栏
Shift + PgDn	以很小的增量缩小整张图纸	
E + O + S	设置原点	
选中元器件 + L	元器件换层	
E + D	删除信号线	
T + C	查询在 PCB 中元器件对应到原理图中的位置	
P + L	画线	
P + P	放置圆盘	
P + T	布线	
P + G	铺铜	
T + E	加泪滴	
M	显示移动菜单	

附录 B　知识点清单

表 B-1　系统通用操作知识点清单

知 识 点	所在书页	笔 记 栏
Altium Designer 22 的安装	5～7	
文档创建、打开与保存	11～17	
软件语言切换	18～20	
软件主题颜色设置	20～21	
菜单栏中添加命令的方法	22～24	
系统界面管理及面板锁定	8～10	
工程中文件的添加与移除	14～15	
软件自动备份设置	20	
恢复软件系统默认设置	21～22	

表 B-2　原理图操作知识点清单

知　识　点	所在书页	笔　记　栏
原理图工作区面板的调整	27～28	
原理图图纸的设置	30～33	
元器件的放置及修改	33～35	
电源和接地符号的放置及修改	37～38	
网络添加颜色设置	40	
文本框、图片的插入	43	
添加、删除元器件库	82～87	
原理图模板的创建与使用	90～93	
元器件的封装修改	102～105	
原理图打印及生成 PDF	108～110	
网络标签的放置	172～174	
智能粘贴	177～179	
自下向上的层次原理图设计	190～194	
自上向下的层次原理图设计	194～197	
相似元器件属性的批量修改	199～200	
元件的快速复制	229	
原理图工具栏的调整	28～30	
原理图图纸放大、缩小操作	33	
元器件的选择、移动、旋转、删除	36～37	
导线的设置与放置	39	
文本 (特殊字符转换) 的放置	40～43	
原理图电气规则检查 (ERC)	44～46	
获得元器件库的方案	87～90	
手工节点的放置	93～95	
原理图网络表的生成	106～108	
生成元器件清单	110～111	
总线的放置	174～175	
NO ERC 标号的使用	179	
实现层次电路的切换	193～194	
元器件自动标注	197～198	
元器件封装的批量修改	200～203	

表 B-3　原理图库、封装库操作知识点清单

知　识　点	所在页	笔　记　栏
原理图库编辑器的界面管理	137～140	
新建元器件并更改元器件信息	140	
引脚的放置	141	
利用原有库设计元器件	147～150	
创建元器件封装库	152～154	
采用 IPC 向导设计封装	157～162	
创建元器件的 3D 模型	167～169	
设置栅格颜色	140	
绘制元器件图形	141	
多子单元元器件的设计	144～147	
采用设计向导设计元器件	150～151	
采用元器件向导设计封装	154～157	
手工绘制元器件封装	162～167	
集成库的生成与维护	170～172	

表 B-4　PCB 操作知识点清单

知　识　点	所在页	笔　记　栏
PCB 编辑器	52～55	
单位及栅格的设置	55～57	
PCB 板尺寸、禁止布线的设置	59～60	
飞线及其相关操作	63～64	
定位、旋转元器件	66	
手动交互式布线	73～76	
自动布线操作	121～125	
印制板的设计规则检测 (DRC)	126～131	
调整丝印文字	183～184	
原理图与 PCB 的交叉探测	203～204	
元器件快速对齐	205～206	

知　识　点	所在页	笔　记　栏
螺丝孔的制作	208	
印制板图打印输出	212～213	
Gerber 文件输出	214～216	
坐标系	53～54	
PCB 工作层的设置	57～58	
从原理图加载元器件到 PCB 中	61～64	
元器件自动布局	65	
调整元器件位号、标称值等操作	66～67	
PCB 规则设置	113～121	
PCB 3D 效果	125～126	
工作区多窗口显示设置	180～181	
自定义快捷键的方法	184～186	
批量修改丝印位号尺寸	205	
泪滴的设置	207	
铺铜设计	208～212	
印制板的 PDF 文件输出	213～214	
钻孔文件的输出	216～217	

参 考 文 献

[1] Altium 中国技术支持中心. Altium Designer 22 PCB 设计官方手册 [M]. 北京：清华大学出版社，2022.

[2] 周润景，蔡富佳. Altium Designer 18 原理图及 PCB 设计教程 [M]. 北京：机械工业出版社，2020.

[3] 郭勇，陈开洪. Altium Designer 印制电路板设计教程 [M]. 北京：机械工业出版社，2021.

[4] 郑振宇，黄勇，龙学飞. Altium Designer 22 电子设计速成实战宝典 [M]. 北京：电子工业出版社，2022.

[5] CAD/CAMCAE 技术联盟. Altium Designer 16 电路设计与仿真从入门到精通 [M]. 北京：清华大学出版社，2017.

[6] 张俭. 电子产品生产工艺与调试 [M]. 北京：电子工业出版社，2016.

[7] 宋坚波. 电子产品生产工艺与管理 [M]. 西安：西安交通大学出版社，2016.

[8] 吴良斌，高玉良，李延辉. 现代电子系统的电磁兼容性设计 [M]. 北京：国防工业出版社，2004.